U0174875

暨南大学管理学院教学实践创新项目
暨南大学企业发展研究所华商研究基金项目

大数据分析与预测决策及云计算平台

Big Data Analysis, Forecasting and Decision-making on Cloud Computing Platform

王斌会　王　术　编著

中国・广州

图书在版编目（CIP）数据

大数据分析与预测决策及云计算平台/王斌会，王术编著．—广州：暨南大学出版社，2023.8

暨南大学经济管理实验中心实验教材

ISBN 978-7-5668-3746-2

Ⅰ.①大…　Ⅱ.①王…②王…　Ⅲ.①数据处理—高等学校—教材 ②云计算—高等学校—教材　Ⅳ.①TP274 ②TP393.027

中国国家版本馆 CIP 数据核字（2023）第 128925 号

大数据分析与预测决策及云计算平台

DASHUJU FENXI YU YUCE JUECE JI YUNJISUAN PINGTAI

编著者：王斌会　王　术

出 版 人：张晋升
丛书策划：曾鑫华
责任编辑：曾鑫华
责任校对：孙劭贤　林玉翠
责任印制：周一丹　郑玉婷

出版发行：暨南大学出版社（511443）
电　　话：总编室（8620）37332601
营销部（8620）37332680　37332681　37332682　37332683
传　　真：（8620）37332660（办公室）　37332684（营销部）
网　　址：http://www.jnupress.com
排　　版：广州市广知园教育科技有限公司
印　　刷：广东广州日报传媒股份有限公司印务分公司
开　　本：787mm×1092mm　1/16
印　　张：12.5
字　　数：287 千
版　　次：2023 年 8 月第 1 版
印　　次：2023 年 8 月第 1 次
定　　价：39.80 元

前　言

随着互联网、物联网、云计算不断深入应用，人类社会产生了大量的数据，这些大量数据的挖掘和应用，迫切需要人们掌握数据的分析技术，人类正在全面进入大数据的时代。一门集数学、统计学和计算机科学为一体的“数据科学”在全世界范围内迅速兴起。数据科学也成为横跨自然科学和社会科学的一门学问。未来社会，不管是政府管理还是企业运营，都必须和数据打交道。未来研究，不管是从事自然科学研究还是人文社科研究，都离不开数据处理与分析。未来大学生，不管是学文科的还是学理科的，都得学习数据分析与软件应用。

大数据正在不断改变着人们的生活，在未来一段时间内，大数据将成为企业、社会和国家层面重要的战略资源。大数据将不断成为各类机构（尤其是企业）的重要资产，成为提升机构和公司竞争力的有力武器。企业将更加“钟情”于用户数据，充分利用客户与其在线产品或服务交互产生的数据，并从中获取价值。此外，在市场影响方面，大数据也将扮演重要角色——影响着广告、产品推销和消费者行为。

市场上流行一个观点：数据越便宜，数据分析技术越昂贵。目前在中国获取数据很难，大家都把数据当资源来买卖。国外的数据就开放很多，他们认为数据里面的有用信息才是资源。因此，国外分析数据的人就很赚钱。将来，中国的数据提供商肯定会转型，会开始搞咨询，搞分析，而不是单纯地卖数据。当卖数据没有前途，他们不卖数据的时候，数据分析师就开始值钱了。这一天，相信很快就会到来。

从数据管理来看，最好的数据管理软件应该是电子表格类软件（如微软 Excel、金山 WPS 表格等)，大量数据可以在一个工作簿中保存。因此对数量不是非常大的数据集，建议采用该方法来管理和编辑数据。而统计软件是我们进行数据分析不可或缺的工具。随着知识产权保护要求的不断提高，免费和开放源代码逐渐形成一种潮流，R 语言和 Python 正是在这个大背景下发展起来，并逐渐成为数据分析的标准软件。

但 R 语言和 Python 的基础版缺少一个面向一般人群的菜单界面，这对那些只想用其进行数据分析的使用者而言是一大困难。本书在 R 语言和 Python 的基础上开发了基于云计算的可视化云平台，只要能上网就可进行数据分析。

越来越多的应用涉及大数据，这些大数据的属性包括数量、速度、多样性等，都呈现了大数据不断增长的复杂性。因此，大数据的分析在大数据领域就显得尤为重要，可以说是决定最终信息是否有价值的关键因素。

大数据分析就是从大量数据中寻找有规律的现象，主要包括文本挖掘、数据统计、可视化展示、模型的建立、预测与决策。文本挖掘是抽取有效、新颖、有用、可理解、散布在文本文件中的有价值知识，并且利用这些知识更好地组织信息的过程。数据分析是指用适当的统计分析方法对收集来的大量数据进行分析，提取有用信息并形成结论，从而对数据加以详细研究和概括总结的过程。预测是指根据某种现象的过去和现状，对该现象未来发展变化的预先推测或测定。决策是指对未来行动做出的决定。预测和决策两者具有相辅相成、辩证统一的关系，准确的预测是科学决策的前提，科学决策目标依据准确的预测结果而定，常言道："管理的关键是决策，决策的关键是预测。"

本书内容丰富、图文并茂、可操作性强且便于查阅，主要面向数据分析的读者，能有效地帮助读者提高数据处理与分析的水平，提升工作效率。本书适合各个层次的数据分析用户，既可作为初学者的入门指南，又可作为中、高级用户的参考手册。同时也可作为各大中专院校和培训班的数据分析教材。

为了向读者提供可靠的分析结果，本书配套的云计算平台的所有输出是基于 R 语言和 Python 的，因此结果是可信的。

为了方便读者学习和使用本书，我们还提供了：

（1）供读者了解章节内容的思维导图。

（2）本书的学习网站（http://www.jdwbh.cn/Rstat）和学习博客（https://www.yuque.com/rstat/bda），书中的例子数据和习题数据都可直接在网上下载使用。

（3）本书的云计算平台（http://www.jdwbh.cn/BDA），只要能上网，就能运用数据进行在线分析。

本书由暨南大学管理学院王斌会教授和暨南大学伯明翰大学联合学院王术助理教授共同完成，暨南大学企业发展研究所王婷副研究员做了一些宏观指导工作。本书在写作和出版过程中得到了暨南大学经济管理国家级实验教学示范中心的大力支持和资助，在此深表谢意！

由于作者知识和水平有限，书中难免有错误和不足之处，欢迎读者批评指正！

作者

2023 年 8 月于暨南园

目　录

第1章　大数据分析基础

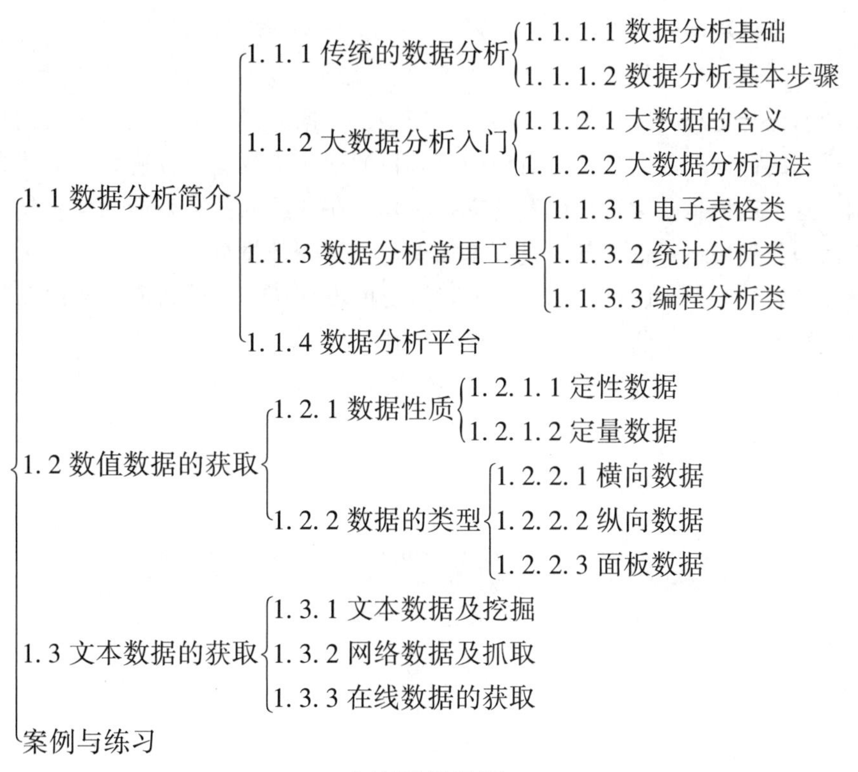

本章思维导图

数据分析通俗地讲就是用适当的统计分析方法对收集来的大量数据进行分析，将它们汇总、理解并消化，以求最大化地开发数据的功能，发挥数据的作用。数据可视化是数据分析的重要体现，进行任何数据的分析都离不开数据的可视化，特别是对杂乱无章的大量数据进行分析时。

能做数据分析与可视化的工具很多，如电子表格、SAS、SPSS、R 语言、Python、Stata、Matlab、Eviews 等，本章将对这些工具做简单介绍。

1.1　数据分析简介

数据分析是指用适当的统计分析方法对收集来的大量数据进行分析，提取有用信息并形成结论，从而对数据加以详细研究和概括总结的过程。

1.1.1 传统的数据分析

1.1.1.1 数据分析基础

数据分析的数学基础在 20 世纪早期就已确立，但直到计算机的出现才使得实际操作成为可能，并使得数据分析得以推广。数据分析是数学、统计与计算机科学结合的产物。

数据分析的目的是把隐藏在一大批看来杂乱无章的数据中的信息集中和提炼出来，从而找出所研究对象的内在规律。在实际应用中，数据分析可帮助人们做出判断，以便人们采取适当的行动。数据分析是有组织、有目的地收集数据、分析数据，使之成为信息的过程。这一过程是质量管理体系的支持过程。在产品的整个寿命周期，包括从市场调研到售后服务和最终处置的各个过程都需要广泛运用数据分析，以提升有效性。例如设计人员在开始一个新的设计以前，要通过广泛的设计调查，分析所得数据以判定设计方向，因此数据分析在工业设计中也具有重要地位。

传统数据分析主要是根据需求收集相关的数据，这些数据通常以 Excel 等电子表格数据或 SQL 结构化数据保存，应用传统的数据分析方法进行分析并形成报表，其基本过程如图 1-1 所示。

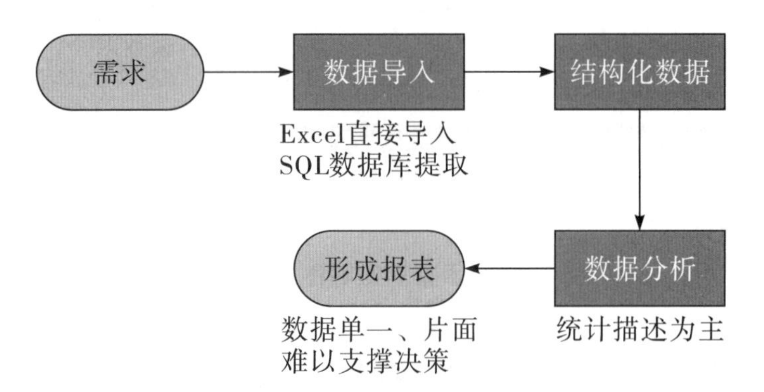

图 1-1 传统数据分析的基本过程

1.1.1.2 数据分析基本步骤

第一步：问题的提出。

第二步：收集数据，即把要研究的问题数据化。

第三步：整理数据，对数据进行探索性分析及可视化。

第四步：分析数据，如统计推断、模型建立与检验、可视化。

第五步：解释数据，根据数据分析结果进行决策。

数据分析的基本步骤如图 1-2 所示。

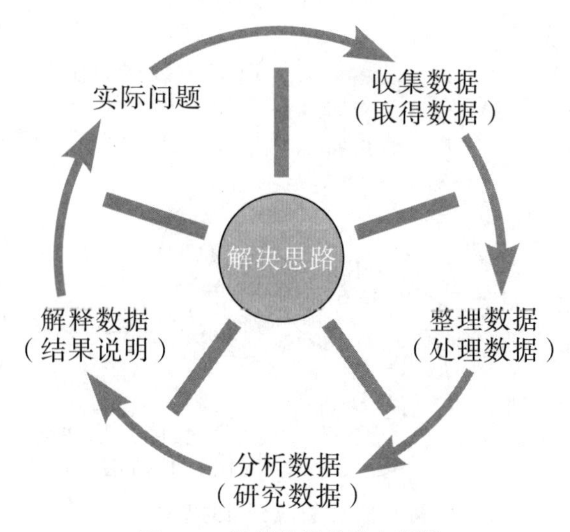

图 1-2　数据分析的基本步骤

1.1.2　大数据分析入门

人类从农耕社会进入工业社会花了上千年，从工业社会进入信息社会用了一百多年，而人类从信息时代进入数据时代仅仅用了十年时间。随着互联网、物联网、云计算不断深入应用，产生了大量的数据，这些数据的挖掘和应用，迫切需要人们掌握数据的分析技术，人类正在全面进入大数据分析的时代。

最早提出大数据时代到来的是麦肯锡，他说："数据，已经渗透到当今每个行业和业务职能领域，成为重要的生产因素。人们对于海量数据的挖掘和运用，预示着新一波生产率增长和消费者盈余浪潮的到来。"①

1.1.2.1　大数据的含义

业界将大数据的特征归纳为 4 个 "V"，即体量大（Volume）、速度快（Velocity）、类型多（Variety）、价值大（Value），如图 1-3 所示。或者说大数据特点有四个层面：第一，数据体量巨大，大数据的起始计量单位至少是 PB（1 PB=1 024 TB=1 024×1 024 GB=1 024×1 024×1 024 MB=1 024×1 024×1 024×1 024 KB）；第二，数据收集频率高，维度大，处理速度快；第三，数据类型繁多，比如网络日志、视频、图片、地理位置信息等；第四，价值密度低，商业价值高，须进行数据挖掘。这些数据的分析技术与传统的数据分析技术有着较大的不同。

---

①　见 https: //zhuanlan.zhihu.com/p/81093370。

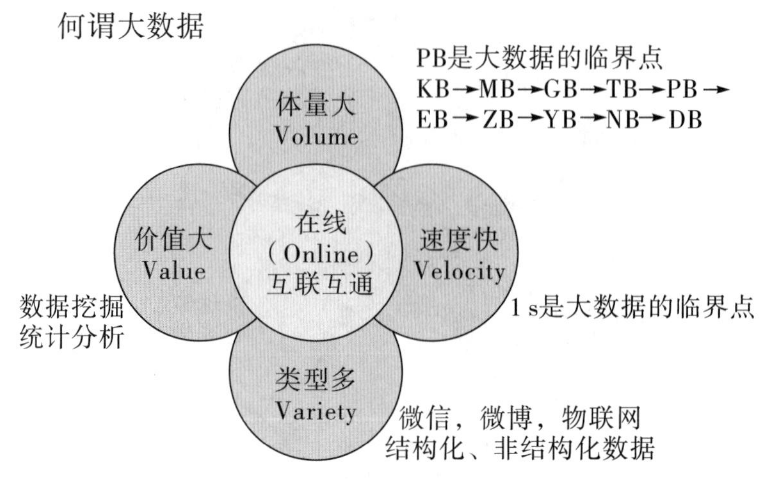

图 1-3 大数据分析的概念

数据科学作为一个与大数据相关的新兴学科，它的出现促进了大量的数据科学类专著的出版。大数据也将催生一批新的就业岗位，如数据分析师、数据科学家等。具有丰富经验的数据分析人才会成为稀缺资源，数据驱动型工作机会将呈现出爆炸式增长。

1.1.2.2 **大数据分析方法**

越来越多的应用涉及大数据，这些大数据的属性包括数量、速度、多样性等，都呈现了大数据不断增长的复杂性。因此，大数据分析在大数据领域就显得尤为重要，可以说是最终信息是否有价值的决定性因素。下面是我们在传统数据分析基础上给出的大数据分析基本过程，如图 1-4 所示。

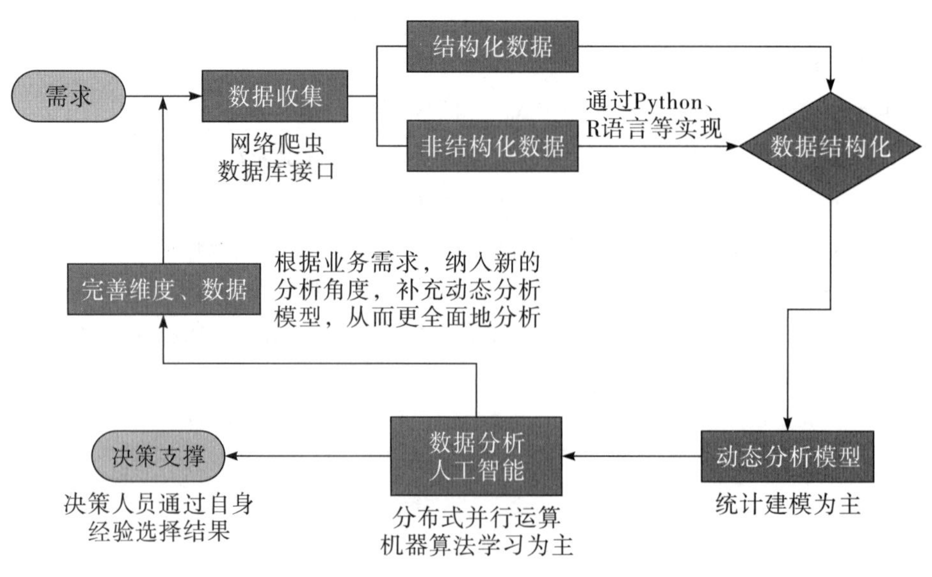

图 1-4 大数据分析的基本过程

大数据分析的方法主要有数据分析、统计分析、数据挖掘、机器学习、深度学习等。广义的数据分析分为数据分析、数据挖掘、数据统计三个方向。

（1）数据分析。数据分析主要是面向结论，通常是人依赖自身的分析经验和对数据的敏感度（人智活动），对收集来的数据进行处理与分析，按照明确目标或维度进行分析（目标导向），获取有价值的信息。比如利用对比分析、分组分析、交叉分析等方法，完成现状分析、原因分析、预测分析，提取有用信息并形成结论。

（2）统计分析。统计分析同样是面向结论，只不过是把模糊估计的结论变得精确且定量。比如，得出具体的总和、平均值、比率的统计值。

（3）数据挖掘。数据挖掘主要是面向决策，通常是指从海量（巨量）的数据中，挖掘出未知的且有价值的信息或知识的过程（探索性），更好地发挥或利用数据的潜在价值。比如利用关联规则、决策树、聚类、神经网络等概率论、统计学、人工智能等方法，得出规则或者模型，进而利用该规则或模型获取相似度、预测值等参数实现海量数据的分类、聚类、关联和预测，提供决策依据。

（4）机器学习。相较于传统数据挖掘主要针对相对少量、高质量的样本数据，机器学习的发展应用使得数据挖掘可以面向海量、不完整、有噪声、模糊的数据。机器学习是一门专门研究计算机怎样模拟或实现人类的学习行为，能够赋予机器学习的能力以让它完成通过编程无法完成的功能，以获取新的知识或技能，重新组织已有的知识结构使之不断改善自身性能的学科。但机器学习不会让机器产生“意识和思考”，它是概率论与统计学的范畴，是实现人工智能的途径之一。

（5）深度学习。深度学习是机器学习的一个子领域，是受大脑神经网络的结构和功能启发而创造的算法，能够从大数据中自动学习特征，以解决任何需要思考的问题。从统计学上来讲，深度学习就是在预测数据。从数据中学习产出一个模型，再通过模型去预测新的数据，需要注意的是训练数据要遵循预测数据的数据特征分布。它也是实现人工智能的途径之一。

实际中的大数据分析通常是上述方法的综合应用。如进行大数据分析通常需掌握大数据分析的数学基础、数据库技术、网络爬虫技巧、数据的处理和可视化等方法。流程包括数据采集、数据存储、数据预处理、数据挖掘与分析、数据可视化等，如图 1-5 所示。

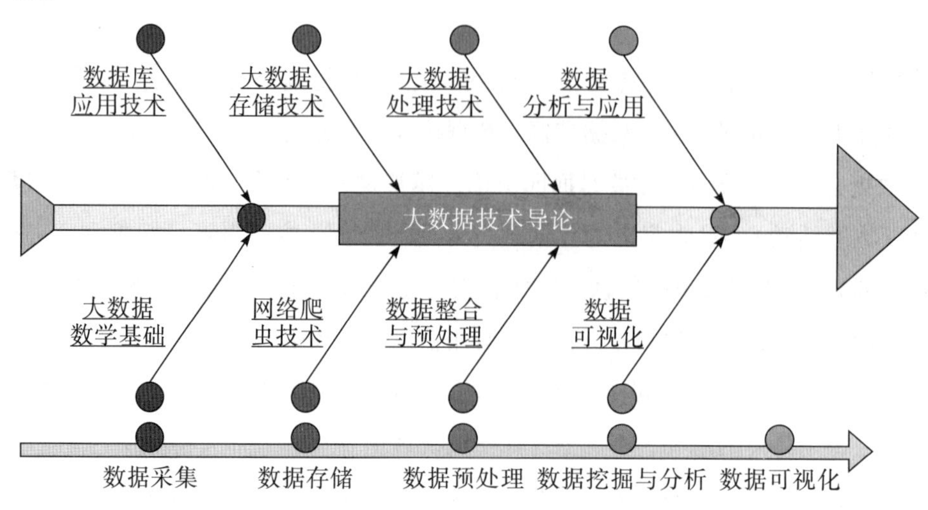

图 1-5 大数据分析的基本方法

1.1.3 数据分析常用工具

能做数据分析和可视化的程序较多，如 Excel、WPS、SAS、SPSS、Stata、Matlab、R 语言、Python 等，如图 1-6 所示。这里简单介绍一下这些软件，同时对 R 语言和 Python 在数据分析和可视化中的应用进行举例说明。

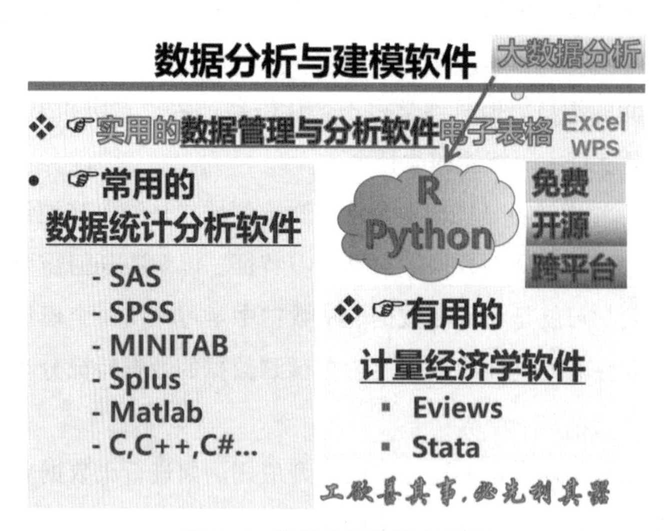

图 1-6 数据分析的基本工具

1.1.3.1 电子表格类

（1）Excel：微软的电子表格软件 Excel 不仅是数据管理软件，也是分析数据的入门工具。尽管其统计分析功能并不算十分强大，但是它可以快速地做一些基本的数据分析工作，也可创建供大多数人使用的数据图表。

使用 Excel 自带的数据分析模块可以完成很多专业软件才有的数据统计、分析，其中包括直方图、相关系数、协方差、各种概率分布、抽样与动态模拟、总体均值判断、均值推断、线性和非线性回归、多元回归分析、移动平均等方面。

（2）WPS：WPS Office 是由金山软件股份有限公司自主研发的一款办公软件套装，可以实现办公软件最常用的文字、表格、演示等多种功能。具有内存占用低、运行速度快、体积小巧、有强大插件平台支持、免费提供海量在线存储空间及文档模板等特点。

WPS Office 的表格与微软 Office 的 Excel 兼容性较好，并有一致的操作界面，符合国人的使用习惯。WPS 表格的缺点是其免费版不包含 Excel 的数据分析模块。

1.1.3.2　统计分析类

（1）SAS（Statistics Analysis System）是使用最为广泛的三大著名统计分析软件（SAS，SPSS 和 Splus）之一，被誉为统计分析的标准软件。SAS 是功能最为强大的统计软件，有完善的数据管理和统计分析功能，是熟悉统计学并擅长编程的专业人士的首选。它的缺点在于软件过于庞大。

（2）SPSS（Statistical Package for the Social Sciences）也是世界上著名的统计分析软件之一。SPSS 中文名为社会科学统计软件包，这是为了强调其社会科学应用的一面，而实际上它在社会科学和自然科学的各个领域都能发挥巨大作用。与 SAS 比较，SPSS 是非统计学专业人士的首选。

（3）Stata 是一套完整的、集成的统计分析和时间序列分析软件包，可以满足数据分析、数据管理和图形绘制的所有需要。Stata 新版增加了许多新的特征，比如结构方程模型（SEM）、ARFIMA、Contrasts、ROC 分析、自动内存管理等。Stata 适用于 Windows、Macintosh 和 Unix 平台计算机（包括 Linux）。Stata 的数据集、程序和其他的数据能够跨平台共享，且不需要转换，同样可以快速而方便地从其他统计软件包、电子表格和数据库中导入数据集。

1.1.3.3　编程分析类

（1）Matlab 是美国 MathWorks 公司出品的商业数学软件，是用于算法开发、数据可视化、数据分析及数值计算的高级技术计算语言和交互式环境，主要包括 Matlab 和 Simulink 两大部分。它在数值计算和模拟分析方面首屈一指，主要应用于工程计算、控制设计、信号处理与通信、图像处理、信号检测、金融建模设计与分析等领域。

（2）R 语言：从纯数据分析角度来说，应用最好的当属 S 语言的免费开源及跨平台系统——R 语言。R 语言是一个用于统计计算的成熟的免费软件，也可以把它理解为一种统计计算语言。R 语言是一种为统计计算和图形显示而设计的语言环境，是贝尔实验室开发的 S 语言的一种实现，提供了一系列数据操作、统计计算和图形显示工具。其特色如下：

①有效的数据处理和保存机制。

②拥有一整套数组和矩阵的操作运算符。

③一系列连贯而又完整的数据分析中间工具。

④图形统计可以对数据直接进行分析和显示。

⑤R 语言是一种相当完善、简洁和高效的程序设计语言。

⑥R 语言是彻底面向对象的统计编程语言。

⑦R 语言和其他编程语言、数据库之间有很好的接口。

⑧R 语言是免费、开源和跨平台软件。

⑨R 语言具有丰富的网上资源，提供了非常强大的程序包。

⑩大多数经典的统计方法和最新的技术都可以在其中直接得到。

R 语言是一门用于数据分析和统计建模的计算机语言，但它还不是真正意义上的编程语言。

（3）Python：现在流行这样一句话，“人生苦短，我用 Python”，这说明 Python 作为一种新兴的编程语言，已深入人心。随着 Python 博采众长，不断吸收其他数据分析软件的优点，并加入了大量的数据分析功能，它已成为仅次于 Java、C 及 C++的第三大语言，是人工智能的入门语言，且在数据处理领域有超过 R 语言的趋势，数据分析只是 Python 主要功能之一。Python 可做的事情如下：

①Linux 运营维护。

②Web 网站运营维护。

③自动化测试。

④数据分析（基本具有 R 语言的数据分析和统计建模功能）。

⑤人工智能。

1.1.4 数据分析平台

综上所述，出于数据管理的方便，适用于一般的数据分析的较好的数据管理软件应该是电子表格类软件（如微软 Office 的 Excel、金山 WPS 的表格等），大量数据可以在一个工作簿中保存。对规模不是非常大的数据集，可采用该方法来管理和编辑，而统计软件是进行数据分析不可或缺的工具。随着知识产权保护要求的不断提高，免费和开放源代码逐渐成为一种趋势，R 语言和 Python 正是在这个大背景下发展起来的，并逐渐成为数据分析的高效软件。考虑到微软的 Excel 必须购买正版，而 WPS 表格提供官方免费正版软件，笔者认为，通常的数据处理和分析用 WPS 表格+R 语言或 Python 足矣！

1.2 数值数据的获取

数据是采用某种计量尺度对事物进行计量的结果，采用不同的计量尺度会得到不同类型的数据。

1.2.1　数据性质

1.2.1.1　定性数据

定性数据也称计数数据或分类数据，是对度量事物进行分类的结果。数据表现为类别，用文字来表述，如性别、区域、产品分类等。假如某班学生按性别分为男、女两类，那么性别就构成了一个定性变量。

【例 1-1】下面是 20 个学生性别的计数值（见图 1-7）。

性别：女，男，女，男，男，男，女，女，女，男，男，男，男，女，女，男，女，男，女，男

定性数据

	计数值
1	女
2	男
3	女
4	男
5	男
6	男
7	女
8	女
9	女
10	男
11	男
12	男
13	男
14	女
15	女
16	男
17	女
18	男
19	女
20	男

计数分析

	分类	频数
1	男	11
2	女	9
3	合计	20

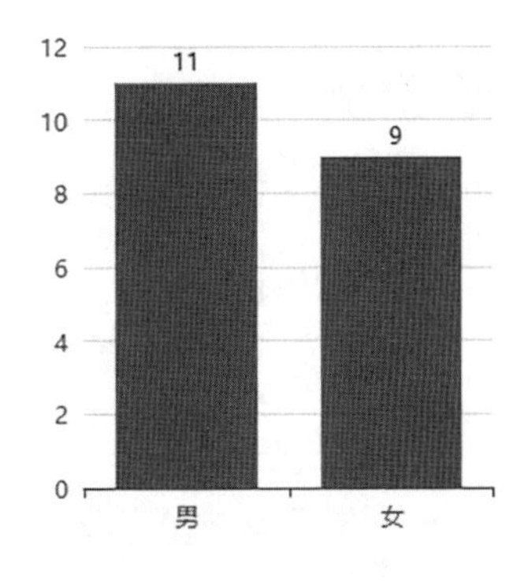

图 1-7　定性数据

1.2.1.2　定量数据

定量数据也称计量数据，是对度量事物的精确测度。结果表现为具体的数值，如身高、体重、家庭收入、成绩等。假如测量某班每个学生的体重，这样体重就构成了一个定量变量。

【例 1-2】下面是 20 个学生体重的计量值（见图 1-8）。

体重：71.00，68.00，73.00，74.00，55.00，76.00，71.00，66.00，69.00，

63.00，82.00，66.00，63.00，72.00，66.00，81.00，63.00，75.00，65.00，62.00

定量数据

	计量值
1	71.00
2	68.00
3	73.00
4	74.00
5	55.00
6	76.00
7	71.00
8	66.00
9	69.00
10	63.00
11	82.00
12	66.00
13	63.00
14	72.00
15	66.00
16	81.00
17	63.00
18	75.00
19	65.00
20	62.00

计量分析

	统计量	统计值
1	例数	20.00
2	最小值	55.00
3	中位值	68.50
4	平均值	69.05
5	最大值	82.00

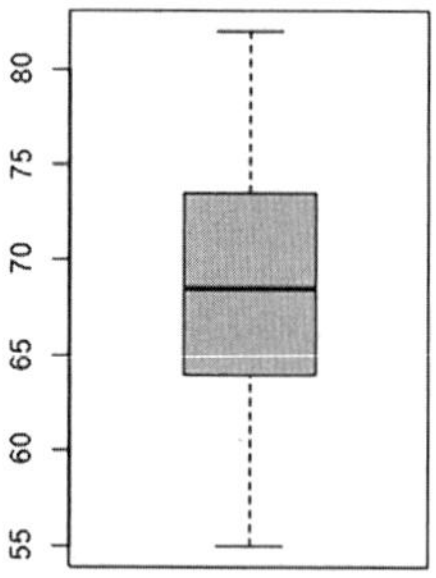

图 1-8　定量数据

1.2.2　数据的类型

数据按照不同的分类方式可分为多种类型（见图 1-9），下面介绍常见的三种类型。

横向数据：

	X	Y
1	广州	13.40
2	深圳	15.76
3	珠海	14.27
4	佛山	11.39
5	惠州	6.99
6	东莞	9.22
7	中山	7.13
8	江门	6.67
9	肇庆	5.62
10	香港	35.93
11	澳门	28.50

纵向数据：

	X	Y
1	2001	2.85
2	2002	3.23
3	2003	3.84
4	2004	4.59
5	2005	5.42
6	2006	6.29
7	2007	7.03
8	2008	7.72
9	2009	8.03
10	2010	8.84
11	2011	9.87
12	2012	10.71
13	2013	12.16
14	2014	12.99
15	2015	13.78
16	2016	14.36
17	2017	15.07
18	2018	15.55
19	2019	15.64
20	2020	13.40

面板数据：

	X_Y	广州	深圳	香港	澳门
1	2001	22.04	6.18	2.85	44.54
2	2005	35.47	21.83	3.48	13.40
3	2010	13.78	20.93	20.88	15.76
4	2015	16.26	8.84	12.99	35.93
5	2020	26.73	9.84	5.42	28.50

图 1-9　数据的分类

1.2.2.1　**横向数据**

横向数据也称横截面数据，是指在某一时点上收集的数据的集合，反映在相同或近似相同的时间点上收集的数据描述现象在某一时刻的变化情况。

【例 1-3】2020 年粤港澳各地区的人均国内生产总值（CGDP）数据（见图 1-10）。

地区：	广州	深圳	珠海	佛山	惠州	东莞	中山	江门	肇庆	香港	澳门
CGDP：	13.40	15.76	14.27	11.39	6.99	9.22	7.13	6.67	5.62	35.93	28.50

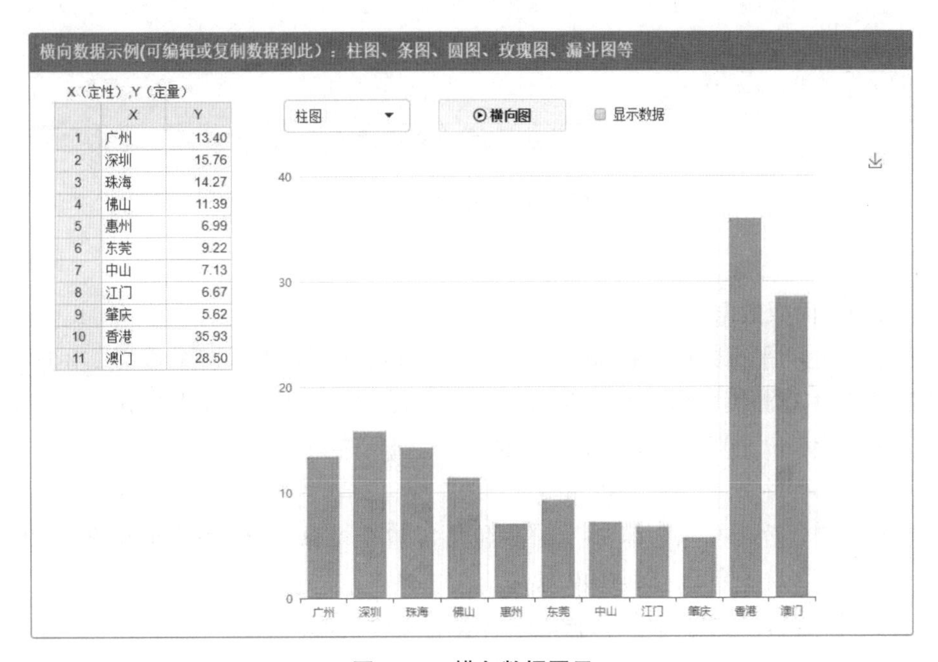

图 1-10　横向数据图示

当收集的数据有多个指标时，就形成了多元统计分析的数据格式。

1.2.2.2　**纵向数据**

纵向数据也称动态数据或时间序列数据，是按照一定的时间间隔对某一变量在不同时间的取值进行观测得到的一组数据，反映在不同时间上收集到的数据描述现象随时间变化的情况。

【例 1-4】收集 2001 年至 2020 年某地区的人均国内生产总值（CGDP），这些数据就组成一个时间序列数据（见图 1-11）：

时间	2001	2002	2003	2004	2005	2006	……	2015	2016	2017	2018	2019	2020
CGDP	2.85	3.23	3.84	4.59	5.42	6.29	……	13.78	14.36	15.07	15.55	15.64	13.40

⊙纵向图

X(时序);Y(定量)

	X	Y
1	2001	2.85
2	2002	3.23
3	2003	3.84
4	2004	4.59
5	2005	5.42
6	2006	6.29
7	2007	7.03
8	2008	7.72
9	2009	8.03
10	2010	8.84
11	2011	9.87
12	2012	10.71
13	2013	12.16
14	2014	12.99
15	2015	13.78
16	2016	14.36
17	2017	15.07
18	2018	15.55
19	2019	15.64
20	2020	13.40

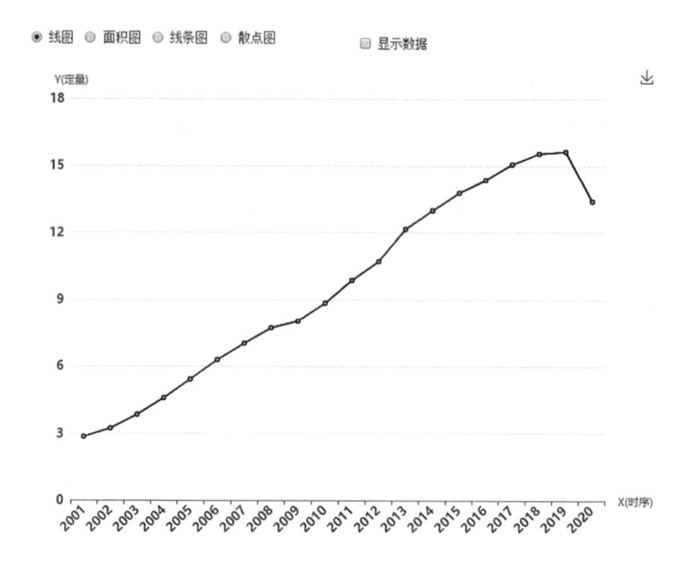

图 1-11　纵向数据图示

1.2.2.3　面板数据

面板数据也叫平行数据（Panel Data），是指在时间序列上取多个截面，在这些截面上同时选取样本观测值所构成的样本数据。或者说它是一个 $n\times m$ 的数据矩阵，记载的是 n 个时间节点上，m 个对象的某一指标数值。

【例 1-5】下面是广州、深圳、香港和澳门四个地区 2001 年、2005 年、2010 年、2015 年和 2020 年这五年的人均 GDP 数据。

在数据库或数据集中，面板数据通常以表 1-1 的形式表示：

表 1-1　面板数据通常形式

横向格式			纵向格式		
地区	年份	CGDP	年份	地区	CGDP
广州	2001	2.85	2001	广州	2.85
广州	2005	5.42	2001	深圳	3.48
广州	2010	8.84	2001	香港	20.88
广州	2015	13.78	2001	澳门	12.99
广州	2020	13.40	2005	广州	5.42
深圳	2001	3.48	2005	深圳	6.18
深圳	2005	6.18	2005	香港	21.83
深圳	2010	9.84	2005	澳门	20.93
深圳	2015	16.26	2010	广州	8.84
深圳	2020	15.76	2010	深圳	9.84

（续上表）

横向格式			纵向格式		
地区	年份	CGDP	年份	地区	CGDP
香港	2001	20. 88	2010	香港	22. 04
香港	2005	21. 83	2010	澳门	35. 47
香港	2010	22. 04	2015	广州	13. 78
香港	2015	26. 73	2015	深圳	16. 26
香港	2020	35. 93	2015	香港	26. 73
澳门	2001	12. 99	2015	澳门	44. 54
澳门	2005	20. 93	2020	广州	13. 40
澳门	2010	35. 47	2020	深圳	15. 76
澳门	2015	44. 54	2020	香港	35. 93
澳门	2020	28. 50	2020	澳门	28. 50

但在基本的数据分析和可视化中，我们通常需整理成表 1-2 的形式：

表 1-2　面板数据整理好的形式

X_Y	广州	深圳	香港	澳门
2001	2. 85	3. 48	20. 88	12. 99
2005	5. 42	6. 18	21. 83	20. 93
2010	8. 84	9. 84	22. 04	35. 47
2015	13. 78	16. 26	26. 73	44. 54
2020	13. 40	15. 76	35. 93	28. 50

1. 3　文本数据的获取

1. 3. 1　文本数据及挖掘

文本数据是指不能参与算术运算的任何字符，也称为字符型数据，如英文字母、汉字、不作为数值使用的数字（以单引号开头）和其他可输入的字符。

文本数据不同于传统数据库中的数据，它具有自己的特点：

（1）半结构化：文本数据既不是完全无结构的也不是完全结构化的。例如文本可能包含结构字段，如标题、作者、出版日期、长度、分类等，也可能包含大量的非结构化的数据，如摘要和内容。

（2）高维：文本向量的维数一般都可以高达上万维，一般的数据挖掘、数据检索的方法由于计算量过大或代价高昂而不具有可行性。

（3）高数据量：一般的文本库中都会存在最少数千个文本样本，对这些文本进行预处理、编码、挖掘等处理的工作量是非常庞大的，因而手工方法一般是不可行的。

（4）语义性：文本数据中存在着一词多义、多词一义，在时间和空间上的上下文相关等情况。

文本挖掘是抽取有效、新颖、有用、可理解的、散布在文本文件中的有价值知识，并且利用这些知识更好地组织信息的过程。文本挖掘是信息挖掘的一个研究分支，用于基于文本信息的知识发现。文本挖掘利用智能算法，如神经网络、基于案例的推理、可能性推理等，并结合文字处理技术，分析大量的非结构化文本源（如文档、电子表格、客户电子邮件、问题查询、网页等），抽取或标记关键字概念、文字间的关系，并按照内容对文档进行分类，获取有用的知识和信息（如图 1-12 所示）。

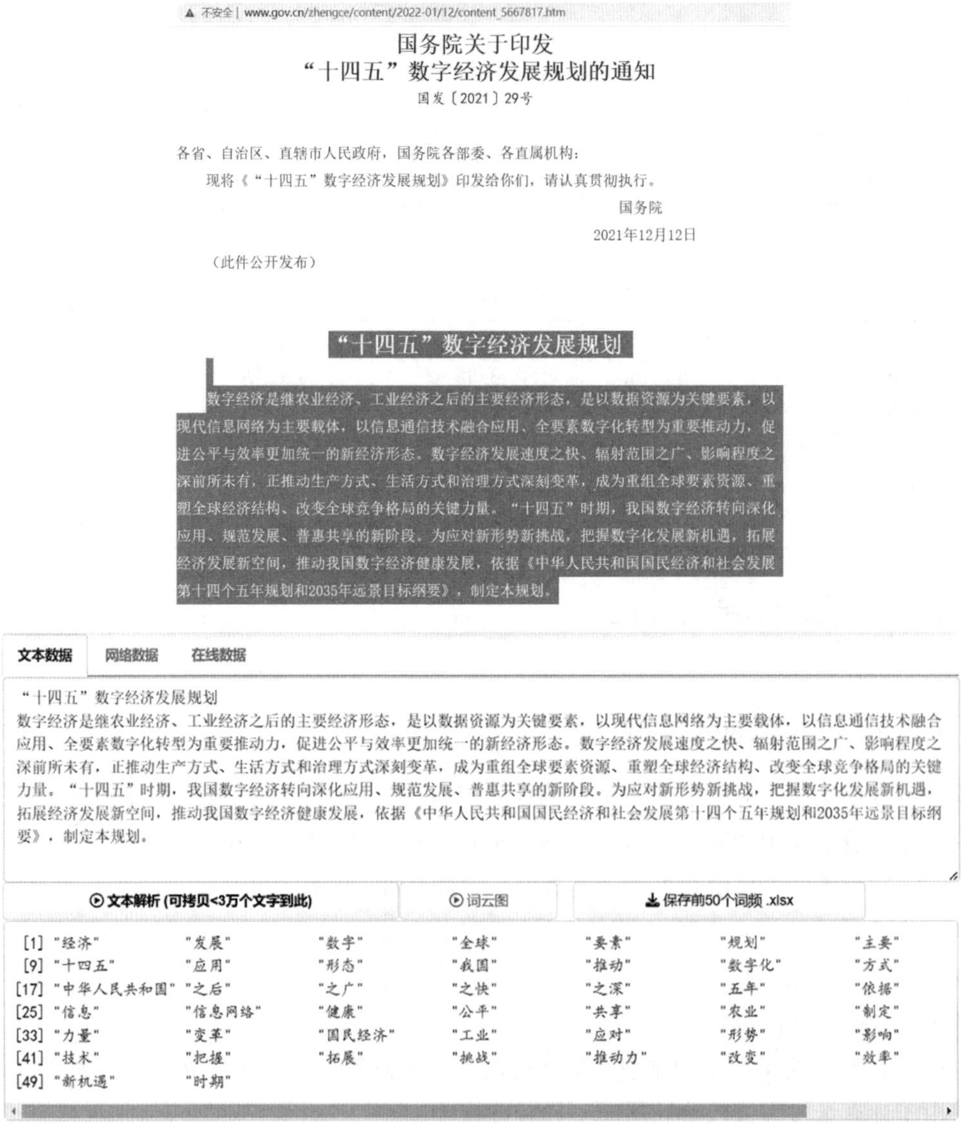

▲ 不安全 | www.gov.cn/zhengce/content/2022-01/12/content_5667817.htm

国务院关于印发
“十四五”数字经济发展规划的通知
国发〔2021〕29号

各省、自治区、直辖市人民政府，国务院各部委、各直属机构：
现将《“十四五”数字经济发展规划》印发给你们，请认真贯彻执行。
国务院
2021年12月12日
（此件公开发布）

“十四五”数字经济发展规划

数字经济是继农业经济、工业经济之后的主要经济形态，是以数据资源为关键要素，以现代信息网络为主要载体，以信息通信技术融合应用、全要素数字化转型为重要推动力，促进公平与效率更加统一的新经济形态。数字经济发展速度之快、辐射范围之广、影响程度之深前所未有，正推动生产方式、生活方式和治理方式深刻变革，成为重组全球要素资源、重塑全球经济结构、改变全球竞争格局的关键力量。“十四五”时期，我国数字经济转向深化应用、规范发展、普惠共享的新阶段。为应对新形势新挑战，把握数字化发展新机遇，拓展经济发展新空间，推动我国数字经济健康发展，依据《中华人民共和国国民经济和社会发展第十四个五年规划和2035年远景目标纲要》，制定本规划。

文本数据　网络数据　在线数据

“十四五”数字经济发展规划
数字经济是继农业经济、工业经济之后的主要经济形态，是以数据资源为关键要素，以现代信息网络为主要载体，以信息通信技术融合应用、全要素数字化转型为重要推动力，促进公平与效率更加统一的新经济形态。数字经济发展速度之快、辐射范围之广、影响程度之深前所未有，正推动生产方式、生活方式和治理方式深刻变革，成为重组全球要素资源、重塑全球经济结构、改变全球竞争格局的关键力量。“十四五”时期，我国数字经济转向深化应用、规范发展、普惠共享的新阶段。为应对新形势新挑战，把握数字化发展新机遇，拓展经济发展新空间，推动我国数字经济健康发展，依据《中华人民共和国国民经济和社会发展第十四个五年规划和2035年远景目标纲要》，制定本规划。

文本解析 (可拷贝<3万个文字到此)　词云图　保存前50个词频 .xlsx

```
[1] "经济"           "发展"     "数字"     "全球"   "要素"     "规划"     "主要"
[9] "十四五"         "应用"     "形态"     "我国"   "推动"     "数字化"   "方式"
[17] "中华人民共和国" "之后"     "之广"     "之快"   "之深"     "五年"     "依据"
[25] "信息"           "信息网络" "健康"     "公平"   "共享"     "农业"     "制定"
[33] "力量"           "变革"     "国民经济" "工业"   "应对"     "形势"     "影响"
[41] "技术"           "把握"     "拓展"     "挑战"   "推动力"   "改变"     "效率"
[49] "新机遇"         "时期"
```

图 1-12　文本挖掘示例

这是上面文本数据的词云图（见图 1-13），具体分析见第 7 章大数据分析进阶的简单文本挖掘及可视化。

图 1-13　文本挖掘的词云图

1.3.2　网络数据及抓取

大数据是政府及企事业单位统计数据的重要补充来源，在政府统计中的应用越来越广泛。大数据的特点是数据来源丰富且数据类型多样，传统的数据采集方法难以应对，需要通过新技术来采集数据。网络数据抓取是获取大数据的重要技术之一。

网络爬虫（又被称为网页蜘蛛或网络机器人），是一种根据特定算法规则自动化浏览和收集互联网中特定数据的任务行为，即模拟人点击网页并获取数据。

在大数据时代，有相当多的资料都是透过网络来取得的，由于资料量日益增加，对于资料分析者而言，如何使用程序将网页中大量的资料自动汇入是很重要的。通过 R 语言和 Python 的网络爬虫技术，可以将大量结构化的资料直接导入数据框或将非结构化的资料经过清洗和整理合理导入数据框中做数据分析，这样可以节省手动整理资料的时间。

R 语言中的 rvest 包将原先复杂的网页爬虫工作压缩到读取网页 read_html( )、检索网页 html_nodes 和提取文本 html_text( ) 三个函数，这就是为什么 R 语言做网页爬虫十分受计算机工作者欢迎的原因，它让爬虫变得简单，人人都可以很快上手。

上面的操作针对的是某一个网页的数据进行爬取。以广州链家网的二手房数据为例，一共有 100 张网页的数据，如何将广州链家所有二手房的信息提取出来呢？只需要总结这些网页的规律，使用循环函数（for( ) ）重复上面的操作即可。例如，我们可以发现，从第一页到第二页，从第二页到第三页，变化的仅仅是末尾的序号。因此，在循环中可以将最后一位的数字以循环变量 i 替换即可。有时网页的序号在网址中间，有时在末尾。基本上所有的网页爬虫操作都需要总结网页的规律。

https://gz.lianjia.com/ershoufang/pg1

https://gz.lianjia.com/ershoufang/pg2

…………

https://gz.lianjia.com/ershoufang/pgn

下面，爬取广州链家网所有二手房数据进行分析。因为所面对的数据不是事先准备好的数据集，而是直接从网络上爬取的第一手数据，因此需要对数据进行整理和清洗之后才可以进行数据分析。

将链家网上所有有分析价值的信息（二手房名，二手房的描述，二手房的位置，二手房的整体房价和二手房的单位房价）全部爬取出来，可以编写出如下的函数，然后写成 Excel 的 . xlsx 格式的文件，便于做进一步的分析。

针对单独的网页，可以通过数据框来容纳网页的信息（见图 1-14）。

文本数据 网络数据 在线数据

输入网址

https://gz.lianjia.com/ershoufang/pg1

抓取 保存数据 .xlsx 进入网络爬虫系统

Show 30 entries Search:

<table>
<tr><th>房屋信息</th><th>房屋位置</th><th>房屋单价</th><th>房屋价格</th></tr>
<tr><td>4室2厅 | 168.46平米 | 南 | 精装 | 低楼层(共39层) | 2012年建 | 塔楼</td><td>保利东江首府 - 新塘南</td><td>20,065元/平</td><td>338</td></tr>
<tr><td>4室1厅 | 297.47平米 | 东南 南 | 其他 | 3层 | 塔楼</td><td>方圆明月山溪 - 温泉镇</td><td>10,086元/平</td><td>300</td></tr>
<tr><td>3室1厅 | 80.11平米 | 南 | 简装 | 中楼层(共8层) | 塔楼</td><td>江南西路 - 江南西</td><td>37,199元/平</td><td>298</td></tr>
<tr><td>4室1厅 | 151.15平米 | 南 | 简装 | 低楼层(共18层) | 2009年建 | 塔楼</td><td>富力城南区 - 夏茅</td><td>28,780元/平</td><td>435</td></tr>
<tr><td>4室1厅 | 160.41平米 | 南 | 精装 | 中楼层(共33层) | 2009年建 | 塔楼</td><td>翠屏中惠雅苑 - 宝岗</td><td>54,237元/平</td><td>870</td></tr>
<tr><td>3室1厅 | 91.31平米 | 东北 | 精装 | 高楼层(共6层) | 2013年建 | 塔楼</td><td>华标荔苑 - 太平镇</td><td>10,733元/平</td><td>98</td></tr>
<tr><td>3室1厅 | 87.6平米 | 南 | 精装 | 低楼层(共11层) | 塔楼</td><td>富雅都市华庭 - 新塘北</td><td>16,530元/平</td><td>144.8</td></tr>
<tr><td>3室2厅 | 118.23平米 | 南 | 精装 | 中楼层(共18层) | 塔楼</td><td>碧桂园豪园荔山苑 - 增城碧桂园</td><td>12,586元/平</td><td>148.8</td></tr>
<tr><td>4室2厅 | 116.47平米 | 南 北 | 简装 | 高楼层(共32层) | 板楼</td><td>实地蔷薇国际 - 荔城西区</td><td>15,584元/平</td><td>181.5</td></tr>
<tr><td>3室1厅 | 89.22平米 | 南 | 简装 | 高楼层(共26层) | 2007年建 | 塔楼</td><td>金泽豪庭 - 白江</td><td>18,808元/平</td><td>167.8</td></tr>
<tr><td>3室2厅 | 129.97平米 | 北 | 毛坯 | 中楼层(共17层) | 2013年建 | 塔楼</td><td>雅居乐小院流溪 - 赤草</td><td>9,618元/平</td><td>125</td></tr>
<tr><td>3室2厅 | 89.6平米 | 西北 | 简装 | 7层 | 2001年建 | 塔楼</td><td>华南碧桂园漾翠苑 - 华南碧桂园</td><td>33,036元/平</td><td>296</td></tr>
<tr><td>3室1厅 | 114.25平米 | 北 | 精装 | 低楼层(共24层) | 2012年建 | 塔楼</td><td>锦绣新天地 - 新塘南</td><td>14,267元/平</td><td>163</td></tr>
<tr><td>5室2厅 | 243.47平米 | 南 北 | 毛坯 | 低楼层(共3层) | 2011年建 | 塔楼</td><td>豪进山湖珺璟 - 白江</td><td>23,124元/平</td><td>563</td></tr>
<tr><td>4室2厅 | 91.96平米 | 北南 | 精装 | 30层 | 2010年建 | 塔楼</td><td>君华香柏广场 - 京溪</td><td>59,809元/平</td><td>550</td></tr>
<tr><td>4室2厅 | 173.13平米 | 西南 东北 | 精装 | 低楼层(共24层) | 2012年建 | 板塔结合</td><td>时代南湾 - 南沙港</td><td>18,773元/平</td><td>325</td></tr>
<tr><td>3室2厅 | 94.14平米 | 南 | 简装 | 16层 | 2000年建 | 塔楼</td><td>嘉仕花园东区 - 滨江东</td><td>61,930元/平</td><td>583</td></tr>
<tr><td>3室1厅 | 99.4平米 | 南 | 精装 | 低楼层(共33层) | 2015年建 | 塔楼</td><td>中鼎君和名城 - 黄埔区府</td><td>52,314元/平</td><td>520</td></tr>
<tr><td>5室2厅 | 139.01平米 | 东南 | 精装 | 低楼层(共33层) | 塔楼</td><td>越秀滨海新城 - 进港大道</td><td>20,862元/平</td><td>290</td></tr>
<tr><td>3室2厅 | 99.16平米 | 南 | 精装 | 中楼层(共32层) | 塔楼</td><td>碧桂园云顶 - 凤凰城</td><td>22,187元/平</td><td>220</td></tr>
<tr><td>3室1厅 | 87.47平米 | 南 | 简装 | 中楼层(共8层) | 暂无数据</td><td>广园中路 - 景泰</td><td>32,011元/平</td><td>280</td></tr>
<tr><td>3室2厅 | 90.7平米 | 东南 | 简装 | 高楼层(共8层) | 板楼</td><td>工业路 - 市桥</td><td>11,908元/平</td><td>108</td></tr>
<tr><td>2室1厅 | 52.34平米 | 西南 | 精装 | 15层 | 2005年建 | 塔楼</td><td>擎山苑 - 梅花园</td><td>37,257元/平</td><td>195</td></tr>
<tr><td>2室2厅 | 74.43平米 | 南 | 精装 | 高楼层(共38层) | 2004年建 | 板塔结合</td><td>天誉华庭 - 龙口西</td><td>89,749元/平</td><td>668</td></tr>
<tr><td>4室1厅 | 126.68平米 | 南 北 | 精装 | 低楼层(共32层) | 塔楼</td><td>招商雍华府 - 黄村</td><td>77,834元/平</td><td>986</td></tr>
<tr><td>3室2厅 | 103.38平米 | 南 | 精装 | 中楼层(共8层) | 2003年建 | 塔楼</td><td>怡翠苑 - 旧区</td><td>13,059元/平</td><td>135</td></tr>
<tr><td>3室1厅 | 77.4平米 | 西 北 | 精装 | 中楼层(共8层) | 1996年建 | 塔楼</td><td>花城路 - 旧区</td><td>10,311元/平</td><td>79.8</td></tr>
<tr><td>2室1厅 | 63.3平米 | 南 北 | 简装 | 高楼层(共9层) | 2002年建 | 塔楼</td><td>雅景苑 - 滨江东</td><td>39,811元/平</td><td>252</td></tr>
<tr><td>3室1厅 | 66.1平米 | 北 | 精装 | 低楼层(共7层) | 1998年建 | 塔楼</td><td>富都城 - 市桥</td><td>23,450元/平</td><td>155</td></tr>
<tr><td>3室1厅 | 65.6平米 | 东 | 简装 | 低楼层(共9层) | 1998年建 | 塔楼</td><td>江南苑 - 工业大道北</td><td>45,427元/平</td><td>298</td></tr>
</table>

Showing 1 to 30 of 30 entries Copy Excel Previous 1 Next

图 1-14 网络数据

1.3.3 在线数据的获取

网上存在大量的在线数据（见图 1-15），如何获取这些数据是大家所关心的。

下面我们以 Tushare 网站的数据为例简单展示在线数据的获取（见图 1-16 和图 1-17）。

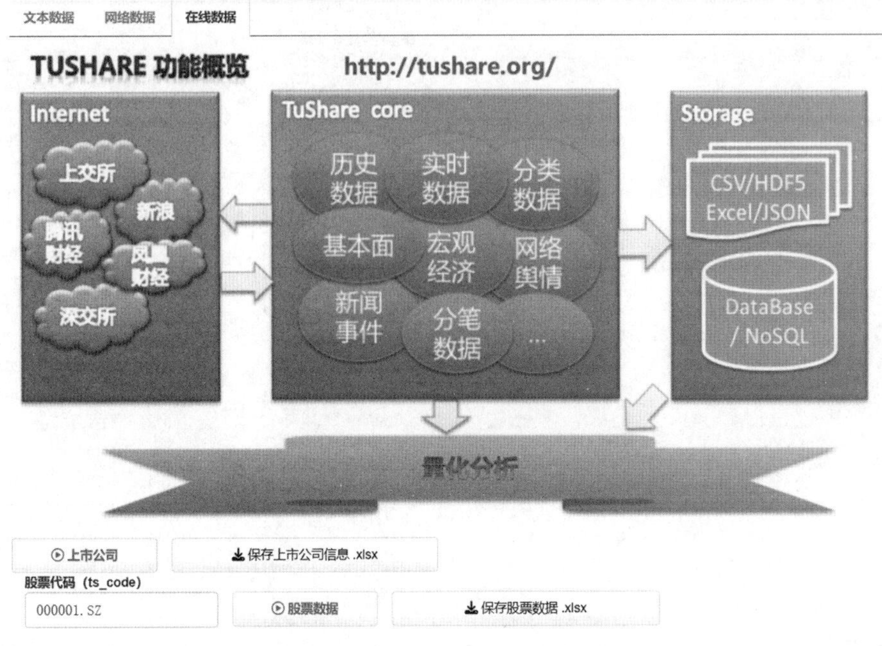

图 1-15　Tushare 大数据开放社区

上市公司　　保存上市公司信息 .xlsx

Show 20 entries　　Search:

ts_code	symbol	name	area	industry	market	list_date
000001.SZ	000001	平安银行	深圳	银行	主板	19910403
000002.SZ	000002	万科A	深圳	全国地产	主板	19910129
000004.SZ	000004	ST国华	深圳	软件服务	主板	19910114
000005.SZ	000005	ST星源	深圳	环境保护	主板	19901210
000006.SZ	000006	深振业A	深圳	区域地产	主板	19920427
000007.SZ	000007	全新好	深圳	其他商业	主板	19920413
000008.SZ	000008	神州高铁	北京	运输设备	主板	19920507
000009.SZ	000009	中国宝安	深圳	电气设备	主板	19910625
000010.SZ	000010	美丽生态	深圳	建筑工程	主板	19951027
000011.SZ	000011	深物业A	深圳	区域地产	主板	19920330
000012.SZ	000012	南玻A	深圳	玻璃	主板	19920228
000014.SZ	000014	沙河股份	深圳	全国地产	主板	19920602
000016.SZ	000016	深康佳A	深圳	家用电器	主板	19920327
000017.SZ	000017	深中华A	深圳	服饰	主板	19920331
000019.SZ	000019	深粮控股	深圳	农业综合	主板	19921012
000020.SZ	000020	深华发A	深圳	元器件	主板	19920428
000021.SZ	000021	深科技	深圳	IT设备	主板	19940202
000023.SZ	000023	深天地A	深圳	水泥	主板	19930429
000025.SZ	000025	特力A	深圳	汽车服务	主板	19930621
000026.SZ	000026	飞亚达	深圳	服饰	主板	19930603

Showing 1 to 20 of 5,092 entries　Copy　Excel　　Previous 1 2 3 4 5 ... 255 Next

图 1-16　上市公司基本信息数据

股票代码（ts_code）

000001.SZ　　股票数据　　保存股票数据 .xlsx

Show 20 entries　　Search:

trade_date	open	high	low	close	pre_close	change	pct_chg	vol	amount
20230428	12.26	12.78	12.22	12.55	12.26	0.29	2.3654	1445254.34	1816868.033
20230427	12.06	12.35	12	12.26	12.12	0.14	1.1551	1004093.37	1222755.932
20230426	12.25	12.25	11.99	12.12	12.28	-0.16	-1.3029	991260.4	1197555.724
20230425	12.14	12.37	12.12	12.28	12.1	0.18	1.4876	1301900.82	1595320.17
20230424	12.48	12.5	12.03	12.1	12.5	-0.4	-3.2	1467671.92	1798133.967
20230421	12.7	12.83	12.48	12.5	12.75	-0.25	-1.9608	918668.39	1160509.766
20230420	12.9	12.9	12.62	12.75	12.85	-0.1	-0.7782	811788.41	1033330.704
20230419	13.02	13.07	12.83	12.85	13	-0.15	-1.1538	1014378.15	1309536.002
20230418	12.93	13.2	12.89	13	12.93	0.07	0.5414	1538936.15	2009934.875
20230417	12.66	12.94	12.6	12.93	12.69	0.24	1.8913	1304212.59	1669357.649
20230414	12.6	12.9	12.58	12.69	12.56	0.13	1.035	1297994.84	1653539.531
20230413	12.41	12.67	12.3	12.56	12.48	0.08	0.641	1131591.46	1413919.037
20230412	12.58	12.59	12.45	12.48	12.54	-0.06	-0.4785	909957.06	1136997.696
20230411	12.7	12.72	12.52	12.54	12.68	-0.14	-1.1041	777779.62	978302.908
20230410	12.64	12.7	12.58	12.68	12.62	0.06	0.4754	640181.81	809943.148
20230407	12.57	12.69	12.5	12.62	12.58	0.04	0.318	607925.26	767354.797
20230406	12.6	12.61	12.5	12.58	12.65	-0.07	-0.5534	563321.3	706480.66
20230404	12.64	12.72	12.59	12.65	12.67	-0.02	-0.1579	647457.22	817726.527
20230403	12.55	12.69	12.46	12.67	12.53	0.14	1.1173	740428.86	934285.179
20230331	12.69	12.77	12.51	12.53	12.68	-0.15	-1.183	865491.66	1092263.437

Showing 1 to 20 of 806 entries　Copy　Excel　　Previous 1 2 3 4 5 … 41 Next

图 1-17　上市公司在线数据

案例与练习

1. 论述题：

（1）试阐述数据分析与可视化的未来。

（2）通常的数据分析和可视化工具有哪些？请举例说明。

（3）除了书中列出的数据分析与可视化软件外，请再列举几种分析工具，并说明各自的使用范围及优缺点。

（4）何为大数据分析？有哪些基本方法？

（5）试指出大数据分析与传统统计分析有何不同。

2. 试收集深圳、珠海链家二手房的前 300 个房屋数据。

3. 试收集目前我国上市公司的基本信息。

4. 试收集平安银行、万科两家上市公司近三年的股价数据。

第 2 章　简单数据挖掘

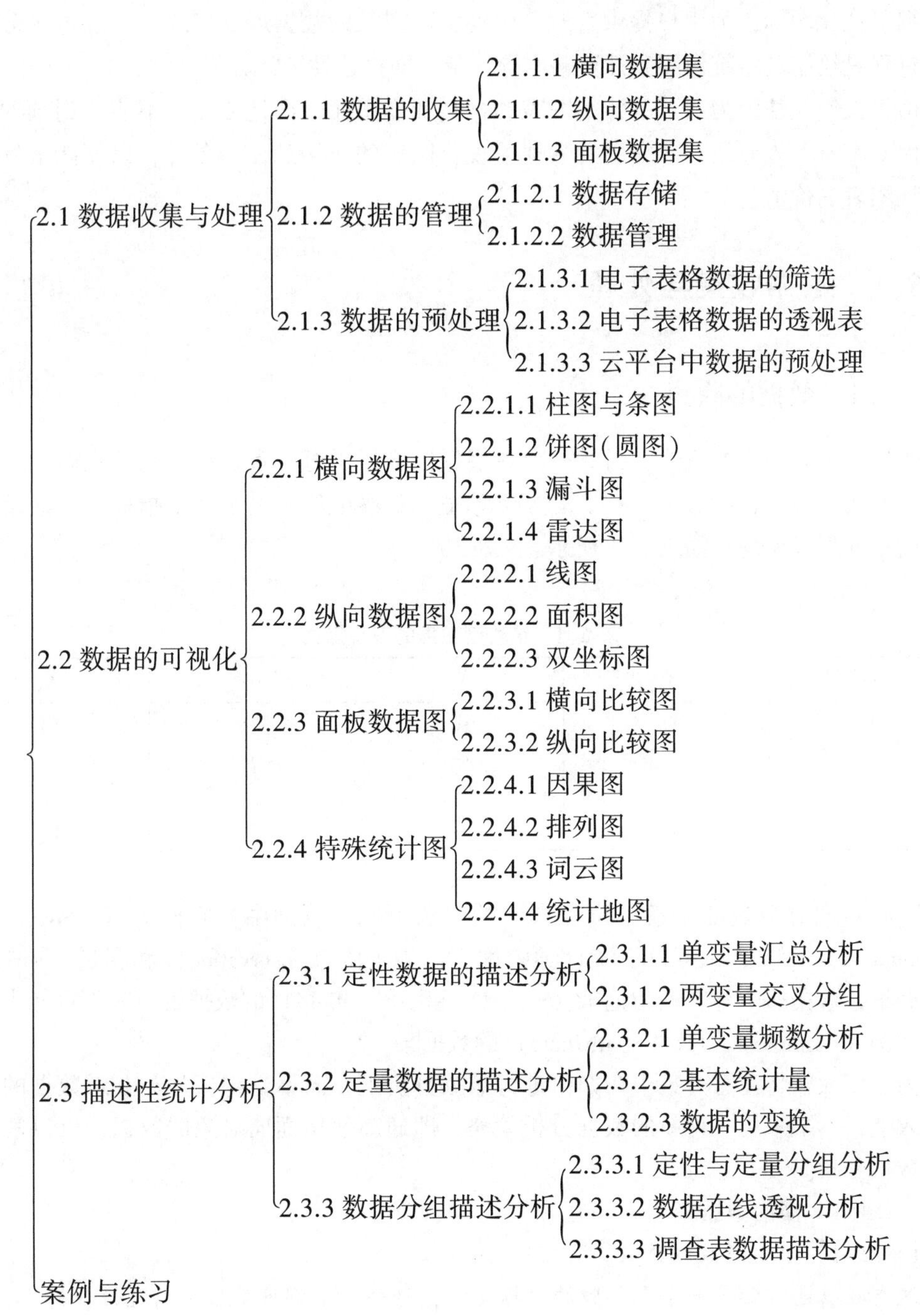

本章思维导图

在进行任何数据分析之前，我们都需要对数据进行简单的挖掘，以了解资料的性质和数据的特点。当面对一组陌生的数据时，我们进行数据挖掘有助于掌握数据的基本情况。数据可视化主要旨在借助图形化手段，清晰有效地传达与沟通信息。它能够通过各类数据可视化图标，为用户提供直观、生动、可交互的数据展示形式。实现这一分析的主要过程是绘制基本统计图和计算基本统计量，即描述性统计分析。

由于人们往往因为不了解各类图表的含义和作用而错误地使用，不能达到预期的效果，因此本章首先介绍一些常用的数据可视化图表的作用和使用条件，以便能更好地发挥统计图表的价值。

2.1 数据收集与处理

2.1.1 数据的收集

数据收集有一定的格式，当对一个观察指标测量了每一观察单位的数据时，通常以向量的形式展现，x：x_1，x_2，…，x_n。当对每一观察单位测量了多个指标时，通常以双向表的矩阵形式展现，如表 2-1 所示。

表 2-1 结构型数据的表现形式

样品/变量	X_1	X_2	…	X_m
1	x_{11}	x_{12}	…	x_{1m}
2	x_{21}	x_{22}	…	x_{2m}
⋮	⋮	⋮		⋮
n	x_{n1}	x_{n2}	…	x_{nm}

不同领域对数据的观察单位和指标的叫法不同：数学中称它们为行（row）和列（column）的二维数组或矩阵，统计学中称它们为观测（observation）和变量（variable）的数据集，数据库中称它们为记录（record）和字段（field）的数据表，人工智能中称它们为示例（example）和属性（attribute）的数据集。

为了使大家将注意力集中在如何进行数据分析上，而不是将精力花在对数据的收集和输入上，本书采用一种新的数据分析策略，即通篇使用面向对象的数据，以讲解如何进行数据分析。

2.1.1.1 横向数据集

【例 2-1】单变量数据收集。

这类数据通常都是一个个单独的数据变量，每个变量都可单独拿来进行分析。

下面是某年级 50 名学生的个人基本情况，共收集了这些学生的 7 项指标：

(1) 学号或编号（定性或定量变量，简记为【编号】）。

(2) 性别（定性变量，简记为【性别】）。

(3) 所学专业或所在学科（定性变量，简记为【学科】）。

(4) 数据分析软件使用情况（定性变量，简记为【软件】）。

(5) 体重（定量变量，单位 kg，简记为【体重】）。

(6) 身高（定量变量，单位 cm，简记为【身高】）。

(7) 个人年消费支出（定量变量，单位千元，简记为【支出】）。

数据由变量及其观测值所组成。本例共有 7 个变量：编号、性别、学科、软件、体重、身高、支出。

为了充分体现现代问卷调查的能力，我们使用问卷星设计网络化调查问卷，只要大家进入问卷星网站（https://www.wjx.cn/）都可快速设计问卷（见图 2-1 和图 2-2）。

wjx.cn
首页
样本服务
问卷调查模板
登录
免费注册
不止
问卷调查 | 在线考试
免费使用
市场洞察

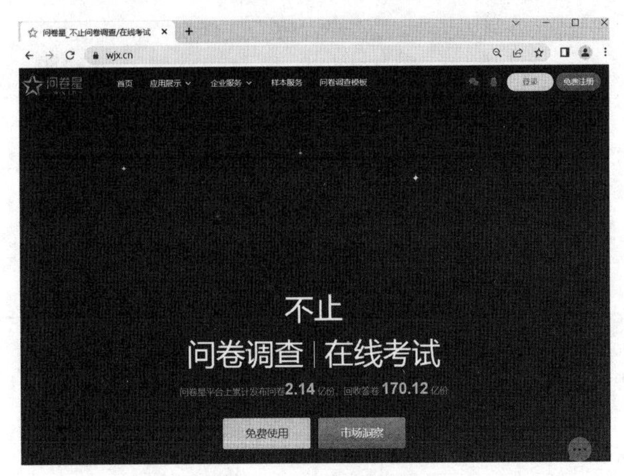

图 2-1　问卷星网站

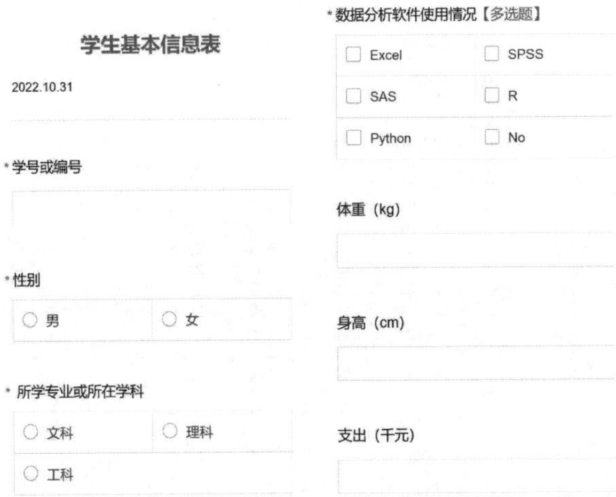

学生基本信息表
2022.10.31
* 学号或编号
* 性别
男
女
* 所学专业或所在学科
文科
理科
工科
* 数据分析软件使用情况【多选题】
Excel
SPSS
SAS
R
Python
No
体重（kg）
身高（cm）
支出（千元）

图 2-2　问卷星问卷调查表设计

表 2-2 是 50 名学生的个人数据，按照该数据格式，每行为一个观测单位（样品），每列为一个指标（变量），该数据保存在【基本数据.xlsx】文档中（见图 2-3）。

表 2-2　50 个学生的基本信息数据

编号	性别	学科	软件	体重	身高	支出
20210801	男	文科	Excel	77	174	19. 8
20210802	男	工科	SPSS	75	171	21. 8
20210803	女	理科	Matlab	72	173	15. 5
20210804	女	文科	R	67	167	12. 4
20210805	男	理科	SPSS	64	160	14. 8
20210806	女	文科	SPSS	67	166	37. 3
20210807	男	工科	Excel	82	180	62. 1
20210808	女	工科	Excel	66	163	23. 6
⋮	⋮	⋮	⋮	⋮	⋮	⋮
20210843	女	工科	Matlab	65	165	14. 8
20210844	男	文科	Matlab	80	180	10. 9
20210845	女	工科	Excel	66	163	23. 6
20210846	女	文科	Excel	60	159	10. 8
20210847	男	文科	SPSS	73	174	12. 4
20210848	女	文科	SPSS	70	170	37. 3
20210849	女	理科	Python	67	165	41. 4
20210850	男	理科	Python	72	172	17. 1

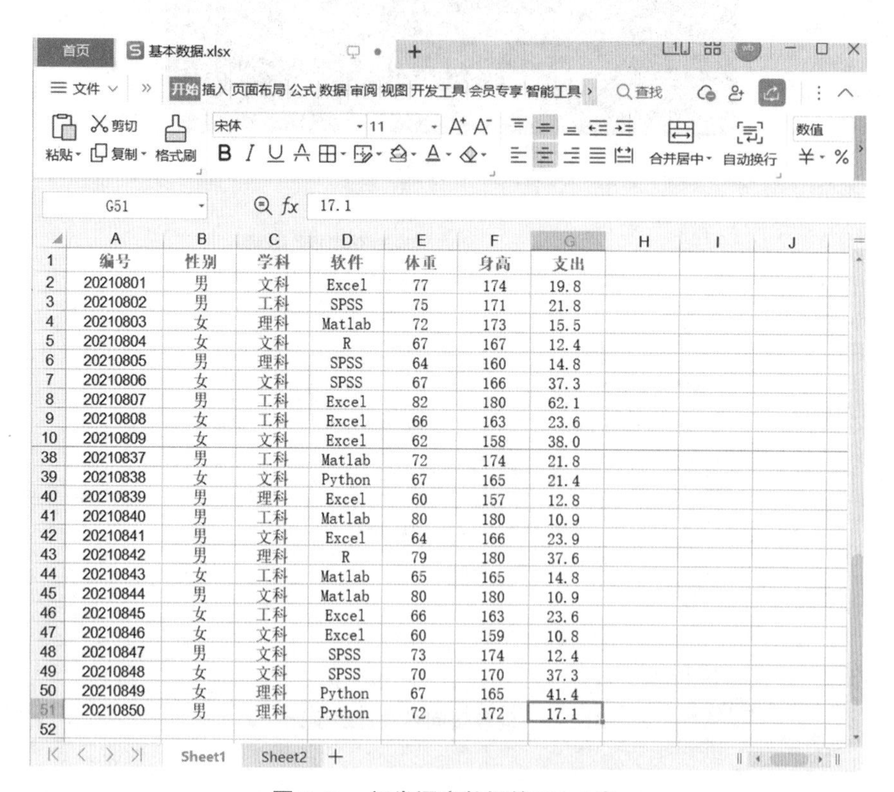

	A	B	C	D	E	F	G
1	编号	性别	学科	软件	体重	身高	支出
2	20210801	男	文科	Excel	77	174	19. 8
3	20210802	男	工科	SPSS	75	171	21. 8
4	20210803	女	理科	Matlab	72	173	15. 5
5	20210804	女	文科	R	67	167	12. 4
6	20210805	男	理科	SPSS	64	160	14. 8
7	20210806	女	文科	SPSS	67	166	37. 3
8	20210807	男	工科	Excel	82	180	62. 1
9	20210808	女	工科	Excel	66	163	23. 6
10	20210809	女	文科	Excel	62	158	38. 0
38	20210837	男	工科	Matlab	72	174	21. 8
39	20210838	女	文科	Python	67	165	21. 4
40	20210839	男	理科	Excel	60	157	12. 8
41	20210840	男	工科	Matlab	80	180	10. 9
42	20210841	男	文科	Excel	64	166	23. 9
43	20210842	男	理科	R	79	180	37. 6
44	20210843	女	工科	Matlab	65	165	14. 8
45	20210844	男	文科	Matlab	80	180	10. 9
46	20210845	女	工科	Excel	66	163	23. 6
47	20210846	女	文科	Excel	60	159	10. 8
48	20210847	男	文科	SPSS	73	174	12. 4
49	20210848	女	文科	SPSS	70	170	37. 3
50	20210849	女	理科	Python	67	165	41. 4
51	20210850	男	理科	Python	72	172	17. 1

图 2-3　问卷调查数据的 Excel 表

【例 2-2】多变量数据收集。

这类数据是由多个单变量数据构成的横截面数据，主要用来研究多个变量间的关系，包括综合分析、聚类分析等。

为了解我国各地区对外贸易国际竞争力的情况，我们从 31 个省、自治区、直辖市（未包括我国台湾、香港和澳门，以下同）的对外贸易能力、对外贸易经济效益、贸易资本竞争力等方面选取了 8 个对外贸易国际竞争力的基础指标。

(1) 地区国内生产总值（百亿元，简记为【生产总值】）。

(2) 从业人员人数（万人，简记为【从业人员】）。

(3) 全社会固定资产投资额（百亿元，简记为【固定资产】）。

(4) 进出口贸易总额（亿美元，简记为【进出口额】）。

(5) 实际利用外资总额（百亿元，简记为【利用外资】）。

(6) 工业企业新产品出口额（亿元，简记为【新品出口】）。

(7) 国际市场占有率（‰，简记为【市场占有】）。

(8) 对外贸易依存度（%，简记为【对外依存】）。

这些指标基本覆盖了外贸国际竞争力的各方面，能够较好地反映各省市国际竞争力水平。具体数据如表 2-3 所示。

表 2-3 我国 31 个省、自治区、直辖市 20××年对外贸易数据

地区	生产总值（百亿元）	从业人员（万人）	固定资产（百亿元）	进出口额（亿美元）	利用外资（百亿元）	新品出口（亿元）	市场占有（‰）	对外依存（%）
北京	162.519	1 069.70	55.789	3 894.9	196.906	6 470.51	2.635	1.55
天津	113.073	763.16	70.677	1 033.9	61.947	7 490.32	1.986	0.59
河北	245.158	3 962.42	163.893	536.0	178.782	2 288.19	1.276	0.14
山西	112.376	1 738.90	70.731	147.6	104.945	1 522.79	0.242	0.08
内蒙古	143.599	1 249.30	103.652	119.4	54.426	342.36	0.209	0.05
辽宁	222.267	2 364.90	177.263	959.6	155.296	4 150.24	2.278	0.28
吉林	105.688	1 337.80	74.417	220.5	58.843	746.94	0.223	0.13
黑龙江	125.820	1 977.80	74.754	385.1	81.979	318.89	0.789	0.20
上海	191.957	1 104.33	49.621	4373.1	179.582	10 326.44	9.359	1.47
江苏	491.103	4 758.23	266.926	5 397.6	261.118	43 928.94	13.953	0.71
浙江	323.189	3 680.00	141.853	3 094.0	239.452	25 355.08	9.657	0.62
安徽	153.007	4 120.90	124.557	313.4	92.613	2 344.05	0.762	0.13
福建	175.602	2 459.99	99.109	1 435.6	92.158	7 957.50	4.144	0.53
江西	117.028	2 532.60	90.876	315.6	71.531	1 301.04	0.977	0.17
山东	453.619	6 485.60	267.497	2 359.9	223.057	17 688.02	5.614	0.34
河南	269.310	6 198.00	177.690	326.4	147.022	2 176.17	0.859	0.08
湖北	196.323	3 672.00	125.573	335.2	113.434	1 614.37	0.872	0.11
湖南	196.696	4 005.03	118.809	190.0	106.234	1 814.50	0.442	0.06

（续上表）

地区	生产总值（百亿元）	从业人员（万人）	固定资产（百亿元）	进出口额（亿美元）	利用外资（百亿元）	新品出口（亿元）	市场占有（‰）	对外依存（%）
广东	532. 103	5 960. 74	170. 692	9 134. 8	410. 616	56 849. 07	23. 742	1. 11
广西	117. 209	2 936. 00	79. 907	233. 5	66. 822	641. 55	0. 556	0. 13
海南	25. 227	459. 22	16. 572	127. 6	18. 885	185. 49	0. 113	0. 33
重庆	100. 114	1 590. 16	74. 734	292. 2	70. 117	3 928. 45	0. 886	0. 19
四川	210. 267	4 785. 50	142. 222	477. 8	162. 007	1 233. 51	1. 297	0. 15
贵州	57. 018	1 792. 80	42. 359	48. 8	39. 441	308. 65	0. 134	0. 06
云南	88. 931	2 857. 24	61. 910	160. 5	66. 849	257. 76	0. 423	0. 12
西藏	9. 856	265. 88	8. 689	5. 6	6. 957	0. 20	0. 021	0. 03
陕西	125. 123	2 059. 02	94. 311	146. 2	92. 209	408. 45	0. 313	0. 08
甘肃	50. 204	1 500. 30	39. 658	87. 4	42. 500	300. 89	0. 096	0. 11
青海	16. 704	309. 18	14. 356	9. 2	10. 488	0. 30	0. 030	0. 04
宁夏	21. 022	339. 60	16. 447	22. 9	13. 563	197. 00	0. 071	0. 07
新疆	66. 101	953. 34	46. 321	228. 2	44. 409	83. 39	0. 751	0. 22

本书所选数据是我国 31 个省、自治区、直辖市 20××年的相关经济发展数据，数据来源于中国统计年鉴和各省区市统计年鉴，该数据存放在【综合评价. xlsx】中。

2. 1. 1. 2 纵向数据集

纵向数据是一种特殊形式的时间序列数据，如宏观经济数据。它对数据的格式有一定要求，必须注意时间序列数据的输入格式。

【例 2-3】年度类数据如表 2-4 所示。

表 2-4 某地区 2001—2020 年人均 GDP 数据

年度	人均 GDP	年度	人均 GDP
2001	2. 85	2011	9. 87
2002	3. 23	2012	10. 71
2003	3. 84	2013	12. 16
2004	4. 59	2014	12. 99
2005	5. 42	2015	13. 78
2006	6. 29	2016	14. 36
2007	7. 03	2017	15. 07
2008	7. 72	2018	15. 55
2009	8. 03	2019	15. 64
2010	8. 84	2020	13. 40

【例 2-4】季节类数据如表 2-5 所示。

年度数据有时太过宏观，须研究季节（季度或月度）数据，以了解不同季度或月度

GDP 的变化。现从国家统计局网站（http://data.stats.gov.cn/）上收集了 2001—2015 年每个季度我国 GDP 的数据，形成了一个时间序列数据集，共 60 个数据，该数据存放在【季度数据.xlsx】中。2001—2015 年我国国内生产总值的季度数据如表 2-5 所示。

表 2-5　2001—2015 年我国国内生产总值的季度数据

年度	第一季度	第二季度	第三季度	第四季度
2001	2.330	2.565	2.687	3.384
2002	2.536	2.797	2.972	3.728
2003	2.886	3.101	3.346	4.249
2004	3.342	3.699	3.956	4.991
2005	3.912	4.280	4.474	5.828
2006	4.532	5.011	5.191	6.897
2007	5.476	6.124	6.410	8.571
2008	6.628	7.419	7.655	9.702
2009	6.982	7.839	8.310	10.960
2010	8.250	9.238	9.729	12.934
2011	9.748	10.901	11.586	15.076
2012	10.837	11.963	12.574	16.573
2013	11.886	12.916	13.908	20.092
2014	12.821	14.083	15.086	21.656
2015	14.067	17.351	17.316	18.937

【例 2-5】日期类数据。

日期类数据是典型的时间序列数据，通常表示微观经济数据，如股票数据、基金数据等。

从某证券网站收集了 2015—2017 年三年的股票每日收盘数据，如表 2-6 所示。这是一种典型的日期序列数据集，3 年共 732 个数据，该数据存放在【股票数据.xlsx】中。

表 2-6　某证券网 2015—2017 年收盘价数据

日期	开盘价	最高价	最低价	收盘价	成交量
2015/1/5	9.00	9.43	9.00	9.36	213 327 795
2015/1/6	9.29	9.48	9.12	9.48	204 988 593
2015/1/7	9.47	9.63	9.26	9.34	157 693 010
2015/1/8	9.32	9.84	9.29	9.53	283 674 228
2015/1/9	9.48	9.68	9.30	9.37	206 935 625
2015/1/12	9.30	9.34	8.91	9.07	140 016 572
2015/1/13	9.05	9.20	9.02	9.12	96 986 540
2015/1/14	9.10	9.26	8.97	9.03	98 762 904
2015/1/15	9.05	9.14	8.92	9.11	88 719 978
⋮	⋮	⋮	⋮	⋮	⋮

(续上表)

日期	开盘价	最高价	最低价	收盘价	成交量
2017/12/18	12.63	12.73	12.16	12.26	53 952 070
2017/12/19	12.32	12.52	12.22	12.38	42 303 768
2017/12/20	12.50	13.00	12.43	12.77	120 558 537
2017/12/21	12.67	12.84	12.55	12.76	62 933 287
2017/12/22	12.76	12.88	12.61	12.75	39 261 279
2017/12/25	12.73	12.74	12.25	12.38	65 681 626
2017/12/26	12.46	12.54	12.37	12.52	30 913 299
2017/12/27	12.54	12.57	12.10	12.18	53 813 380
2017/12/28	12.20	12.28	12.06	12.18	33 692 919
2017/12/29	12.18	12.33	12.14	12.29	25 372 331

2.1.1.3 面板数据集

面板数据有时间序列和截面两个维度，当这类数据按两个维度排列时，是排在一个平面上，与只有一个维度的数据排在一条线上有着明显的不同，整个表格像是一个面板，因此把 panel data 译作“面板数据”。但是，如果从其内在含义上讲，把 panel data 译为“时间序列—截面数据”（Time Series-Cross Section）更能揭示这类数据的本质特点。

【例 2-6】粤港澳大湾区 11 个地区 20 年的经济发展数据，形成了一组完整的面板数据（见图 2-4）。

	A	B	C	D	E	F	G	H	I	J	K	L
1	时间	地区	GDP	从业人员	进出口额	财政收入	财政支出	专利授权	人均GDP	人均消费	二产占比	三产占比
2	2001	广州	2841.65	510.07	230.35	246.19	292.63	3553	2.85	1.25	39.14	57.44
3	2001	深圳	2482.49	332.8	685.96	262.49	253.7	3649	3.48	1.15	49.5	49.8
4	2001	珠海	368.34	81.8	98.02	31.56	37.35	458	2.92	1.05	51.3	44.1
5	2001	佛山	1189.19	190.44	110.68	83.31	94.67	2147	2.2	0.68	52.7	42
6	2001	惠州	478.95	196.84	88.29	18.28	25.89	283	1.46	0.42	57.8	28.5
7	2001	东莞	991.89	100.13	344.52	45.02	47.86	1753	1.53	0.42	54.5	42.9
8	2001	中山	404.38	124.28	71.47	25.55	26.78	1216	1.7	0.67	54.67	39.37
9	2001	江门	534.6	206.8	43.88	24.96	31.42	577	1.34	0.49	46.1	40.6
10	2001	肇庆	267.96	203.94	11.44	12.29	22.64	83	0.78	0.25	21.3	42.3
11	2001	香港	14019.95	342.7	3909.7	1863.03	2535.1	1026	20.88	2.91	12.46	87.46
12	2001	澳门	563.75	21.7	46.85	161.15	156.82	10	12.99	1.14	12.9	87.1
208	2019	肇庆	2248.8	221.16	58.62	114.21	351.65	4524	5.39	2.65	41.14	41.68
209	2019	香港	28656.79	385.17	10725.02	5997.59	5318.1	3021	38.17	5.73	6.16	87.47
210	2019	澳门	4346.7	38.78	127.54	1335.06	821.01	168	64.54	11.36	4.3	95.7
211	2020	广州	25019.11	1158	1376.12	1722.79	2952.65	155835	13.4	4.14	26.34	72.51
212	2020	深圳	27670.24	1292.29	4409.01	3857.46	4178.42	222412	15.76	4.06	37.78	62.13
213	2020	珠海	3481.94	177.14	394.98	379.13	677.62	24434	14.27	3.64	43.39	54.88
214	2020	佛山	10816.47	533.85	732.39	753.56	1003.04	73870	11.39	3.7	56.35	42.13
215	2020	惠州	4221.79	320.88	359.81	412.25	637.37	19059	6.99	2.62	50.56	44.25
216	2020	东莞	9650.19	714.59	1921	694.75	840.32	74303	9.22	3.43	53.81	45.87
217	2020	中山	3151.59	243.14	318.99	287.54	375.63	39698	7.13	3.27	49.4	48.33
218	2020	江门	3200.95	273.03	206.48	264	442.37	16891	6.67	2.19	41.6	49.8
219	2020	肇庆	2311.65	232.98	59.87	124.51	430.58	6326	5.62	1.68	39.03	42.1
220	2020	香港	26885.36	388.82	10459.71	5835.34	6160.75	3387	35.93	11.61	6.46	93.45
221	2020	澳门	1899.2	39.51	1029.3	1016.7	961.3	173	28.5	13.18	8.69	91.31
222												

大湾区数据

图 2-4　面板数据集

上述数据都是一些结构化数据，但随着大数据时代的来临，出现了大量的非结构化数据，这些数据的类型不只是由数字构成的数据库，还包括大量的文字、图像、影像和视频数据。更进一步，我们还可以收集股票指数的时数据、分数据、秒数据、毫秒数据和微秒数据，这类数据就形成了高频数据，也是一种大数据，限于篇幅，本书将不展开讲解。

2.1.2　数据的管理

2.1.2.1　数据存储

数据管理是利用计算机硬件和软件技术对数据进行有效的收集、存储、处理与应用的过程。对于一般的数据分析而言，电子表格软件已经足以胜任分析所需要的数据管理（见图 2-5）。最常用的电子表格存储软件有微软 Office 的 Excel 表格软件（收费）和金山 Office 的 WPS 表格软件（免费）。

BDA.xlsx	动态数列.xlsx	计数数据.xlsx	统计地图.xlsx
案例练习模板.xlsx	多变量图.xlsx	季度数据.xlsx	系统聚类.xlsx
抽样数据.xlsx	多元数据.xlsx	聚类分析.xlsx	相关回归.xlsx
词云图.xlsx	股票数据.xlsx	快速聚类.xlsx	因果图.xlsx
大数据分析.xlsx	过程控制.xlsx	面板数据.xlsx	秩和比数据.xlsx
德尔菲法.xlsx	横向数据.xlsx	排列图.xlsx	综合评价.xlsx
定量变量.xlsx	基本数据.xlsx	判断矩阵.xlsx	纵向数据.xlsx
定性变量.xlsx	计量数据.xlsx	趋势模型.xlsx	

图 2-5　数据管理

2.1.2.2　数据管理

如果仅做一般的数据管理，数据量不是特别大，而且要求系统免费、跨平台，那么首选的数据管理软件应该是 WPS 表格软件（WPS 表格是跟 Excel 兼容度最高的电子表格软件，但 WPS 是免费的，建议使用）。本书采用的电子表格默认为 Excel 或 WPS（见图 2-6），由于两者兼容性很高，使用时不再区分。

	编号	性别	学科	软件	体重	身高	支出
2	20210801	男	文科	Excel	77	174	19.8
3	20210802	男	工科	SPSS	75	171	21.8
4	20210803	女	理科	Matlab	72	173	15.5
5	20210804	女	文科	R	67	167	12.4
6	20210805	男	理科	SPSS	64	160	14.8
7	20210806	女	文科	SPSS	67	166	37.3
8	20210807	男	工科	Excel	82	180	62.1
9	20210808	女	工科	Excel	66	163	23.6
10	20210809	女	文科	Excel	62	158	38.0
35	20210834	男	文科	Excel	78	176	17.8
36	20210835	男	工科	R	74	169	11.8
37	20210836	女	理科	Matlab	64	162	13.5
38	20210837	男	工科	Matlab	72	174	21.8
39	20210838	女	文科	Python	67	165	21.4
40	20210839	男	理科	Excel	60	157	12.8
41	20210840	男	工科	Matlab	80	180	10.9
42	20210841	男	文科	Excel	64	166	23.9
43	20210842	男	理科	R	79	180	37.6
44	20210843	女	工科	Matlab	65	165	14.8
45	20210844	男	文科	Matlab	80	180	10.9
46	20210845	女	工科	Excel	66	163	23.6
47	20210846	女	文科	Excel	60	159	10.8
48	20210847	男	文科	SPSS	73	174	12.4
49	20210848	女	文科	SPSS	70	170	37.3
50	20210849	女	理科	Python	67	165	41.4
51	20210850	男	理科	Python	72	172	17.1

图 2-6 电子表格数据

这些数据存放在 BDA. xlsx 文档中，读者可登录 www. yuque. com/rstat/bda 下载该数据。

当分析的数据量很大时，通常需采用数据库来管理数据表格。

2.1.3 数据的预处理

由于本书未采用编程的方式进行数据分析，且数据管理采用了电子表格格式，因此对数据的预处理也只能借助电子表格的处理功能，如数据筛选、排序、透视等。下面是我们使用 WPS 的电子表格进行简单的数据预处理（Excel 同）。

2.1.3.1 电子表格数据的筛选

下面我们以【例 2-1】数据为例来介绍数据的筛选，数据来自［基本数据 . xlsx］。

Excel 和 WPS 都提供了多种数据筛选的方法，这里仅介绍自动筛选。自动筛选适用于对数据进行简单的条件筛选，筛选时将不满足条件的数据暂时隐藏起来，只显示符合条件的数据，是一种最简单的数据筛选方式。

（1）单击“性别”字段右边的下拉箭头，将显示其下拉列表，选中“男”或“女”后得到筛选结果（见图 2-7）。

	编号	性别	学科	软件	体重	身高	支出
2	20210801	男	文科	Excel	77	174	19.8
3	20210802	男	工科	SPSS	75	171	21.8
6	20210805	男	理科	SPSS	64	160	14.8
8	20210807	男	工科	Excel	82	180	62.1
11	20210810	男	工科	Matlab	71	173	12.4
13	20210812	男	文科	Excel	76	171	6.9
14	20210813	男	工科	Python	59	158	27.9
15	20210814	男	理科	Excel	80	185	37.6
17	20210816	男	文科	SPSS	73	177	40.5
21	20210820	男	文科	Python	68	171	24.8
22	20210821	男	理科	Excel	82	177	12.3
23	20210822	男	文科	Python	68	165	15.0
24	20210823	男	文科	SPSS	65	164	11.8
27	20210826	男	理科	Excel	83	182	46.8
29	20210828	男	理科	Python	77	181	7.8
33	20210832	男	理科	SPSS	85	187	7.1
35	20210834	男	文科	Excel	78	176	17.8
36	20210835	男	工科	R	74	169	11.8
38	20210837	男	工科	Matlab	72	174	21.8
40	20210839	男	理科	Excel	60	157	12.8
41	20210840	男	工科	Matlab	80	180	10.9
42	20210841	男	文科	Excel	64	166	23.9
43	20210842	男	理科	R	79	180	37.6
45	20210844	男	文科	Matlab	80	180	10.9
48	20210847	男	文科	SPSS	73	174	12.4
51	20210850	男	理科	Python	72	172	17.1

图 2-7　按类别的筛选

（2）单击“支出”字段右边的下拉箭头，将显示其下拉列表，选中“数字筛选”后，将出现一弹出菜单。这里，可以对数据进行多种方式的筛选，有大于、等于、介于、前十项、高于平均值、低于平均值和自定义筛选等，可以选择一个作为数据筛选的条件，如图 2-8 所示。

	A	B	C	D	E	F
1	性别	学科	软件	体重	身高	支出
8	男	工科	Excel	82	180	62.1
10	女	文科	Excel	62	158	38
15	男	理科	Excel	80	185	37.6
17	男	文科	SPSS	73	177	40.5
19	女	理科	Excel	66	167	37.6
26	女	工科	SPSS	68	166	42.5
27	男	理科	Excel	83	182	46.8
30	女	理科	R	67	165	41.4
43	男	理科	R	79	180	37.6
50	女	理科	Python	67	165	41.4
52						

图 2-8　按数值的筛选

在“数字筛选”弹出菜单中，单击“前十项”，将出现“自动筛选前 10 个”对话框，可以根据需要设置按最大值或最小值进行筛选，如设置筛选最大 10 项。

从工作表中可以看到，满足条件的结果所在行号被标识成了蓝色。同样地，如果要按“涨跌幅”“最新价”等字段来进行筛选，也可以按同样的步骤来进行。需注意的是，如果只设置一个筛选条件，则应先取消先前设置的筛选条件，可通过点击对应字段的下拉箭头，选中“全选”前面的复选框即可。

2.1.3.2　电子表格数据的透视表

这里我们使用 Excel 或 WPS 的电子表格透视功能来选择和分析数据。

在电子表格中创建数据透视表的操作步骤如下：

(1) 选择数据清单中的任意一个单元格，单击“插入”选项卡，单击“数据透视表”下拉按钮，执行“数据透视表”命令，将弹出如图 2-9 所示的“创建数据透视表”对话框。

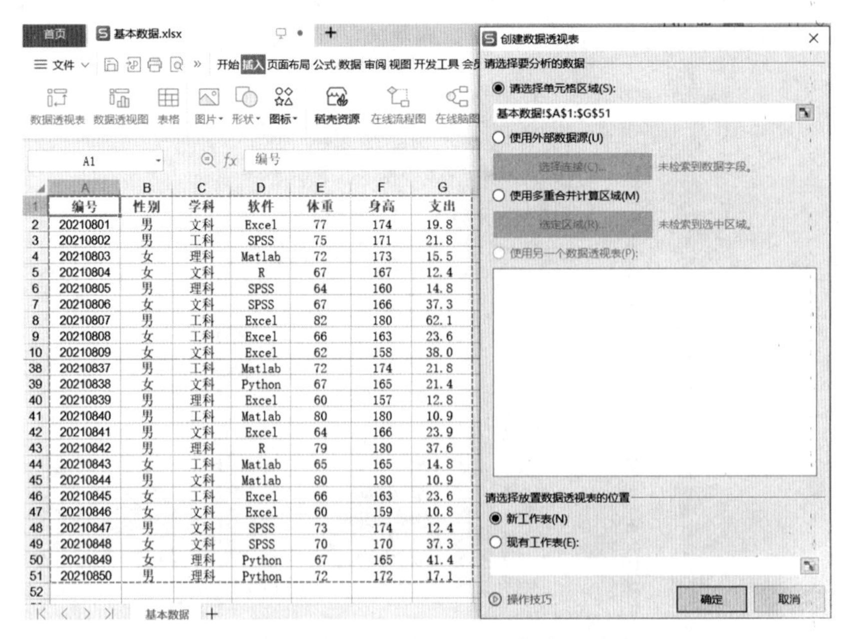

	A	B	C	D	E	F	G
1	编号	性别	学科	软件	体重	身高	支出
2	20210801	男	文科	Excel	77	174	19.8
3	20210802	男	工科	SPSS	75	171	21.8
4	20210803	女	理科	Matlab	72	173	15.5
5	20210804	女	文科	R	67	167	12.4
6	20210805	男	理科	SPSS	64	160	14.8
7	20210806	女	文科	SPSS	67	166	37.3
8	20210807	男	工科	Excel	82	180	62.1
9	20210808	女	工科	Excel	66	163	23.6
10	20210809	女	文科	Excel	62	158	38.0
38	20210837	男	工科	Matlab	72	174	21.8
39	20210838	女	文科	Python	67	165	21.4
40	20210839	男	理科	Excel	60	157	12.8
41	20210840	男	工科	Matlab	80	180	10.9
42	20210841	男	文科	Excel	64	166	23.9
43	20210842	男	理科	R	79	180	37.6
44	20210843	女	工科	Matlab	65	165	14.8
45	20210844	男	文科	Matlab	80	180	10.9
46	20210845	女	工科	Excel	66	163	23.6
47	20210846	女	文科	Excel	60	159	10.8
48	20210847	男	文科	SPSS	73	174	12.4
49	20210848	女	文科	SPSS	70	170	37.3
50	20210849	女	理科	Python	67	165	41.4
51	20210850	男	理科	Python	72	172	17.1
52							

图 2-9　创建数据透视表

（2）在“请选择要分析的数据”选区中，默认已经选定了前面所选单元格所在的数据区域，也可以重新选择数据区域，单击右边的折叠按钮，选择完数据区域后单击展开按钮即可。在“请选择放置数据透视表的位置”选区中，可以选择在新工作表中或者现有工作表中放置数据透视表，这里选择“现有工作表”，并选定放置数据透视表的位置，这里选定 G51 单元格。Excel 创建的数据透视表会默认从该单元格往右下角延伸，然后单击“确定”按钮即可。

（3）单击确定后，在当前工作表的右边将出现“数据透视表字段列表”框。在字段复选框中选中“编号”“性别”和“学科”三项，其中“编号”作为计数项、“性别”作为行标签、“学科”作为列标签，可拖动该字段到相应的标签区域内。在“数据透视表字段列表”框中设置的同时，数据透视表会即时显示相应的结果，如图 2-10 所示。

图 2-10　分类数据的透视

使用数据透视表可以很好地分析数据之间的关系，以更为直观的方式来显示数据以及数据之间的关系。

相较于筛选，透视表还可以进行数据和变量的选择。下面我们采用透视表选择男生的体重和身高的数据（见图 2-11），这样我们在后续的分析中就可直接复制这些数据。

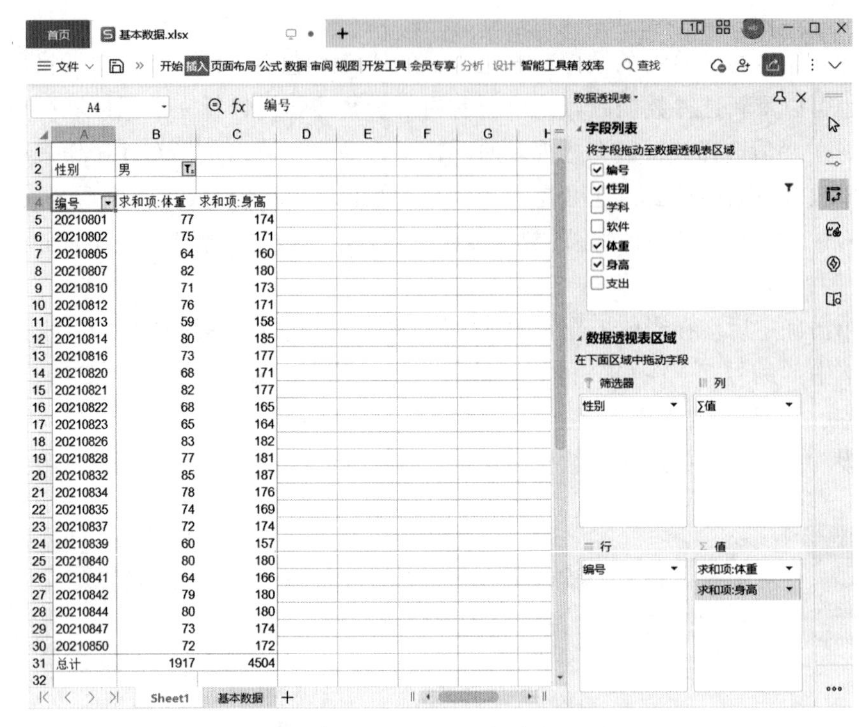

性别	男	
编号	求和项:体重	求和项:身高
20210801	77	174
20210802	75	171
20210805	64	160
20210807	82	180
20210810	71	173
20210812	76	171
20210813	59	158
20210814	80	185
20210816	73	177
20210820	68	171
20210821	82	177
20210822	68	165
20210823	65	164
20210826	83	182
20210828	77	181
20210832	85	187
20210834	78	176
20210835	74	169
20210837	72	174
20210839	60	157
20210840	80	180
20210841	64	166
20210842	79	180
20210844	80	180
20210847	73	174
20210850	72	172
总计	1917	4504

图 2-11　数值数据的透视

下面以【例 2-6】粤港澳大湾区经济发展数据为例，通过透视表功能进行数据选择（见图 2-12），数据来自“预警监测 . xlsx”。

	时间	地区	GDP	从业人员	进出口额	财政收入	财政支出	专利授权	人均GDP	人均消费	二产占比	三产占比
2	2001	广州	2841.65	510.07	230.35	246.19	292.63	3553	2.85	1.25	39.14	57.44
3	2001	深圳	2482.49	332.8	685.96	262.49	253.7	3649	3.48	1.15	49.5	49.8
4	2001	珠海	368.34	81.8	98.02	31.56	37.35	458	2.92	1.05	51.3	44.1
5	2001	佛山	1189.19	190.44	110.68	83.31	94.67	2147	2.2	0.68	52.7	42
6	2001	惠州	478.95	196.84	88.29	18.28	25.89	283	1.46	0.42	57.8	28.5
7	2001	东莞	991.89	100.13	344.52	45.02	47.86	1753	1.53	0.42	54.5	42.9
8	2001	中山	404.38	124.28	71.47	25.55	26.78	1216	1.7	0.67	54.67	39.37
9	2001	江门	534.6	206.8	43.88	24.96	31.42	577	1.34	0.49	46.1	40.6
10	2001	肇庆	267.96	203.94	11.44	12.29	22.64	83	0.78	0.25	21.3	42.3
11	2001	香港	14019.95	342.7	3909.7	1863.03	2535.1	1026	20.88	2.91	12.46	87.46
12	2001	澳门	563.75	21.7	46.85	161.15	156.82	10	12.99	1.14	12.9	87.1
208	2019	肇庆	2248.8	221.16	58.62	114.21	351.65	4524	5.39	2.65	41.14	41.68
209	2019	香港	28656.79	385.17	10725.02	5997.59	5318.1	3021	38.17	5.73	6.16	87.47
210	2019	澳门	4346.7	38.78	127.54	1335.06	821.01	168	64.54	11.36	4.3	95.7
211	2020	广州	25019.11	1158	1376.12	1722.79	2952.65	155835	13.4	4.14	26.34	72.51
212	2020	深圳	27670.24	1292.29	4409.01	3857.46	4178.42	222412	15.76	4.06	37.78	62.13
213	2020	珠海	3481.94	177.14	394.98	379.13	677.62	24434	14.27	3.64	43.39	54.88
214	2020	佛山	10816.47	533.85	732.39	753.56	1003.04	73870	11.39	3.7	56.35	42.13
215	2020	惠州	4221.79	320.88	359.81	412.25	637.37	19059	6.99	2.62	50.56	44.25
216	2020	东莞	9650.19	714.59	1921	694.75	840.32	74303	9.22	3.43	53.81	45.87
217	2020	中山	3151.59	243.14	318.99	287.54	375.63	39698	7.13	3.27	49.4	48.33
218	2020	江门	3200.95	273.03	206.48	264	442.37	16891	6.67	2.19	41.6	49.8
219	2020	肇庆	2311.65	232.98	59.87	124.51	430.58	6326	5.62	1.68	39.03	42.1
220	2020	香港	26885.36	388.82	10459.71	5835.34	6160.75	3387	35.93	11.61	6.46	93.45
221	2020	澳门	1899.2	39.51	1029.3	1016.7	961.3	173	28.5	13.18	8.69	91.31

图 2-12　预警监测数据

（1）横向数据选择。这里我们选择的是 2020 年粤港澳大湾区的人均 GDP 数据（见图 2-13）。

图 2-13　横向数据的选择

（2）纵向数据选择。这里我们选择的是广州 2001—2020 年的人均 GDP 数据（见图 2-14）。

图 2-14　纵向数据的选择

（3）面板数据选择。这里选择的是部分面板数据，时间选取 2001 年、2005 年、2010 年、2015 年和 2020 年，地区选取澳门、广州、深圳和香港（见图 2-15）。

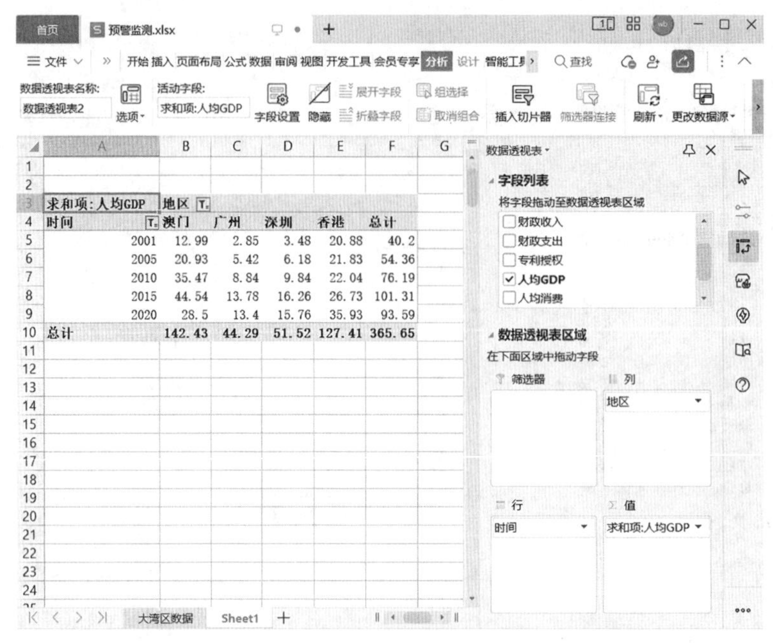

图 2-15　面板数据的选择

2.1.3.3　云平台中数据的预处理

为了配合本书的云计算平台，我们增加了一个简单的数据预处理模式，但功能较 Excel 和 WPS 的还有较大差距。

（1）数据读取（如图 2-16 所示）。

帮助　大数据基础　数据挖掘　统计方法　统计模型　时序预测　多元决策　大数据进阶

数据的收集　数据的管理　数据的预处理

可调入新数据（.xlsx格式）　打开...　基本数据.
请选一个数据表: 默认数据表
选择变量: 编号 性别 学科 软件 体重 身高 支出
确认
变量名 Choose
逻辑符 Choose
数值/条件

Show 20 entries　Search:

	编号	性别	学科	软件	体重	身高	支出
1	20210801	男	文科	Excel	77	174	19.8
2	20210802	男	工科	SPSS	75	171	21.8
3	20210803	女	理科	Matlab	72	173	15.5
4	20210804	女	文科	R	67	167	12.4
5	20210805	男	理科	SPSS	64	160	14.8
6	20210806	女	文科	SPSS	67	166	37.3
7	20210807	男	工科	Excel	82	180	62.1
8	20210808	女	工科	Excel	66	163	23.6
9	20210809	女	文科	Excel	62	158	38
10	20210810	男	工科	Matlab	71	173	12.4
11	20210811	女	文科	SPSS	64	163	23
12	20210812	男	文科	Excel	76	171	6.9
13	20210813	男	工科	Python	59	158	27.9
14	20210814	男	理科	Excel	80	185	37.6
15	20210815	女	文科	Excel	66	166	11.1
16	20210816	男	文科	SPSS	73	177	40.5
17	20210817	女	理科	Excel	67	168	8.5
18	20210818	女	理科	Excel	66	167	37.6
19	20210819	女	文科	Excel	62	162	10.8
20	20210820	男	文科	Python	68	171	24.8

Showing 1 to 20 of 50 entries　Previous 1 2 3 Next

图 2-16　基本数据的读取

（2）数据筛选（如图 2-17 所示）。

⌂ ⓘ帮助 ▾ 大数据基础 ▾ 数据挖掘 ▾ 统计方法 ▾ 统计模型 ▾ 时序预测 ▾ 多元决策 ▾ 大数据进阶 ▾ i ▾

数据的收集　数据的管理　数据的预处理

可调入新数据（.xlsx格式）

打开...　预警监测.xlsx

Upload complete

请选一个数据表:

大湾区数据

选择变量

时间
地区
GDP
从业人员
进出口额
财政收入
财政支出
专利授权

确认

变量名

地区

逻辑符

==

数值/条件

广州

Show 20 entries　Search:

	时间	地区	GDP	从业人员	进出口额	财政收入	财政支出	专利授权	人均GDP	人均消费	二产占比	三产占比
1	2001	广州	2841.65	510.07	230.35	246.19	292.63	3553	2.85	1.25	39.14	57.44
12	2002	广州	3203.96	514.08	279.23	245.87	326.67	3652	3.23	1.39	37.81	58.97
23	2003	广州	3758.62	521.07	349.41	274.77	370.09	5019	3.84	1.54	39.53	57.54
34	2004	广州	4450.55	540.71	447.88	302.87	408.34	5535	4.59	1.74	40.18	57.19
45	2005	广州	5187.85	574.46	534.76	371.26	438.41	5724	5.42	2.01	39.68	57.79
56	2006	广州	6124.2	599.5	637.58	427.08	506.79	6399	6.29	2.21	40.2	57.7
67	2007	广州	7202.95	623.63	734.93	523.79	623.69	8524	7.03	2.49	39.57	58.33
78	2008	广州	8366.02	652.9	819.67	621.84	713.35	8081	7.72	2.86	38.95	59.01
89	2009	广州	9240.58	679.15	767.37	702.65	789.92	11095	8.03	3.05	37.26	60.85
100	2010	广州	10859.29	711.07	1037.62	872.65	977.32	15091	8.84	3.54	37.24	61.01
111	2011	广州	12562.12	743.18	1161.63	979.48	1181.25	18346	9.87	4.11	36.84	61.51
122	2012	广州	13697.91	751.3	1171.67	1102.4	1343.65	21997	10.71	4.66	34.84	63.58
133	2013	广州	15663.48	759.93	1188.96	1141.8	1386.13	26156	12.16	4.97	33.9	64.6
144	2014	广州	16896.62	784.84	1305.76	1243.1	1436.22	28137	12.99	5.46	33.5	65.2
155	2015	广州	18313.8	810.99	1338.62	1349.47	1727.72	39834	13.78	5.92	31.6	67.1
166	2016	广州	19782.19	835.26	1293.09	1393.64	1943.75	48313	14.36	6.2	29.4	69.4
177	2017	广州	21503.15	862.33	1432.5	1536.74	2186.01	60201	15.07	6.49	28	71
188	2018	广州	22859.35	896.54	1485.05	1634.22	2506.18	89826	15.55	6.21	27.3	71.7
199	2019	广州	23628.6	915.68	1448.98	1699.04	2865.33	104811	15.64	6.24	27.31	71.62
210	2020	广州	25019.11	1158	1376.12	1722.79	2952.65	155835	13.4	4.14	26.34	72.51

Showing 1 to 20 of 20 entries　Previous 1 Next

图 2-17　基本数据的筛选

可将这里读取和筛选的数据复制到其他分析处使用。

2.2　数据的可视化

本节主要是对单个变量进行可视化，并从横向、纵向和面板三个维度对数据进行可视化分析，即按照地区或时间对各指标进行直观比较。

2.2.1　横向数据图

在固定时间（年份）情况下，对各地区的数据进行可视化直观分析，如对 2020 年粤港澳大湾区 11 个地区经济信息进行可视化分析。

这里我们选择的是 2020 年粤港澳大湾区的人均 GDP 数据来绘制统计图。

所用的可视化工具包括柱图、条图、饼图、漏斗图、雷达图等，先整页单图，再整页多图。

2.2.1.1　柱图与条图

柱图又称条形图或柱状图，是以宽度相等的条形高度或长度的差异来显示统计指标数值多少或大小的一种图形。柱图简明醒目，是一种常用的统计图。

图形作用：

（1）用于显示不同属性或类别的数据变化特征。

（2）用于显示各项之间的比较情况。

衍生类型：根据需要统计的数据系列的变化，衍生出了很多柱形图类型，包括堆积柱形图、簇状柱形图、瀑布图、各种条形图、旋风图、彩虹图、搭配时间轴、各种3D柱形图，与其他线状图和条形图组合的图形等。

横向图中的柱图和条图如图2-18与图2-19所示。

X(定性);Y(定量)

	X	Y
1	广州	13.40
2	深圳	15.76
3	珠海	14.27
4	佛山	11.39
5	惠州	6.99
6	东莞	9.22
7	中山	7.13
8	江门	6.67
9	肇庆	5.62
10	香港	35.93
11	澳门	28.50

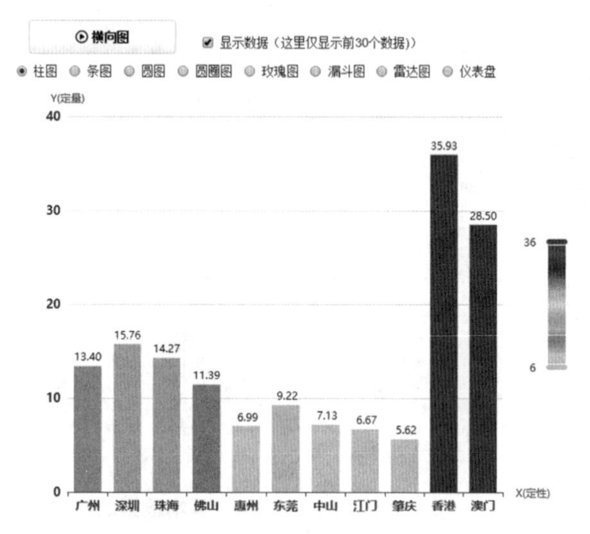

图2-18　柱图（竖直条图）

地区;人均GDP

	X	Y
1	广州	13.40
2	深圳	15.76
3	珠海	14.27
4	佛山	11.39
5	惠州	6.99
6	东莞	9.22
7	中山	7.13
8	江门	6.67
9	肇庆	5.62
10	香港	35.93
11	澳门	28.50

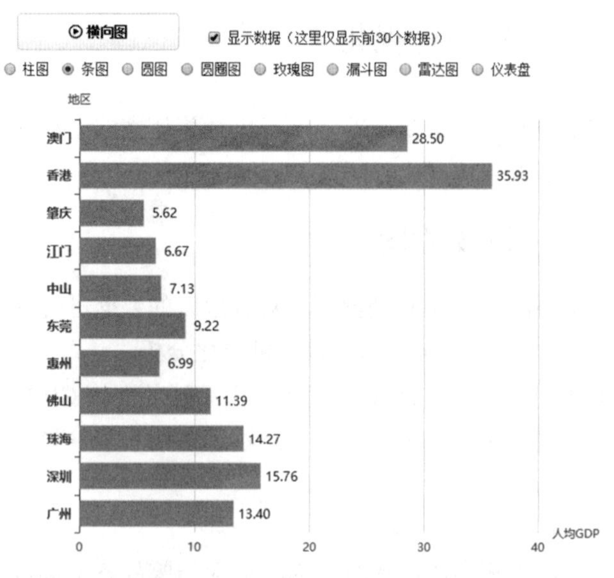

图2-19　条图（水平条图）

2.2.1.2　饼图（圆图）

饼图也称圆图，是由一个圆或多个扇形组成，每个扇形显示不同颜色。每个扇形的角度大小可显示一个数据系列中各项的大小与各项总和的比例。饼图中的数据点显示为整个饼图的数值或百分比。

图形作用：直观显示各个组成部分所占比例，并能够标注具体比例值。

衍生类型：环形图、嵌套饼图、南丁格尔玫瑰图、多级控制饼图、各类三维饼图。

南丁格尔玫瑰图是弗罗伦斯·南丁格尔所发明的，又名为极区图，是一种圆形的条图或直方图。南丁格尔自己常称这类图为鸡冠花图，并且用以表达军医院季节性的死亡率，其对象是那些不太能理解传统统计报表的公务人员。

南丁格尔玫瑰图和饼图类似，算是饼图的一种变形，用法也一样，主要用在需要查看占比的场景中。两者唯一的区别是：饼图是通过角度判别占比大小，而玫瑰图可以通过半径大小或者扇形面积大小来判别。

横向图中的饼图、圆圈图、玫瑰图如图 2-20 至图 2-22 所示。

地区;人均GDP

	X	Y
1	广州	13.40
2	深圳	15.76
3	珠海	14.27
4	佛山	11.39
5	惠州	6.99
6	东莞	9.22
7	中山	7.13
8	江门	6.67
9	肇庆	5.62
10	香港	35.93
11	澳门	28.50

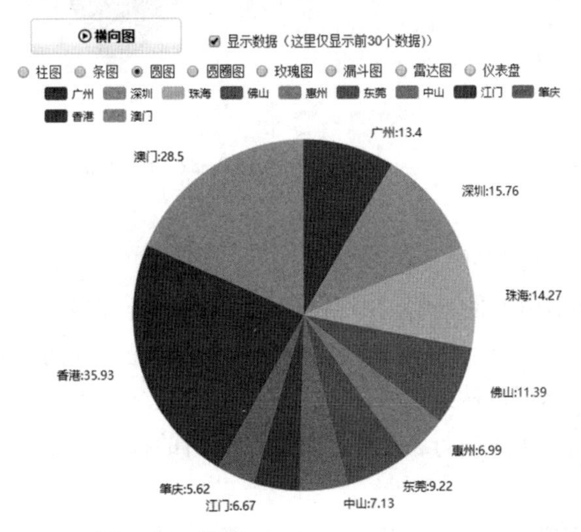

图 2-20　饼图

地区;人均GDP

	X	Y
1	广州	13.40
2	深圳	15.76
3	珠海	14.27
4	佛山	11.39
5	惠州	6.99
6	东莞	9.22
7	中山	7.13
8	江门	6.67
9	肇庆	5.62
10	香港	35.93
11	澳门	28.50

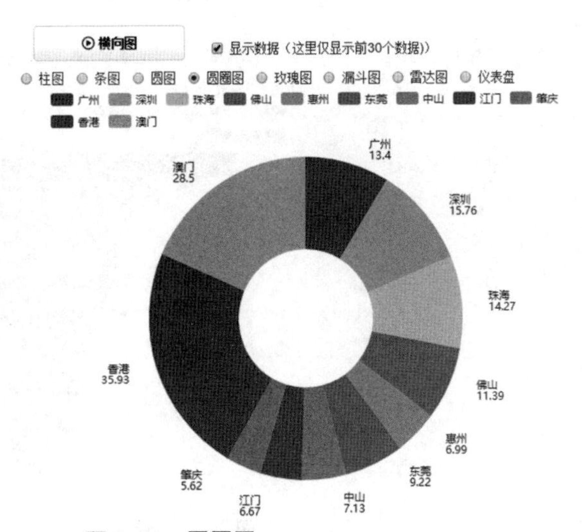

图 2-21　圆圈图

地区;人均GDP

	X	Y
1	广州	13.40
2	深圳	15.76
3	珠海	14.27
4	佛山	11.39
5	惠州	6.99
6	东莞	9.22
7	中山	7.13
8	江门	6.67
9	肇庆	5.62
10	香港	35.93
11	澳门	28.50

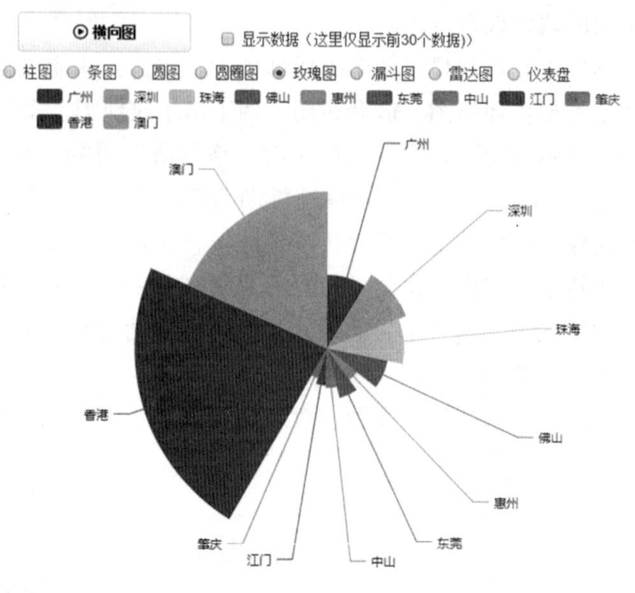

图 2-22 玫瑰图

2.2.1.3 漏斗图

漏斗图适用于业务流程比较规范、周期长、环节多的流程分析，通过比较各环节业务数据（见图 2-23），能够直观地发现和说明问题所在。在网站分析中，通常用于转化率比较，它不仅能展示用户从进入网站到实现购买的最终转化率，还可以展示每个步骤的转化率。漏斗图可以应用于各行各业，例如谷歌分析的报表里漏斗图代表“目标和渠道”。

图形作用：

（1）提供用户在业务中的转化率和流失率。

（2）发现业务流程中存在的问题以及改进的效果。

地区;人均GDP

	X	Y
1	广州	13.40
2	深圳	15.76
3	珠海	14.27
4	佛山	11.39
5	惠州	6.99
6	东莞	9.22
7	中山	7.13
8	江门	6.67
9	肇庆	5.62
10	香港	35.93
11	澳门	28.50

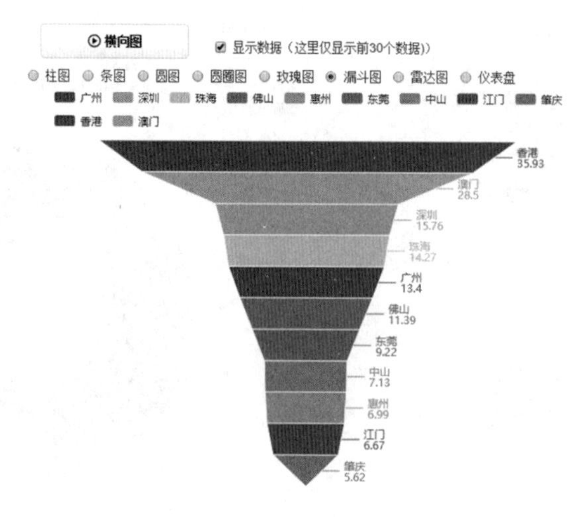

图 2-23 漏斗图

2.2.1.4　**雷达图**

雷达图又可称为戴布拉图、蜘蛛网图，是财务分析报表的一种（见图 2-24）。即将一个公司的各项财务分析所得的数字或比率，就其比较重要的指标集中画在一个圆形的图表上，来表现一个公司各项财务比率的情况，使用者能一目了然地了解公司各项财务指标的变动情形及其好坏趋向。

图形作用：

（1）对内部关联的各项指标进行可视对比，以了解各自所占比率。

（2）快速了解各项指标的变动情况。

衍生类型：填充雷达图、多层嵌套雷达图。

地区;人均GDP

	X	Y
1	广州	13.40
2	深圳	15.76
3	珠海	14.27
4	佛山	11.39
5	惠州	6.99
6	东莞	9.22
7	中山	7.13
8	江门	6.67
9	肇庆	5.62
10	香港	35.93
11	澳门	28.50

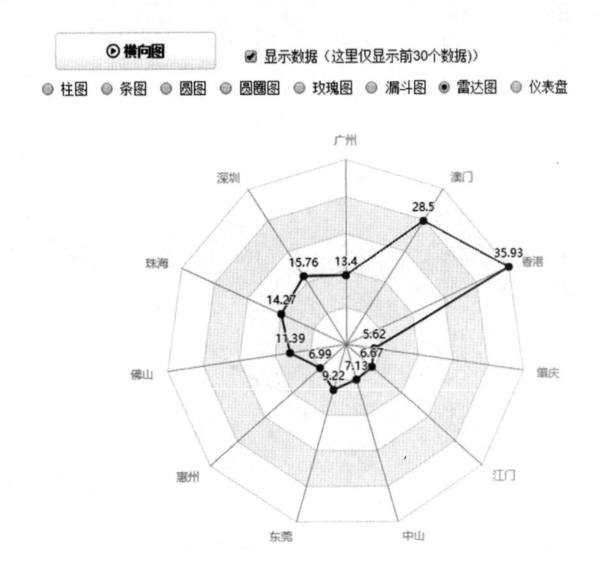

图 2-24　雷达图

2.2.2　纵向数据图

在固定空间（地区）情况下，对各时段（年份）数据进行可视化直观分析，如对粤港澳大湾区 11 个地区 2001—2020 年的经济数据进行可视化分析。

下面选用的是广州市 2001—2020 年的人均 GDP 数据。

所用的可视化工具包括线图、面积图、双坐标图等。

2.2.2.1　**线图**

线图也称折线图，是类别数据沿水平轴均匀分布，数值数据沿垂直轴分布的线状图形（见图 2-25）。

图形作用：显示随时间（根据常用比例设置）而变化的连续数据，非常适用于显示在相等时间间隔下数据的趋势。

使用要求：

（1）有一组数据作为横轴，至少有一组数据作为纵轴，至少有一组数据作为数据系列。

（2）数据的大小正负不做要求。

（3）横轴类别数目无限制。

衍生类型：堆积折线图、各类面状态、不等距折线图、反向面积图、搭配时间轴、动态曲线图。

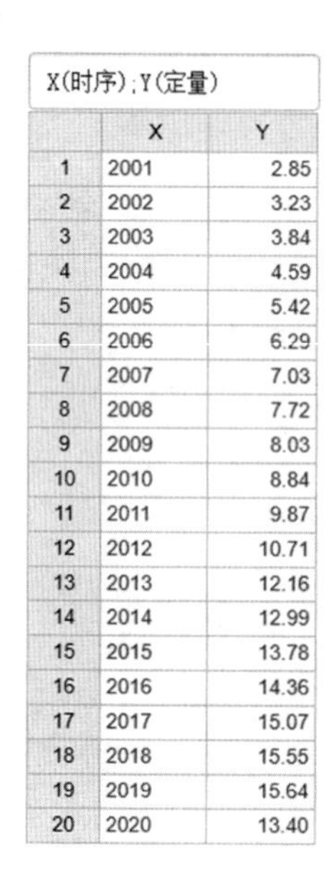

X(时序)；Y(定量)

	X	Y
1	2001	2.85
2	2002	3.23
3	2003	3.84
4	2004	4.59
5	2005	5.42
6	2006	6.29
7	2007	7.03
8	2008	7.72
9	2009	8.03
10	2010	8.84
11	2011	9.87
12	2012	10.71
13	2013	12.16
14	2014	12.99
15	2015	13.78
16	2016	14.36
17	2017	15.07
18	2018	15.55
19	2019	15.64
20	2020	13.40

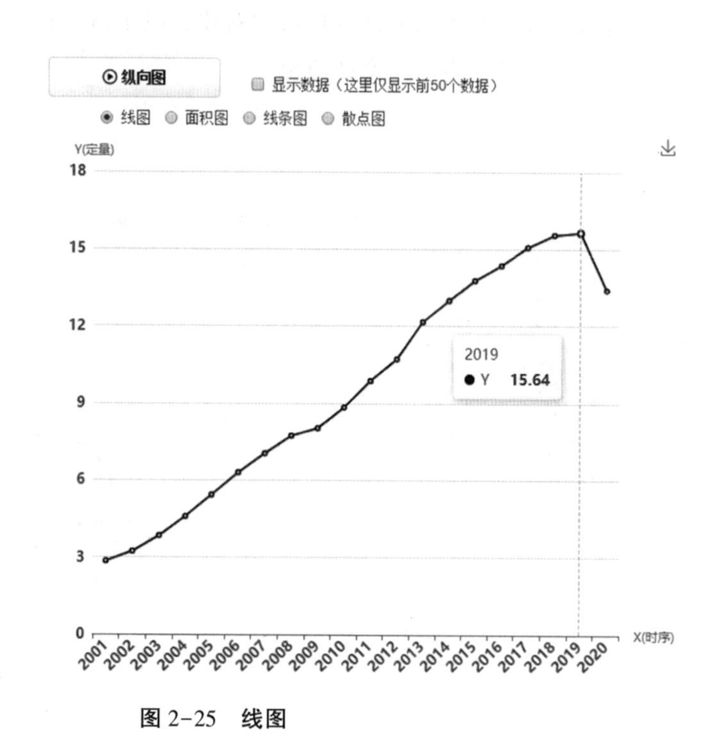

图 2-25 线图

2.2.2.2 面积图

面积图又称区域图，强调数量随时间而变化的程度，也可用于引起人们对总值趋势的注意（见图 2-26）。堆积面积图和百分比堆积面积图还可以显示部分与整体的关系。例如，表示随时间而变化的利润的数据可以绘制到面积图中以强调总利润；通过显示所绘制的值的总和，面积图还可以显示部分与整体的关系。

排列在工作表的列或行中的数据可以绘制到面积图中。

年份;人均GDP

	X	Y
1	2001	2.85
2	2002	3.23
3	2003	3.84
4	2004	4.59
5	2005	5.42
6	2006	6.29
7	2007	7.03
8	2008	7.72
9	2009	8.03
10	2010	8.84
11	2011	9.87
12	2012	10.71
13	2013	12.16
14	2014	12.99
15	2015	13.78
16	2016	14.36
17	2017	15.07
18	2018	15.55
19	2019	15.64
20	2020	13.40

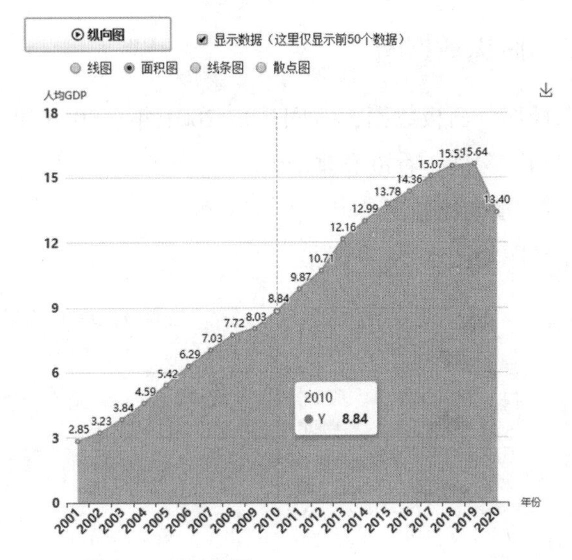

图 2-26　面积图

2.2.2.3　双坐标图

有时我们需要比较两组数据的变化情况，但这两组数据是由两个变量组成的，即有可能它们的单位和数量级不同，放在一起比较意义不大，这时我们可以考虑将两个变量画在两个纵坐标上进行比较。

图 2-27 就是根据 GDP 数据（第 2 列）和进出口额（第 3 列）绘制的。

GDP;进出口额

	X	Y1	Y2
1	2001	2841.65	230.35
2	2002	3203.96	279.23
3	2003	3758.62	349.41
4	2004	4450.55	447.88
5	2005	5187.85	534.76
6	2006	6124.20	637.58
7	2007	7202.95	734.93
8	2008	8366.02	819.67
9	2009	9240.58	767.37
10	2010	10859.29	1037.62
11	2011	12562.12	1161.63
12	2012	13697.91	1171.67
13	2013	15663.48	1188.96
14	2014	16896.62	1305.76
15	2015	18313.80	1338.62
16	2016	19782.19	1293.09
17	2017	21503.15	1432.50
18	2018	22859.35	1485.05
19	2019	23628.60	1448.98
20	2020	25019.11	1376.12

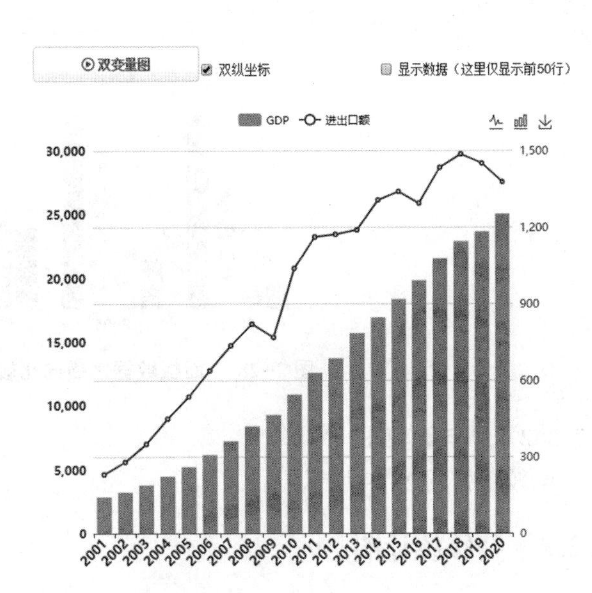

图 2-27　双坐标图

2.2.3 面板数据图

这里选择部分面板数据，时间选取 2001 年、2005 年、2010 年、2015 年和 2020 年，地区选取广州、深圳、香港和澳门。

2.2.3.1 横向比较图

横向比较图如图 2-28 所示。

调入Excel数据（.xlsx） No file selec

下载示例数据模板：面板数据.xlsx

	地区	年份	CGDP
1	广州	2001	2.85
2	广州	2005	5.42
3	广州	2010	8.84
4	广州	2015	13.78
5	广州	2020	13.40
6	深圳	2001	3.48
7	深圳	2005	6.18
8	深圳	2010	9.84
9	深圳	2015	16.26
10	深圳	2020	15.76
11	香港	2001	20.88
12	香港	2005	21.83
13	香港	2010	22.04
14	香港	2015	26.73
15	香港	2020	35.93
16	澳门	2001	12.99
17	澳门	2005	20.93
18	澳门	2010	35.47
19	澳门	2015	44.54
20	澳门	2020	28.50

☑ 横向表 / 纵向表

	X_Y	广州	深圳	香港	澳门
1	2001	2.85	3.48	20.88	12.99
2	2005	5.42	6.18	21.83	20.93
3	2010	8.84	9.84	22.04	35.47
4	2015	13.78	16.26	26.73	44.54
5	2020	13.40	15.76	35.93	28.50

面板图　☐ 显示数据

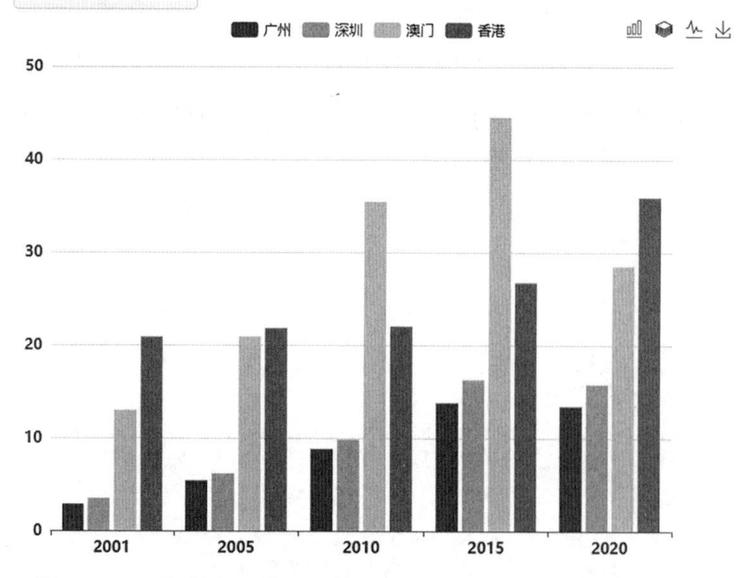

图 2-28 面板数据之横向比较图

2.2.3.2 纵向比较图

纵向比较图如图 2-29 所示。

2.2.4 特殊统计图

2.2.4.1 因果图

因果图又称鱼骨图、why-why 分析图、石川图（见图 2-30），即将问题陈述的原因分解为离散的分支，有助于识别问题的主要原因或根本原因。

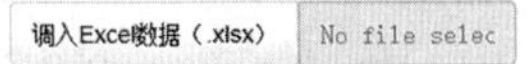

下载示例数据模板：面板数据.xlsx

	地区	年份	CGDP
1	广州	2001	2.85
2	广州	2005	5.42
3	广州	2010	8.84
4	广州	2015	13.78
5	广州	2020	13.40
6	深圳	2001	3.48
7	深圳	2005	6.18
8	深圳	2010	9.84
9	深圳	2015	16.26
10	深圳	2020	15.76
11	香港	2001	20.88
12	香港	2005	21.83
13	香港	2010	22.04
14	香港	2015	26.73
15	香港	2020	35.93
16	澳门	2001	12.99
17	澳门	2005	20.93
18	澳门	2010	35.47
19	澳门	2015	44.54
20	澳门	2020	28.50

横向表 / 纵向表

	X_Y	2001	2005	2010	2015	2020
1	广州	2.85	5.42	8.84	13.78	13.40
2	深圳	3.48	6.18	9.84	16.26	15.76
3	香港	20.88	21.83	22.04	26.73	35.93
4	澳门	12.99	20.93	35.47	44.54	28.50

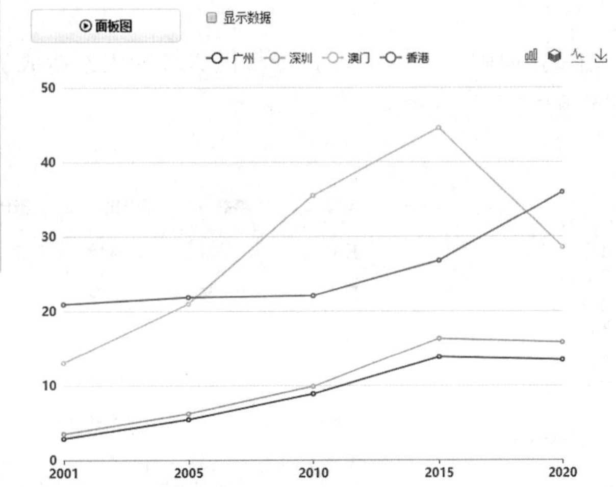

图 2-29　面板数据之纵向比较图

调入Excel数据（.xlsx）　No file selec

下载示例数据：因果图.xlsx

	1	2	3	4	5	6
1	人	机	料	法	测	环
2	Shifts	Speed	Alloys	Brake	Micrometers	Condensation
3	Supervisors	Lathes	Lubricants	Engager	Microscopes	Moisture
4	Training	Bits	Suppliers	Angle	Inspectors	
5	Operators	Sockets				

注意：第一行为干，其他行为枝

鱼骨图　5M1E

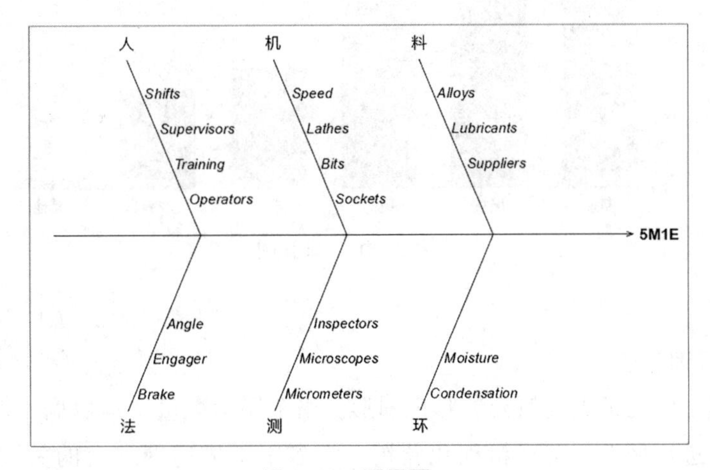

图 2-30　因果图

2.2.4.2 排列图

排列图也称帕累托图，是将出现的质量问题和质量改进项目按照重要程度依次排列而采用的一种图表。它实际上是排了序的柱图和线图的组合图（见图 2-31），用来识别少数问题的绝大部分的原因。

（1）按照发生频率大小顺序绘制直方图，表示有多少结果是由已确认类型或范畴的原因所造成的。

（2）帕累托原则（二八原理）指仅仅 20%的因素造成了 80%的问题。它集中于解决最关键的问题。

	项目	频数
1	尺寸	80
2	沙眼	27
3	擦伤	66
4	断裂	112
5	弯曲	33
6	其他	3

排列图

显示数据

项目	频数	百分比	累计频数	累计百分比
断裂	112	34.89	112	34.89
尺寸	80	24.92	192	59.81
擦伤	66	20.56	258	80.37
弯曲	33	10.28	291	90.65
沙眼	27	8.41	318	99.07
其他	3	0.93	321	100

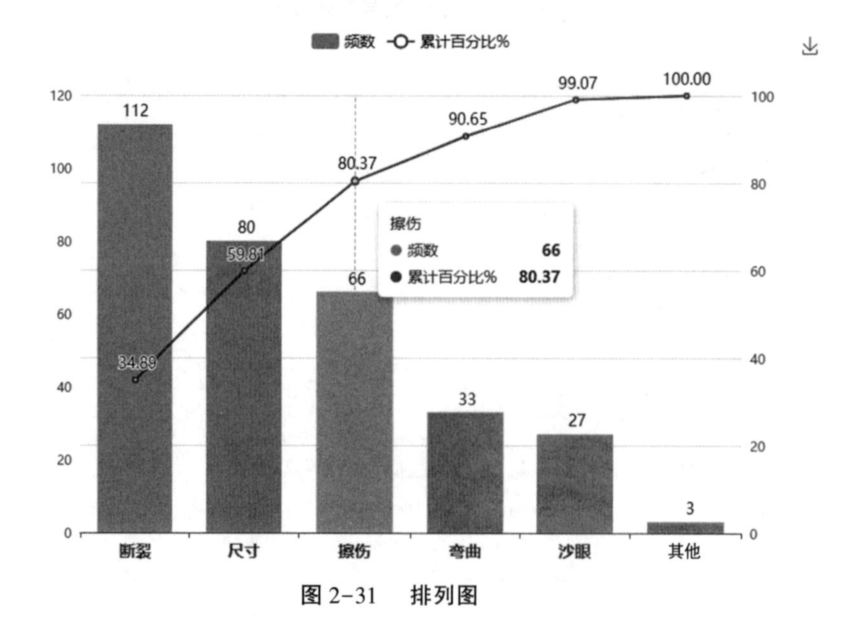

图 2-31　排列图

2.2.4.3 词云图

词云图是由词汇组成类似云的彩色图形，用于展示大量文本数据。例如，制作用户画像，对用户进行聚类，实现精细化营销。它多用于描述网站上的关键词（即标签），或可视化自由格式文本，可以对比文字的重要程度。

可视化效果：词云形状为矩形、三角形、爱心和椭圆样式。

备注能力：可配置指标等备注、尾注信息，可配置跳转链接至外部系统进行操作交互。

词云图由关键词和词频数组成（见图 2-32）。

	关键词	词频数
1	数据	2304
2	统计	1413
3	用户	855
4	模型	846
5	分析	773
6	数据分析	750
7	大数据	650
8	研究	547
9	信息	543
10	大学	497
11	语言	430
12	方法	428
13	问题	426
14	会议	411
15	数据科学	401
16	学习	385
17	可能	373
18	中国	366
19	科学	359
20	计算	359
21	网络	350
22	公司	341
23	预测	314
24	应用	306
25	变量	280
26	时间	277
27	选择	255
28	广告	254
29	主要	239
30	行业	238

图 2-32　词云图

2.2.4.4　统计地图①

统计地图是统计图的一种。它是以地图为底本，用各种几何图形、实物形象或不同线纹、颜色等表明指标的大小及其分布状况的图形。它是统计图与地图的结合，可以突出说明某些现象在地域上的分布，可以对某些现象进行不同地区间的比较，可以表明现象所处的地理位置及与其他自然条件的关系等，包括统计地图、有点地图、面地图、线纹地图、彩色地图、象形地图和标针地图等。

图形作用：表明人口、资源、产量等在各地区的分布情况。

衍生类型：热力图、点状分布的统计地图、面状的统计地图、线状的统计地图、搭配时间轴、实时数据监测的地图，或与其他统计图搭配。

① 由于地图需要专门审批后才能放入书中，这里图示从略，详见平台 www.jdwbh.cn/BDA，全书同。

2.3 描述性统计分析

首先将“基本数据.xlsx”读入系统平台（也可复制电子表格中的数据到平台的相应表格中），如图2-33所示。

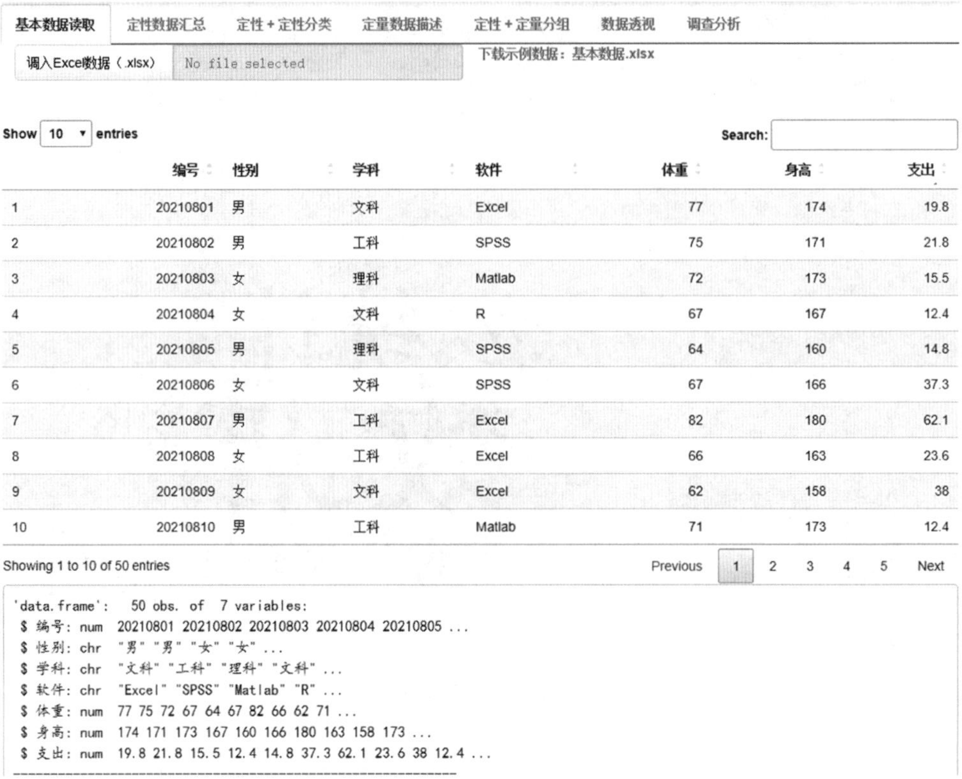

基本数据读取　定性数据汇总　定性+定性分类　定量数据描述　定性+定量分组　数据透视　调查分析

调入Excel数据（.xlsx）　No file selected　　下载示例数据：基本数据.xlsx

Show 10 entries　　Search:

	编号	性别	学科	软件	体重	身高	支出
1	20210801	男	文科	Excel	77	174	19.8
2	20210802	男	工科	SPSS	75	171	21.8
3	20210803	女	理科	Matlab	72	173	15.5
4	20210804	女	文科	R	67	167	12.4
5	20210805	男	理科	SPSS	64	160	14.8
6	20210806	女	文科	SPSS	67	166	37.3
7	20210807	男	工科	Excel	82	180	62.1
8	20210808	女	工科	Excel	66	163	23.6
9	20210809	女	文科	Excel	62	158	38
10	20210810	男	工科	Matlab	71	173	12.4

Showing 1 to 10 of 50 entries　　Previous 1 2 3 4 5 Next

```
'data.frame':   50 obs. of  7 variables:
 $ 编号: num  20210801 20210802 20210803 20210804 20210805 ...
 $ 性别: chr  "男" "男" "女" "女" ...
 $ 学科: chr  "文科" "工科" "理科" "文科" ...
 $ 软件: chr  "Excel" "SPSS" "Matlab" "R" ...
 $ 体重: num  77 75 72 67 64 67 82 66 62 71 ...
 $ 身高: num  174 171 173 167 160 166 180 163 158 173 ...
 $ 支出: num  19.8 21.8 15.5 12.4 14.8 37.3 62.1 23.6 38 12.4 ...
```

图2-33　数据的读取

2.3.1 定性数据的描述分析

2.3.1.1 单变量汇总分析

【例2-7】数据选自“基本数据.xlsx”的前32个学生的［学科］数据，定性汇总分析如图2-34所示。

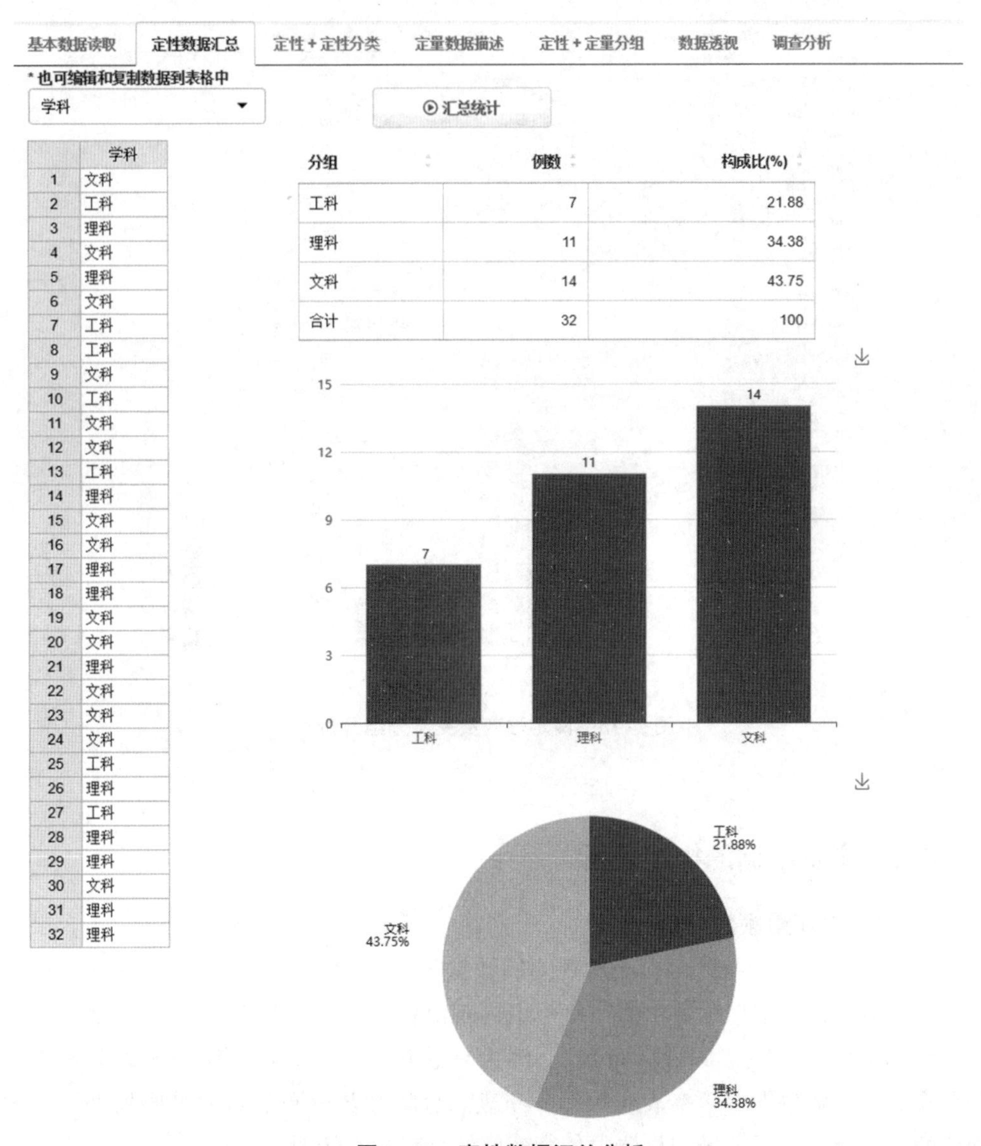

	学科
1	文科
2	工科
3	理科
4	文科
5	理科
6	文科
7	工科
8	工科
9	文科
10	工科
11	文科
12	文科
13	工科
14	理科
15	文科
16	文科
17	理科
18	理科
19	文科
20	文科
21	理科
22	文科
23	文科
24	文科
25	工科
26	理科
27	工科
28	理科
29	理科
30	文科
31	理科
32	理科

分组	例数	构成比(%)
工科	7	21.88
理科	11	34.38
文科	14	43.75
合计	32	100

图 2-34　定性数据汇总分析

2.3.1.2　两变量交叉分组

【例 2-8】数据变量选自“基本数据.xlsx”的前 32 个学生的［学科］和［软件］数据（见图 2-35）。

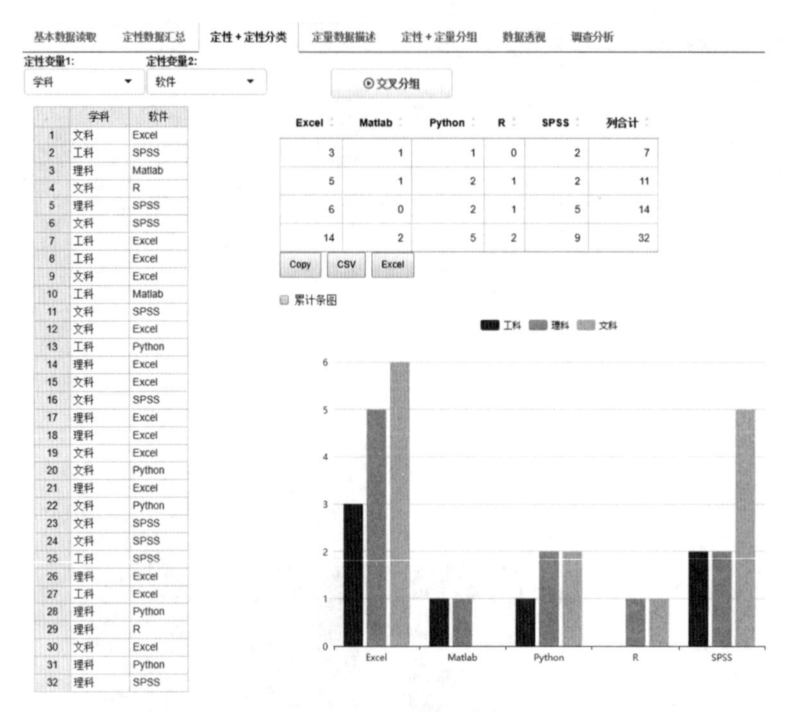

图 2-35 两定性变量交叉分组分析

2.3.2 定量数据的描述分析

2.3.2.1 单变量频数分析

（1）频数表。数理统计中由于所观测的数据较多，为简化计算，将这些数据按等间隔分组，然后按选举唱票法数出落在每个组内观测值的个数，称为（组）频数。这样得到的表称“频数表”或“频数分布表”。因为频数除以总频数即频率，所以频数表或频数分布表除以总频数即得频率表或频率分布表。分析频数分布的目的是要根据子样中各个变值的频率分布情况来推测母体中各个变值的频率分布情况。

由频数表可看出频数分布的两个重要特征：集中趋势（central tendency）和离散程度（dispersion）。身高有高有矮，但多数人身高集中在中间部分组段，以中等身高居多，此为集中趋势；由中等身高到较矮或较高的频数分布逐渐减少，反映了离散程度。对于数值变量资料，可从集中趋势和离散程度两个侧面去分析其规律性。

（2）直方图。直方图（histogram），又称变量分布图，是一种统计报告图，由一系列高度不等的纵向条纹或线段表示数据分布的情况。直方图是数值数据分布的图形表示，是一个连续变量（定量变量）的概率分布的估计，它是一种条形图，一般用横轴表示数据类型，纵轴表示频数分布情况。

直方图用于表示连续型变量的频数分布，常用于考察变量的分布是否服从某种分布类型，如正态分布或偏态分布。图形以矩形的面积表示各组段的频数（或频率），各矩形的面积总和为总频数。当例数趋于无穷大时，直方图中频率间连线即为分布的密度曲线。

【例 2-9】数据选自“基本数据.xlsx”的前 32 个学生的［体重］数据，定量频数分析如图 2-36 所示。

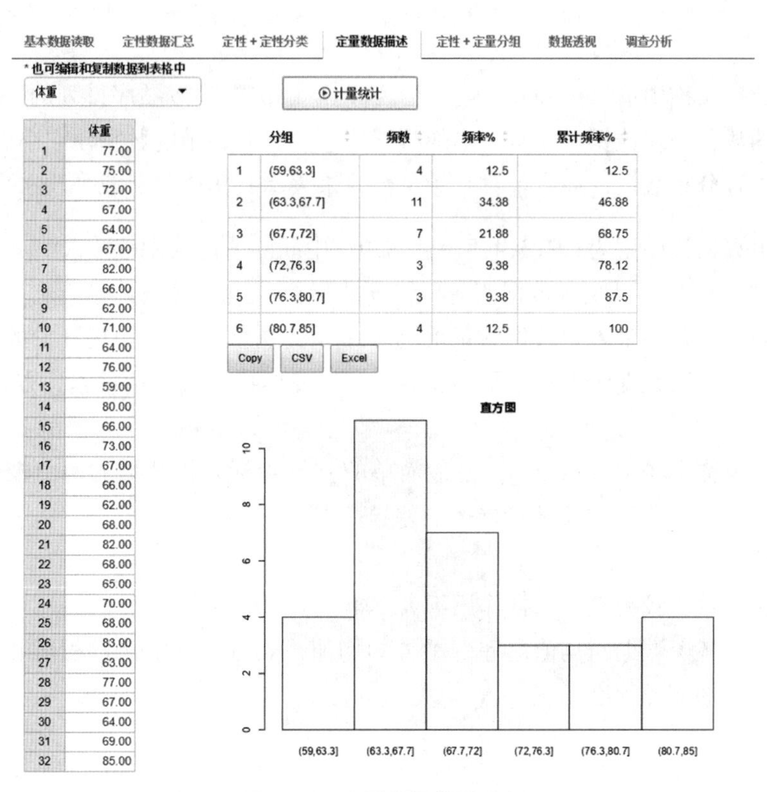

图 2-36　定量数据频数分析

下面我们对具体的统计数据进行一些描述性统计分析。为了方便理解，我们以一个简单的数据来计算基本统计量，如 $X=(3,1,7,9,5,2,6,4,8)$。

2.3.2.2　**基本统计量**

（1）次序统计量。把指标数据 X_1，X_2，…，X_n 由小到大排列，得到 $X_{(1)}$，$X_{(2)}$，…，$X_{(n)}$，称之为数据 X_1，X_2，…，X_n 的次序统计量。X 排序后的数据为：1，2，3，4，5，6，7，8，9。

①最小值：一组数据中最小的数据，即最小次序统计量 $X_{(1)}$，记为 $X_{min}=1$。

②最大值：一组数据中最大的数据，即最大次序统计量 $X_{(n)}$，记为 $X_{max}=9$。

（2）平均统计量。对于数值型数据，需计算它们的平均水平，用来描述平均水平或集中趋势的统计量有均值、中位数等。

①均值：均值也称算术平均数（mean，通常记为 $\overline{X}$），指一组数据的和除以这组数据的个数所得到的商，它反映一组数据的总体水平。

$$\overline{X}=\frac{1}{n}\sum_{i=1}^{n}X_1$$

对于正态分布数据，通常计算其算术均值，来表示其集中趋势或平均水平。

$$\overline{X}=\frac{3+1+7+9+5+2+6+4+8}{9}=5$$

②中位数：又称中值（median，通常记为 $\widetilde{X}$）。中位数是按顺序排列的一组数据中居于中间位置的数，即在数据中，有一半的数据比它大，有一半的数据比它小。

对于非正态分布数据，通常计算其中位数，来表示其集中趋势或平均水平。

如将该组数据排序后为1,2,3,4,5,6,7,8,9，中间的值即为中位数 $\widetilde{X}=5$。

（3）变异统计量。反映各数据值变异程度的指标称为变异统计量。它显示变量数值分布的离散趋势，是用来表现数据特征的另一个重要指标，与平均统计量的作用相辅相成，即共同反映一组数据的平均水平和变异程度。变异统计量包括极差、方差、标准差、四分位差等。

①极差：也称全距 R（range），是最简单的差异指标，指数据的两个极端值（最大值和最小值）之差，它可以反映指标值的差异范围。

$$R=X_{(n)}-X_{(1)}=X_{\max}-X_{\min}$$

由于该统计量比较粗糙，通常作用不大。本例 $R=9-1=8$。

②方差：指各个数据与均值之差的平方的均值，表示数据的离散程度和数据的波动大小，是衡量数据变异程度的统计量。

$$s^2=\frac{1}{n-1}\sum_{i=1}^{n}(X_i-\overline{X})^2$$

$$s^2=\frac{(3-5)^2+(1-5)^2+\cdots+(8-5)^2}{9-1}=7.5$$

③标准差：指各个数据与均值之差的平方的平均数的开方，它表示数据的离散程度和数据的波动大小。由于标准差的单位和原始数据一致，所以标准差是一种常用的衡量数据变异程度的统计量。

$$s=\sqrt{s^2}$$

它能用来反映各区域经济发展水平偏离平均水平的程度，值越大，表示地区之间的经济发展水平绝对差异越大。本例 $s=\sqrt{s^2}=\sqrt{7.5}=2.738$。

对于正态分布数据，通常计算其标准差来表示指标的变异程度。

④四分位差：在介绍分位差前，需了解一下分位数（quantile），分位数亦称分位点，是指将一个指标（变量）的概率分布范围分为多个等份的数值点，如百分位数就是将数据分成100个等份。常用的分位数有二分位数、四分位数和五分位数。上面讲的中位数

就是二分位数，四分位数就是把所有数值由小到大排列并分成 4 等份，处于三个分割点位置的数值就是四分位数，即处在 25%位置上的数被称为下四分位数，处在 75%位置上的数被称为上四分位数，常用于箱线图的绘制。五分位数即将数据分为五等份，如可将百分成绩按五分位数分为[0,20)，[20,40)，[40,60)，[60,80)，[80,100]，本例

0%　25%　50%　75%　100%

1　　3　　5　　7　　9

分位差就是两个分位数之差，常用的分位差统计量是四分位差，又称四分位间距或四分位距（interquartile range，IQR），即第三四分位数与第一四分位数的差距。本例 $IQR=7-3=4$。

对于非正态分布数据，通常计算其四分位差来表示指标变量的变异程度。

人们常根据四分位数、中位数、最大值、最小值等绘制箱线图（box-plot）。箱线图又称为盒须图、箱式图或箱形图，是一种用作显示一组数据散布情况的统计图，因形状如箱子而得名。它在各种领域经常被使用，常见于基本数据统计量的可视化。它主要用于反映原始数据分布的特征，还可以进行多组数据分布特征的比较。箱线图的绘制方法是：先找出一组数据的最大值、最小值、中位数和上下两个四分位数；然后，连接两个四分位数画出箱子；再将最大值和最小值与箱子相连接，中位数在箱子中间（见图 2-37）。

统计量	统计值
例数(n)	32
均值(mean)	70.16
标准差(std)	6.91
最小值(min)	59
下四分位数(Q1)	65.75
中位数(median)	68
上四分位数(Q3)	75.25
最大值(max)	85
四分位间距(IQR)	9.5

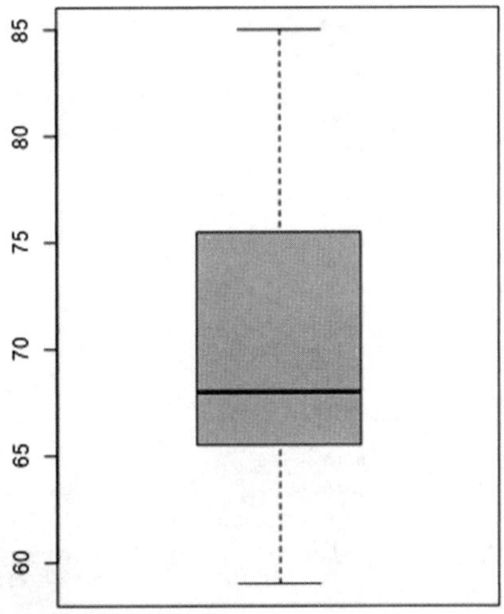

图 2-37　箱线图

2.3.2.3　数据的变换

有时，为了使数据更适应相应的统计分布，需要对数据进行一些变量变换，最简单的变量变换是线性变换，这种变换不影响数据结构。在经济管理中常用的数据变换是对数变换，因为经济数据通常是指数增长的，对数变换可使数据变成线性趋势，但该变换

会改变数据的结构。

（1）线性变换：$x'=ax+b$。

（2）对数变换：$x'=\ln(x+1)$，加 1 主要是防止数据为零。

（3）秩次变换：见第 6 章数据的秩次变换。

（4）无量纲化变换：见第 6 章数据的标准化变换和规范化变换。

数据的变换还有指数变换、平方根变换、倒数变换、平方根反正弦变换，可根据具体问题进行变换。

2.3.3 数据分组描述分析

2.3.3.1 定性与定量分组分析

定性与定量分析如图 2-38 所示。

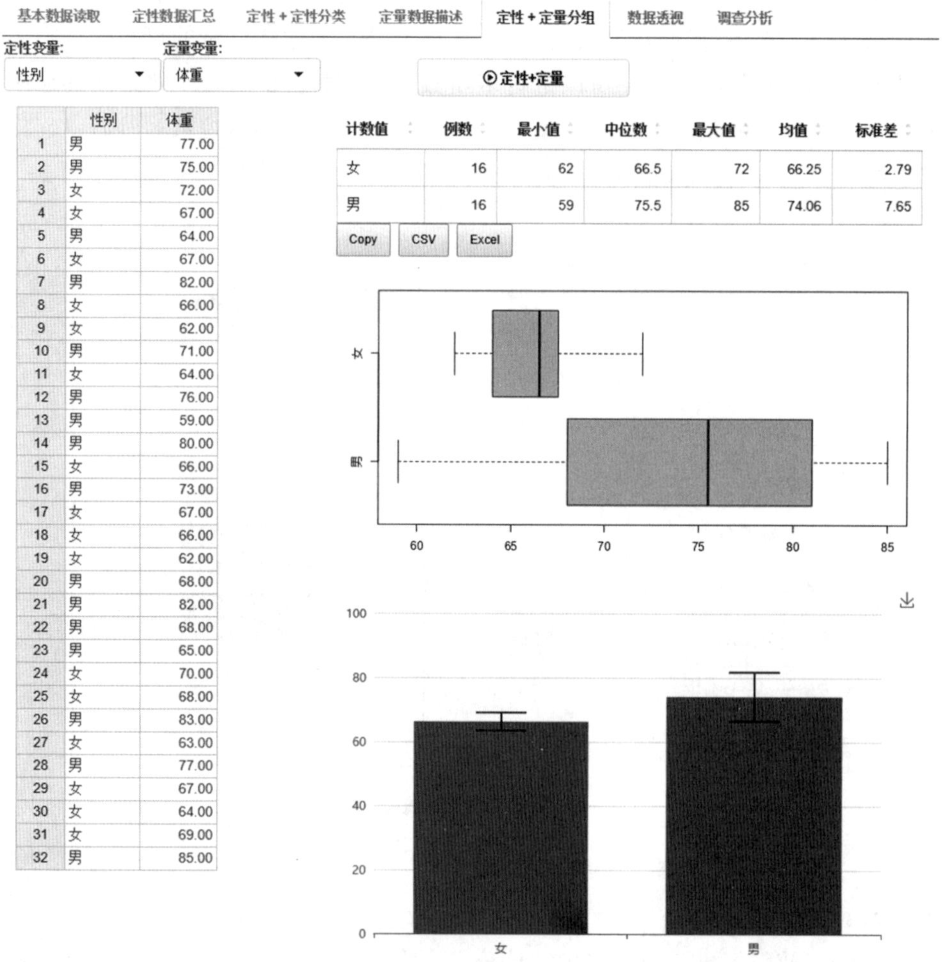

基本数据读取 定性数据汇总 定性+定性分类 定量数据描述 定性+定量分组 数据透视 调查分析

定性变量: 性别　定量变量: 体重　定性+定量

	性别	体重
1	男	77.00
2	男	75.00
3	女	72.00
4	女	67.00
5	男	64.00
6	女	67.00
7	男	82.00
8	女	66.00
9	女	62.00
10	男	71.00
11	女	64.00
12	男	76.00
13	男	59.00
14	男	80.00
15	女	66.00
16	男	73.00
17	女	67.00
18	女	66.00
19	女	62.00
20	男	68.00
21	男	82.00
22	男	68.00
23	男	65.00
24	女	70.00
25	女	68.00
26	男	83.00
27	女	63.00
28	男	77.00
29	女	67.00
30	女	64.00
31	女	69.00
32	男	85.00

计数值	例数	最小值	中位数	最大值	均值	标准差
女	16	62	66.5	72	66.25	2.79
男	16	59	75.5	85	74.06	7.65

Copy CSV Excel

女
男
60 65 70 75 80 85

100
80
60
40
20
0
女 男

图 2-38　定性与定量数据统计分析

2.3.3.2　数据在线透视分析

（1）定性数据透视分析（见图 2-39）。

透视数据　数据透视　调查表分析

Table　编号　软件　体重　身高　支出

Count　学科

性别

学科 / 性别	工科	文科	理科	Totals
女	5	12	7	24
男	7	10	9	26
Totals	12	22	16	50

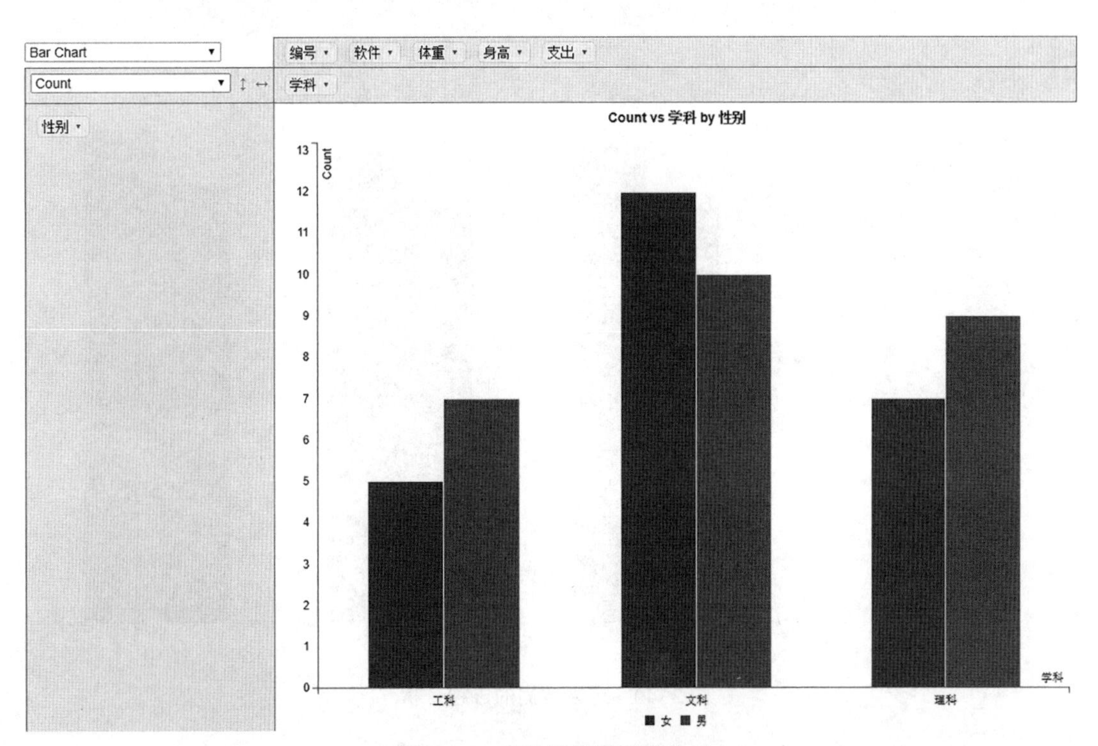

图 2-39　定性数据的透视分析

（2）定量数据透视分析（见图 2-40）。

透视数据 数据透视 调查表分析

Table

编号 软件 体重 身高 支出

Average

体重

学科

性别

学科 / 性别	工科	文科	理科	Totals
女	65.60	64.75	67.43	65.71
男	73.29	72.20	75.78	73.73
Totals	70.08	68.14	72.13	69.88

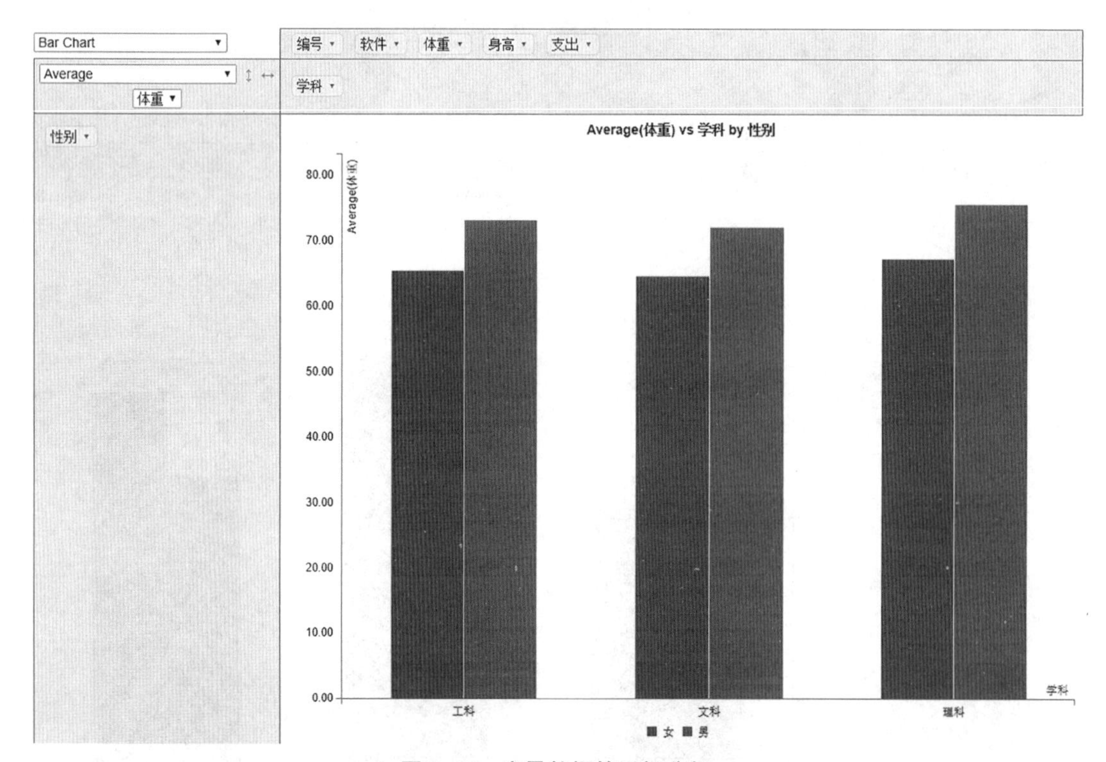

图 2-40　定量数据的透视分析

2.3.3.3　调查表数据描述分析

这里我们将调查数据进一步生成相应的统计表，并根据数据类型形成相应的统计结果（见图 2-41、图 2-42）。

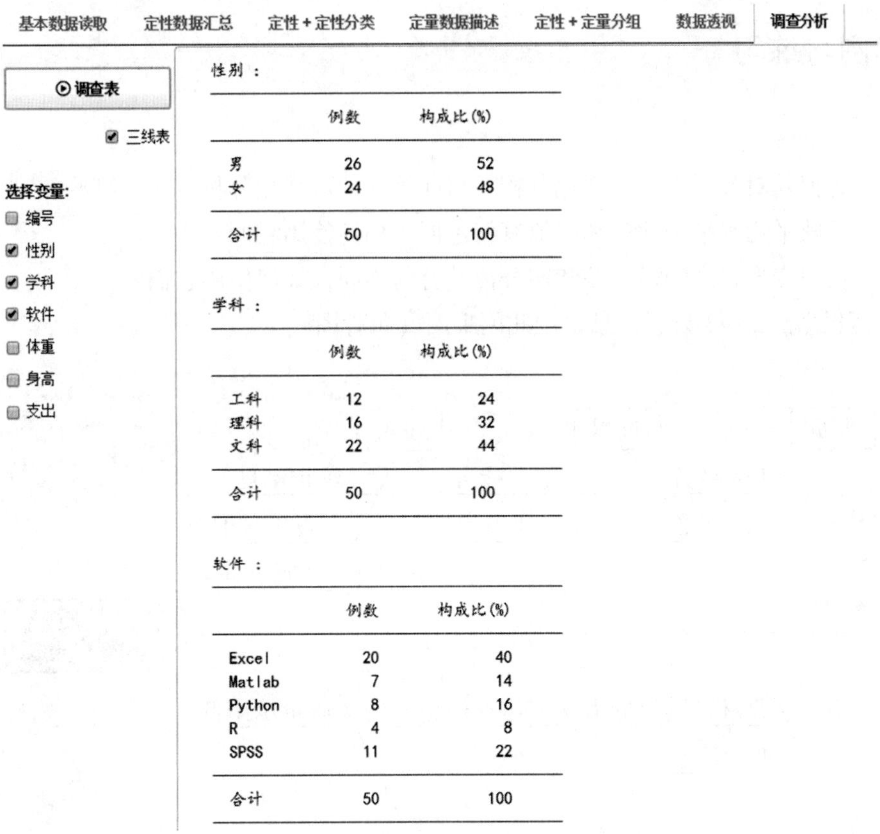

基本数据读取 | 定性数据汇总 | 定性+定性分类 | 定量数据描述 | 定性+定量分组 | 数据透视 | 调查分析

调查表

☑ 三线表

选择变量:
☐ 编号
☑ 性别
☑ 学科
☑ 软件
☐ 体重
☐ 身高
☐ 支出

性别 :

	例数	构成比(%)
男	26	52
女	24	48
合计	50	100

学科 :

	例数	构成比(%)
工科	12	24
理科	16	32
文科	22	44
合计	50	100

软件 :

	例数	构成比(%)
Excel	20	40
Matlab	7	14
Python	8	16
R	4	8
SPSS	11	22
合计	50	100

图 2-41 调查数据的计数分析

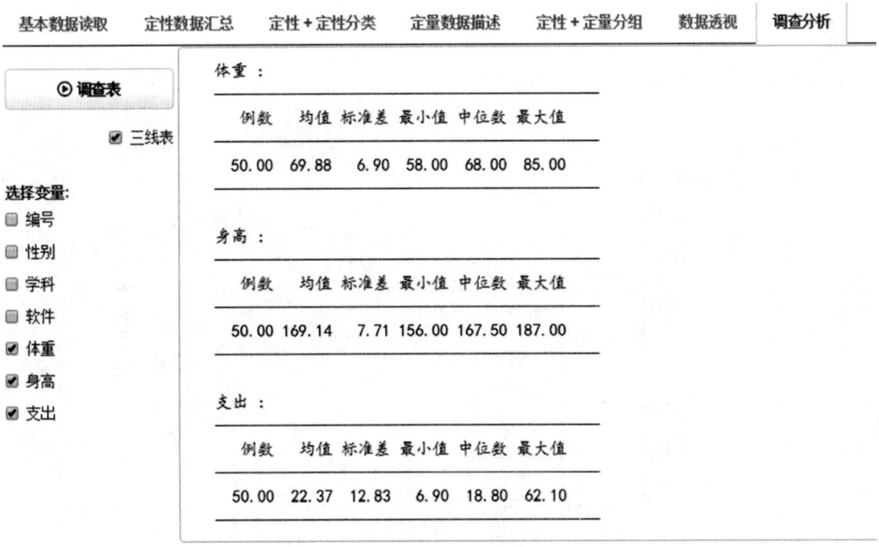

基本数据读取 | 定性数据汇总 | 定性+定性分类 | 定量数据描述 | 定性+定量分组 | 数据透视 | 调查分析

调查表

☑ 三线表

选择变量:
☐ 编号
☐ 性别
☐ 学科
☐ 软件
☑ 体重
☑ 身高
☑ 支出

体重 :

例数	均值	标准差	最小值	中位数	最大值
50.00	69.88	6.90	58.00	68.00	85.00

身高 :

例数	均值	标准差	最小值	中位数	最大值
50.00	169.14	7.71	156.00	167.50	187.00

支出 :

例数	均值	标准差	最小值	中位数	最大值
50.00	22.37	12.83	6.90	18.80	62.10

图 2-42 调查数据的计量分析

案例与练习

1. 简答题：

（1）为何要对数据进行可视化分析，目前主要的可视化分析方法有哪些？

（2）反映平均水平的均值和中值有何不同，如何使用它们？

（3）反映变异程度的标准差和四分位差有何不同，如何使用它们？

2. 请根据图 2-43 数据信息绘制此因果图（鱼骨图）。

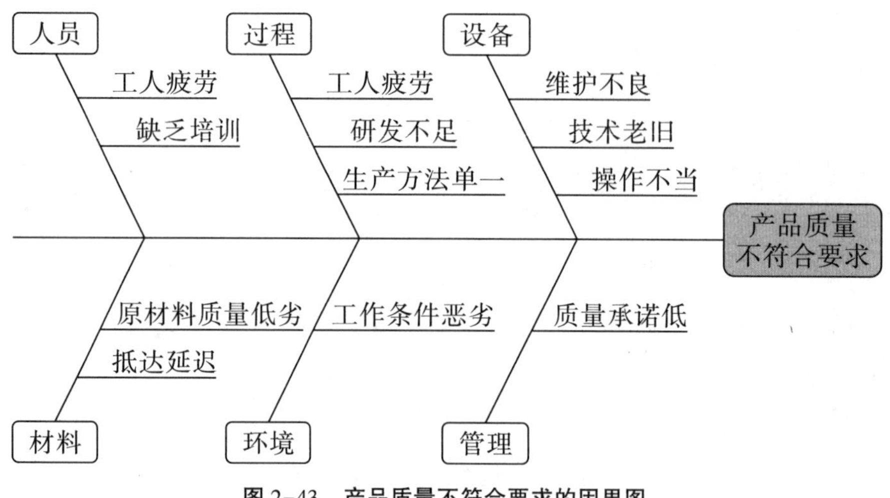

图 2-43　产品质量不符合要求的因果图

3. 请根据图 2-44 中的数据绘制排列图。

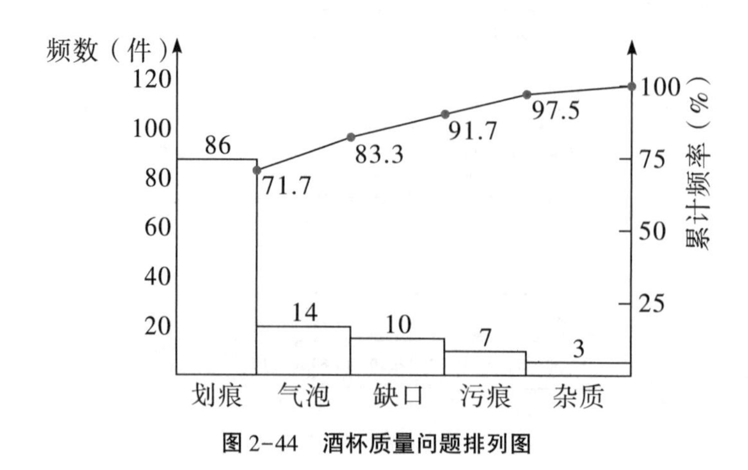

图 2-44　酒杯质量问题排列图

4. 饮酒数据：对一组 50 人的饮酒者所饮酒类进行调查，把饮酒者按红酒（1）、白酒（2）、黄酒（3）、啤酒（4）分成四类。调查数据如下：3，4，1，1，3，4，3，3，1，3，2，1，2，1，3，4，1，1，3，4，3，3，1，3，2，1，2，1，2，3，2，3，1，1，1，1，4，3，1，2，3，2，3，1，1，1，1，4，3，1。

请绘制频数分布和统计图。

5. 薪酬数据：收集某沿海发达城市 20××年 66 个年薪超过 10 万元的公司经理的收入（单位：万元）为：11，19，14，22，14，28，13，81，12，43，11，16，31，16，23，42，22，26，17，22，13，27，108，16，43，82，14，11，51，76，28，66，29，14，14，65，37，16，37，35，39，27，14，17，13，38，28，40，85，32，25，26，16，120，54，40，18，27，16，14，33，29，77，50，19，34。

可以对这些薪酬的分布状况做什么分析？

6. 测量数据：某轴的标准尺寸为 50mm，允许范围为 50.000~50.035mm，现从所加工的轴中随机抽取 100 根，测定其与 50 之差，结果如下（单位：0.001mm）：

23	16	14	20	27	19	17	17	16	17	14	9	11	14	11	17	13	19	17	20
20	16	16	11	24	21	27	5	17	20	16	17	16	16	14	22	13	14	26	19
20	16	15	9	17	8	19	14	8	19	22	21	0	9	3	20	14	6	11	12
20	9	12	20	10	16	10	19	13	15	14	13	25	14	9	16	8	16	7	8
5	13	9	16	19	14	29	18	14	18	12	10	26	17	8	16	27	7	15	13

请对该数据进行描述统计分析。

第3章 基本统计方法

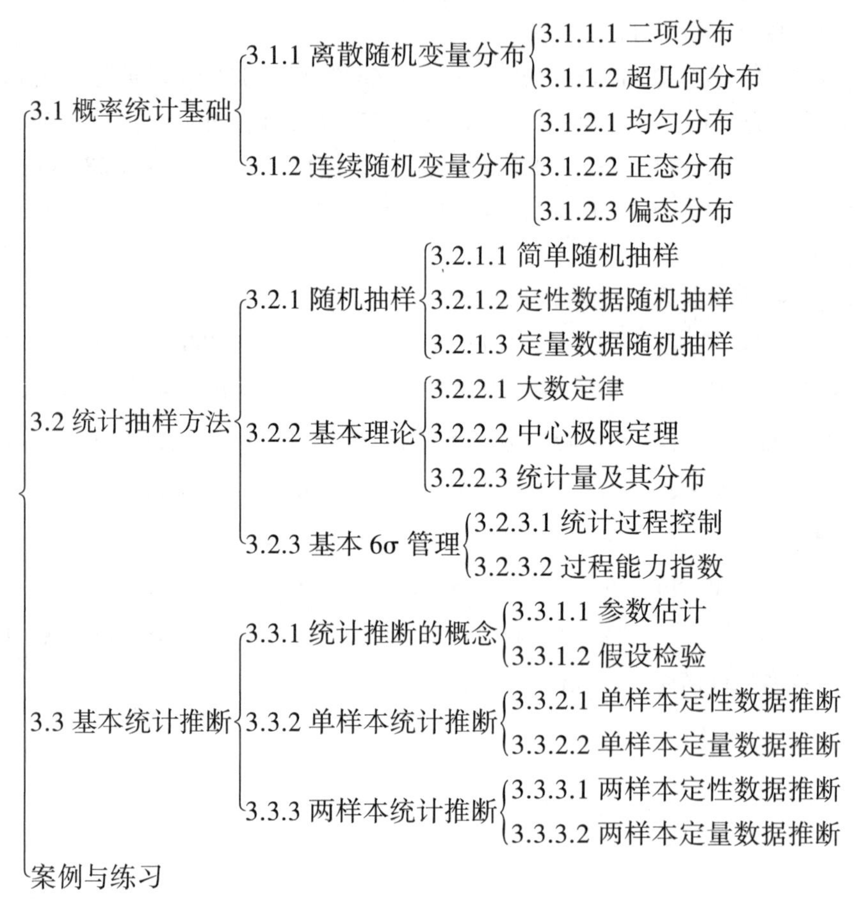

本章思维导图

3.1 概率统计基础

随机变量的概率分布对现实世界的建模和分析发挥着重要作用。有时，理论分布与收集到的某过程的历史数据十分贴近。有时，可以先对某过程的基本特性做先验性判断，然后不需要收集数据就可以选出合适的理论分布。在这两种情况下，均可用理论分布来回答现实中所遇到的问题，也可以从分布中生成一些随机数来模拟现实的行为。

如果知道了某个概率分布，我们就可以通过模拟生成服从这个分布的随机变量。随机数的生成是进行统计模拟时随机抽样的基础。随机数最早的时候是手工产生的，现在则由计算机生成。例如金融计算的模拟也常常涉及金融产品价格或收益率的分布，很多时候我们要模拟价格或者收益率的变动过程。

统计数据（这里指随机变量）的概率分布是现实中建模和分析的重要工具，掌握几种常用的离散型概率分布和连续型概率分布是学习统计推断的基础。

3.1.1　离散随机变量分布

3.1.1.1　二项分布

二项分布（binomial distribution）是一种具有广泛用途的离散型随机变量的概率分布，它是由伯努利始创的，因此又叫伯努利分布。二项分布是指统计变量中只有性质不同的两项群体的概率分布。所谓两项群体是按两种不同性质划分的统计变量，是二项试验的结果。即各个变量都可归为两个不同性质中的一个，两个观测值是对立的，因而二项分布又可说是两个对立事件的概率分布。

二项分布用符号 $b(x,n,p)$ 表示，即在 n 次试验中有 x 次成功，成功的概率为 p。

二项分布的概率函数可写作：

$$b(x,n,p)=\frac{n!}{x!(n-x)!}p^{x}q^{(n-x)}$$

式中 $x=0、1、2、3、\cdots、n$，n 为正整数。

二项分布中含有两个参数 n 与 p，$q=1-p$，当两个参数的值已知时，便可计算出分布列中的各概率值。

二项分布用于对一个由指定数目的试验组成的不确定过程建立模型。过程的每一次实验只有两种可能的结果，通常以成功或失败标记（是或否，1 或 0，等等）。每次试验成功的概率是一个常数且独立于其他实验结果。二项分布描述在一指定数量的试验中成功的总次数。指定一个用二项分布描述的特定过程只需要两个值，一个是实验次数（n），另一个是每次单独实验时成功的概率（p）。

二项分布随机变量 X 的均值为 np，方差为 $np(1-p)$，标准差为 $\sqrt{np(1-p)}$。

【例 3-1】一个推销员打 15 个电话，每一个电话不是成功就是失败，成功的概率为 0.5。二项分布适用于描述成功的总数，假设该推销员在 15 次电话中既没变得更好也没有变得更差，既没有更努力也没有不努力，概率 0.5 也许是一个纯主观的判断，或者是基于许多类似电话中推销员的表现。结果表明（见图 3-1）：15 个电话中推销成功一次的概率是 $p(x=1)=0.000\ 46$。15 个电话中成功两次或小于两次的概率是 $p(x\leqslant 2)=0.003\ 69$。15 个电话中成功 3 次或 3 次以上的概率是 $p(x\geqslant 3)=1-0.003\ 69=0.996\ 31$。

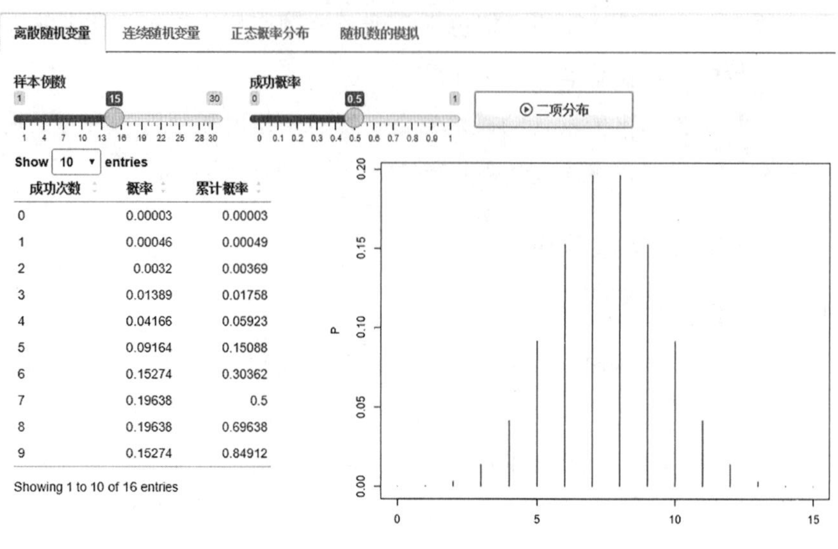

图 3-1 二项分布

3.1.1.2 超几何分布

超几何分布也是一种离散概率分布。它描述了由有限个物件中抽出 n 个物件，成功抽出指定种类的物件的次数（不归还）。

例如有 N 个样本，其中 m 个是不合格的。超几何分布描述了在该 N 个样本中抽出 n 个，其中 k 个是不合格品的概率：

$$p\ (k;N,m,n)\ =\frac{\binom{m}{k}\binom{N-m}{n-k}}{\binom{N}{n}}$$

若 $n=1$，超几何分布还原为伯努利分布。若 n 接近∞，超几何分布可视为二项分布。

【例 3-2】30 个产品中有 5 个不合格品，若从中随机取 10 个，试求其中不合格品数的概率分布。结果如图 3-2 所示。

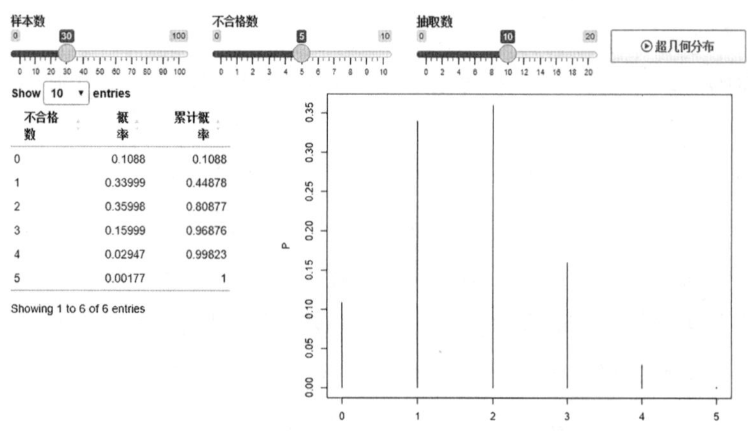

图 3-2 超几何分布

3.1.2　连续随机变量分布

计量数据的连续分布概率通常用概率密度函数描述，指定范围内的值对应的密度函数下的区域叫概率。其中一例就是从生产线上下来的标定为 1kg 的罐头的不确定重量。受测量仪器的精度限制，可能的重量实际上是一无限的数字，因此用连续分布较合适。

3.1.2.1　均匀分布

这里“均匀”是指随机数据落在区间（a,b）内任一点的机会是均等的，从而在相等的小区间上的概率相等。

（1）在任一区间（a,b）上，随机变量 X 的概率密度函数为一常数。

$$y=p(x)=1/(b-a)\quad a<x<b$$

（2）分布函数：均匀分布含有两个参数 a 和 b，记为 $U(a,b)$。标准化均匀分布函数为 $U(0,1)$。

（3）均匀随机数：如果一个随机变量 X 是区间［a,b］上的任何一点，且是等可能的，那么称 X 服从［a,b］上的均匀分布，X 称为［a,b］上的均匀随机数。

连续随机变量的均匀分布函数图如图 3-3 所示。

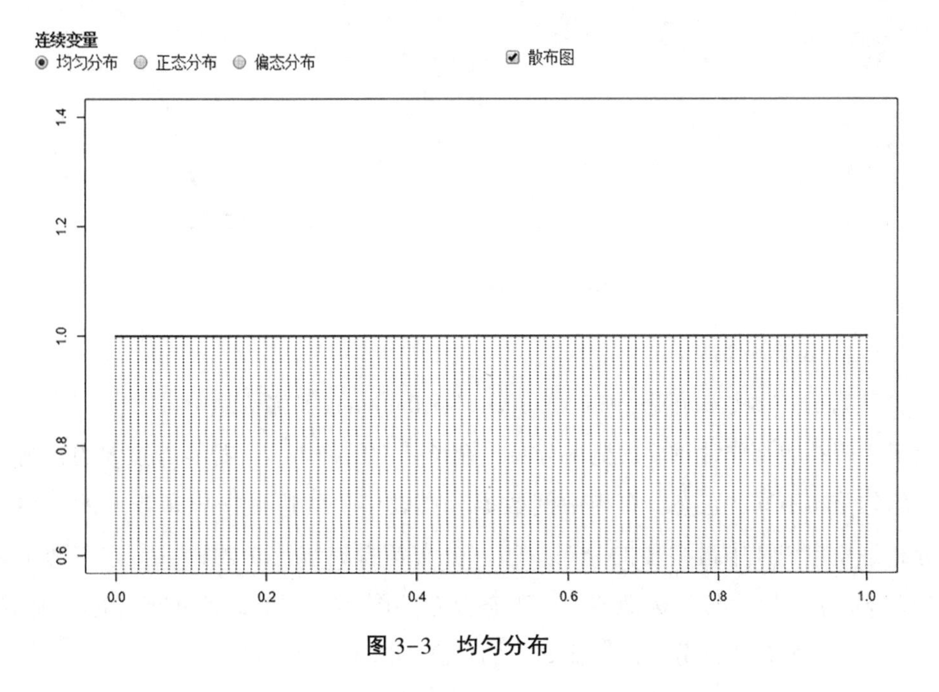

图 3-3　均匀分布

图 3-4 是模拟［0,1］上的 2 000 个均匀随机数的分布特征。

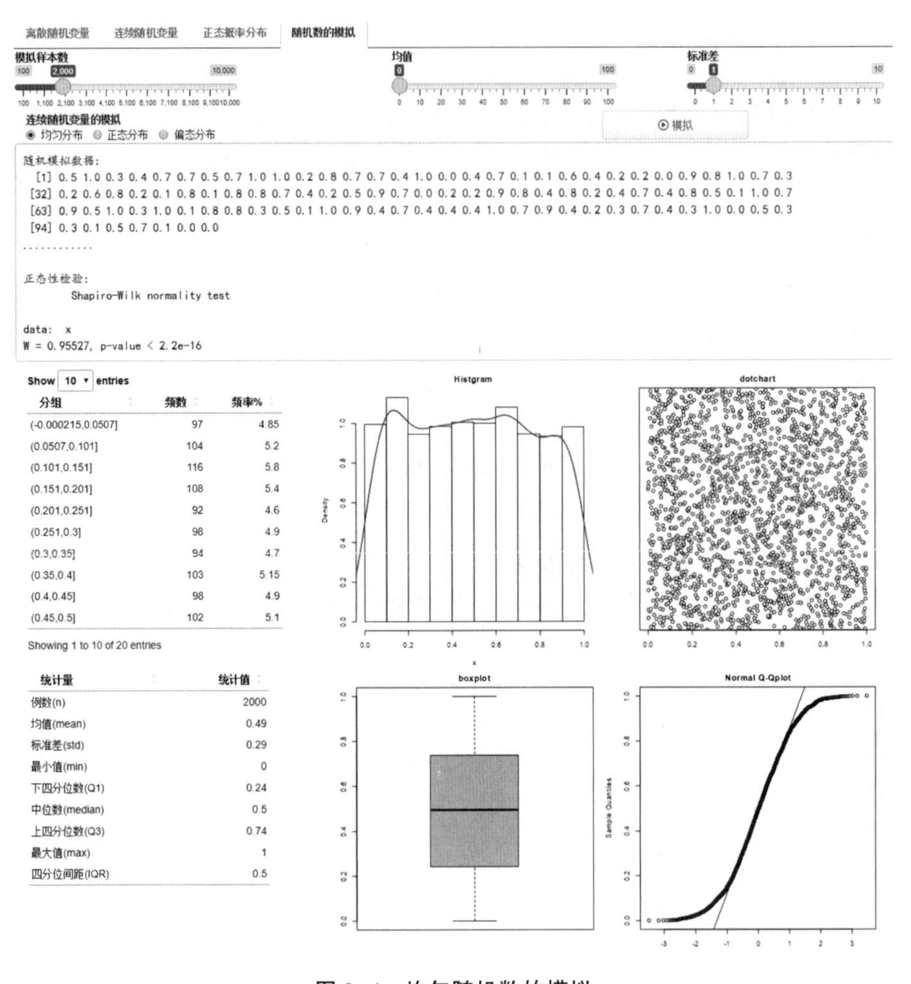

图 3-4 均匀随机数的模拟

3.1.2.2 正态分布

(1) 正态分布函数。正态分布 (normal distribution) 又名高斯分布，是一个在数学、物理及工程等领域都非常重要的概率分布，在统计学的许多方面都有着重大的影响力。

与均匀分布不同，正态分布指中间数据分布较多，两边数据分布较少的对称分布。正态分布是概率统计中最主要的分布。正态分布是古典统计学的核心，它有两个参数：位置参数均值 μ，尺度参数标准差 σ。正态分布的图形如钟形，且分布对称。现实生活中，很多变量是服从正态分布的，比如人的身高、体重和智商等。

① 密度函数：正态分布的概率密度函数有如下形式。

$$p(x)=\frac{1}{\sqrt{2\pi}\sigma}e^{\frac{-(x-\mu)^2}{2\sigma^2}}$$

它的图形是对称的钟形曲线，常称为正态曲线。

② 分布函数：正态分布含有两个参数μ和σ，记为$x\sim N(\mu,\sigma^2)$。

③ 均值：$E(x)=\mu$。

④方差：$\mathrm{Var}(x)=\sigma^2$。

⑤标准差：σ。

（2）标准正态分布。

可用正态化变换：

$$z=\frac{x-\mu}{\sigma}$$

将一般正态分布$x\sim N(\mu,\sigma^2)$转换为标准正态分布$z\sim N(0,1)$，标准正态分布概率密度函数为：

$$p(z)=\frac{1}{\sqrt{2\pi}}e^{-\frac{z^2}{2}}$$

①标准正态分布曲线（见图 3-5）。这时z的均值$\mu=0$，标准差$\sigma=1$。

②标准正态分位数。

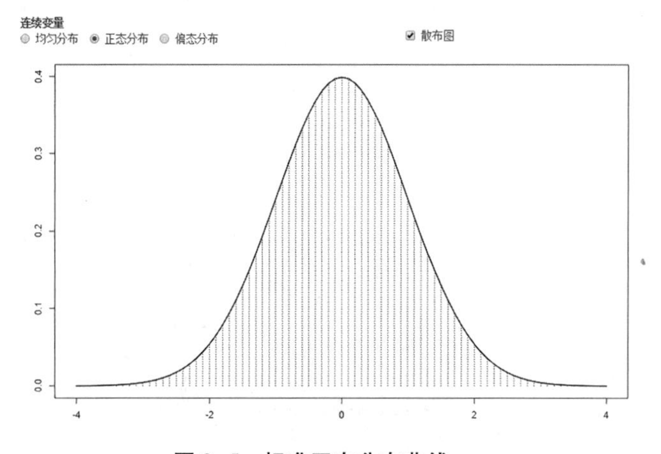

图 3-5　标准正态分布曲线

标准正态分布的α分位数是这样一个数，它的左侧面积恰好为α，它的右侧面积恰好为1-α，分位数z_α是满足下列等式的实数：

$$P(z\leqslant z_\alpha)=\alpha，且\ z_{0.5}=0，z_\alpha=-z_{1-\alpha}$$

求标准正态分布$P(z\leqslant1)$的累积概率（见图 3-6），即$P(z\leqslant1)=0.841\,3$。

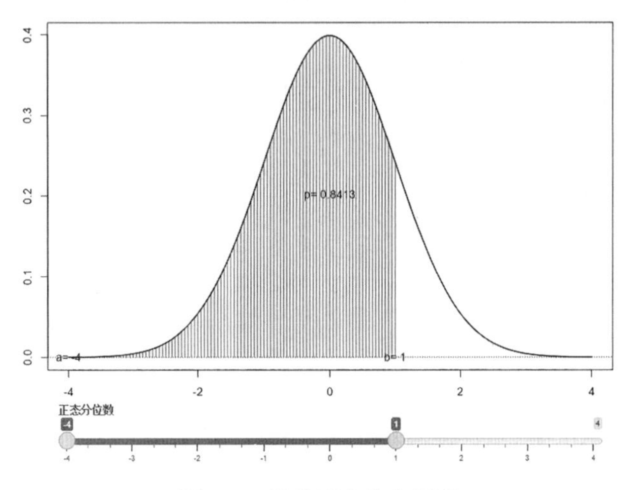

图 3-6　标准正态分布概率

同理，$P(-2\leqslant z\leqslant 2)=0.954\ 5$，$P(-1.96\leqslant z\leqslant 1.96)=0.95$（见图 3-7）。

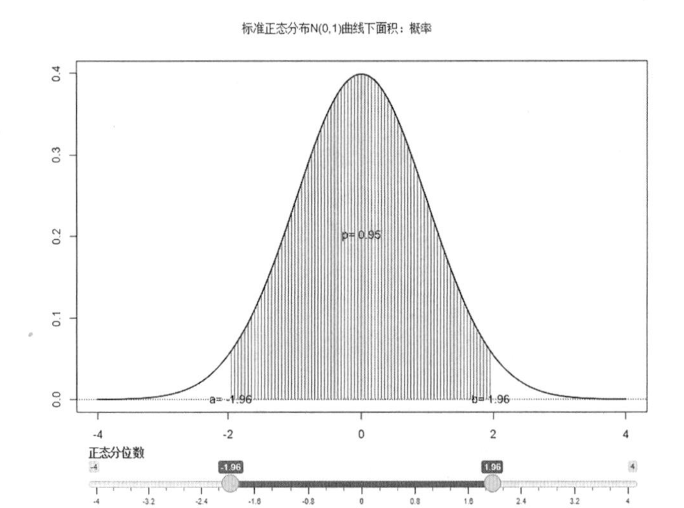

图 3-7　标准正态分布概率及分位数

已知标准正态分布累积概率为 $P(|z|\leqslant z_a)=0.95$，可求对应的分位数 z_a。

（3）正态随机数。正态分布随机数的各个数字的出现概率是满足正态分布的，越靠近中间的数字出现概率越大，越是在两边的出现概率越小。

①标准正态随机数。

【误差随机数模拟】随机产生 2 000 个标准正态分布 $N(0,1)$ 上的随机数，作其概率直方图，然后再添加正态分布的密度函数线（见图 3-8）。

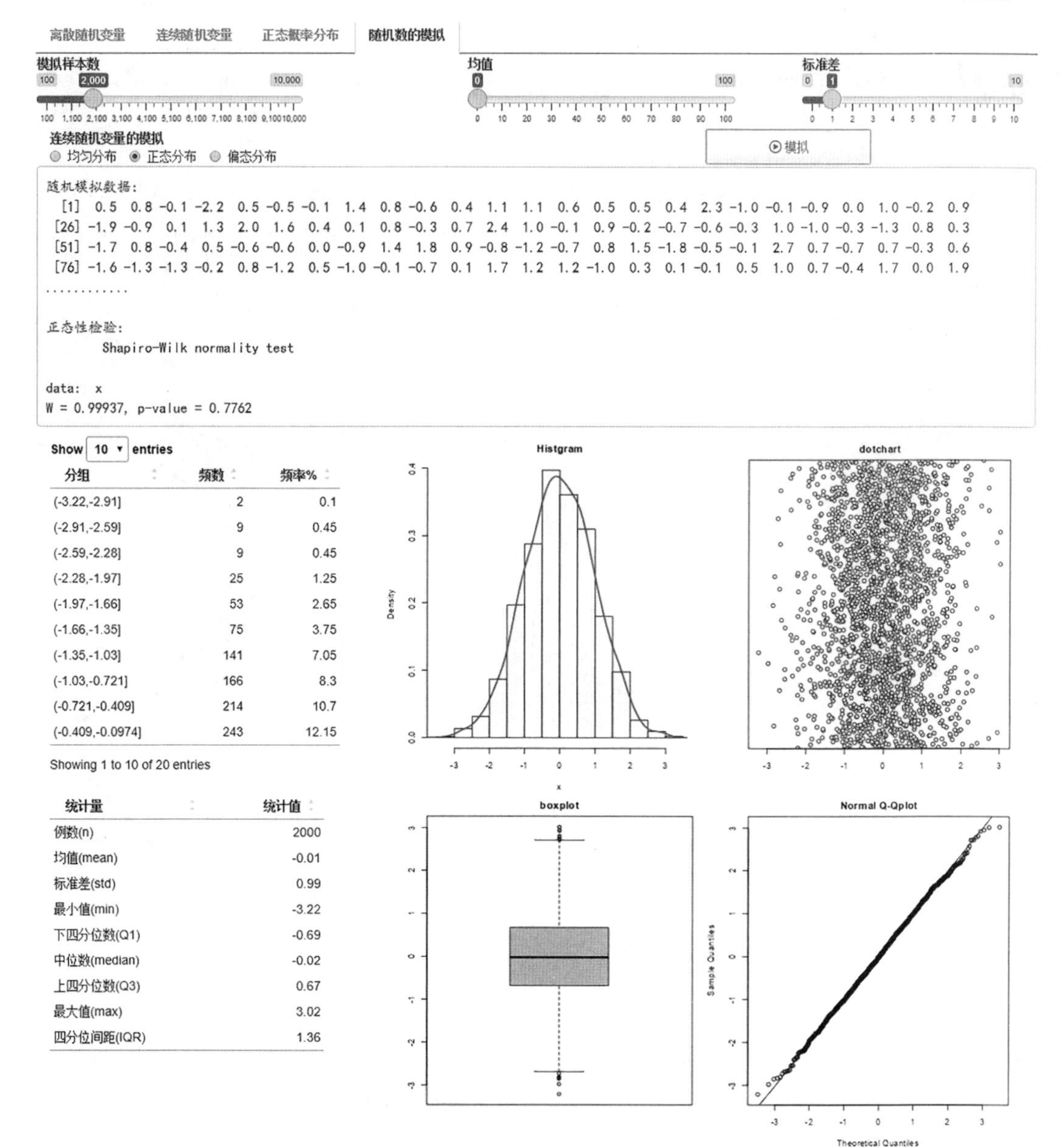

分组	频数	频率%
(-3.22,-2.91]	2	0.1
(-2.91,-2.59]	9	0.45
(-2.59,-2.28]	9	0.45
(-2.28,-1.97]	25	1.25
(-1.97,-1.66]	53	2.65
(-1.66,-1.35]	75	3.75
(-1.35,-1.03]	141	7.05
(-1.03,-0.721]	166	8.3
(-0.721,-0.409]	214	10.7
(-0.409,-0.0974]	243	12.15

统计量	统计值
例数(n)	2000
均值(mean)	-0.01
标准差(std)	0.99
最小值(min)	-3.22
下四分位数(Q1)	-0.69
中位数(median)	-0.02
上四分位数(Q3)	0.67
最大值(max)	3.02
四分位间距(IQR)	1.36

图 3-8　标准正态随机数的模拟研究

②一般正态随机数。

【体重随机数模拟】图 3-9 是模拟 2 000 个均值为 70，标准差为 2 的正态分布 $N(70,2^2)$随机数。

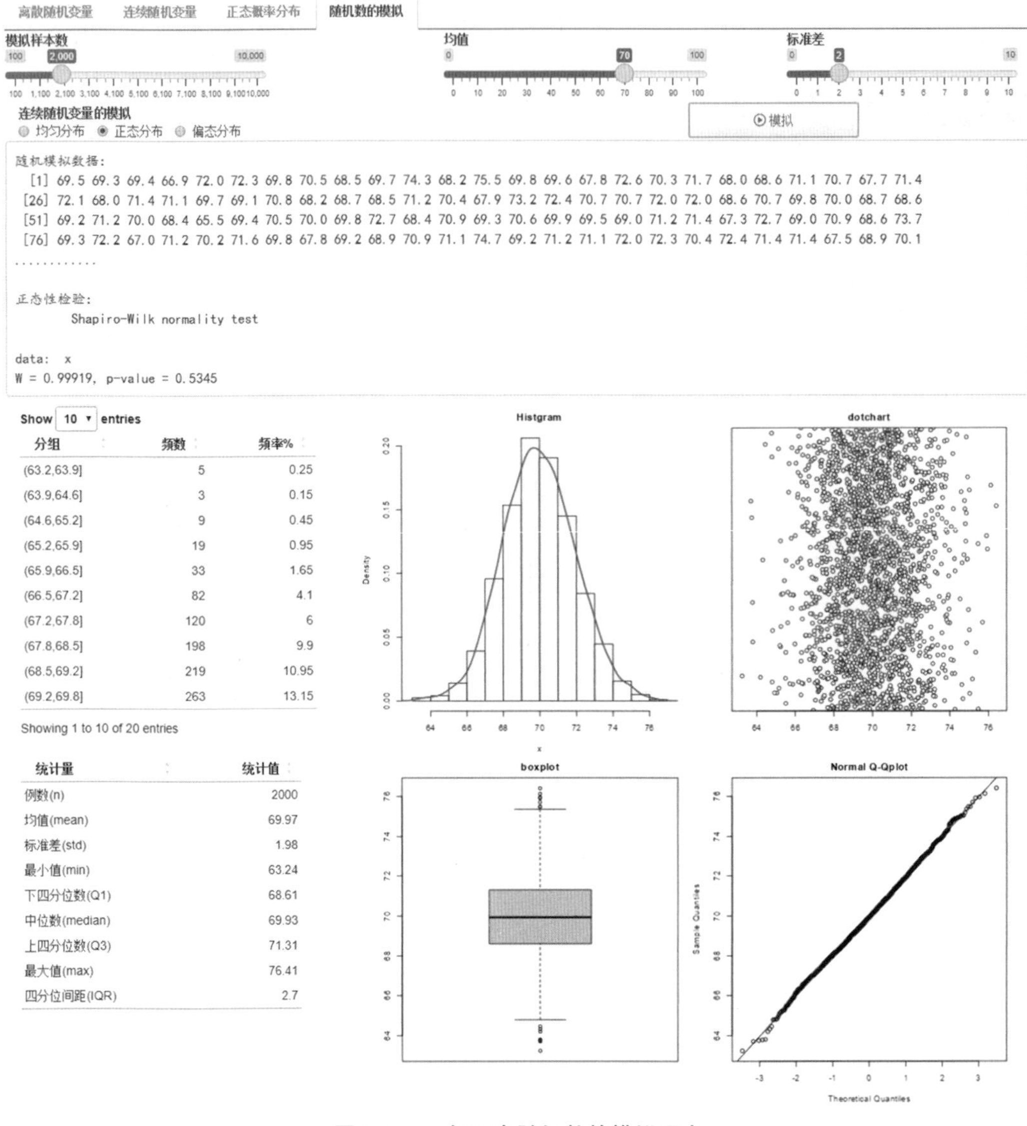

图 3-9　一般正态随机数的模拟研究

3.1.2.3　偏态分布

（1）偏态分布的特征。正态分布是一种典型的对称分布，而不是对称分布的分布都可看作偏态分布。

偏态分布是与正态分布相对的，分布曲线左右不对称的数据频数分布，是连续随机变量概率分布的一种；可以通过峰度和偏度的计算，衡量偏态的程度；偏态程度可分为正偏态和负偏态，前者曲线右侧偏长左侧偏短（称为右偏态或正偏态），后者曲线左侧偏长右侧偏短（称为左偏态或负偏态），如图 3-10 所示。

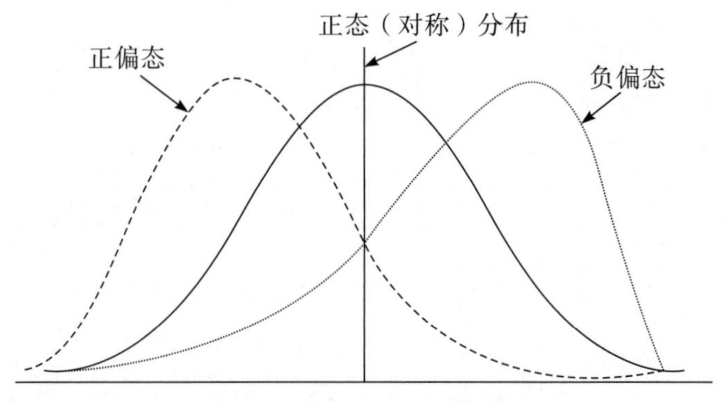

图 3-10　正态与偏态分布示意图

设 X 是取值为正数的连续随机变量，若 $\ln X \sim N(\mu,\sigma^2)$，则称随机变量 X 服从对数正态分布 $X \sim LN(\mu,\sigma^2)$。即对数正态分布是指一个随机变量的对数服从正态分布，是一种偏态分布，如收入、支出等指标的分布通常是对数正态分布，是一种偏态分布（见图 3-11）。

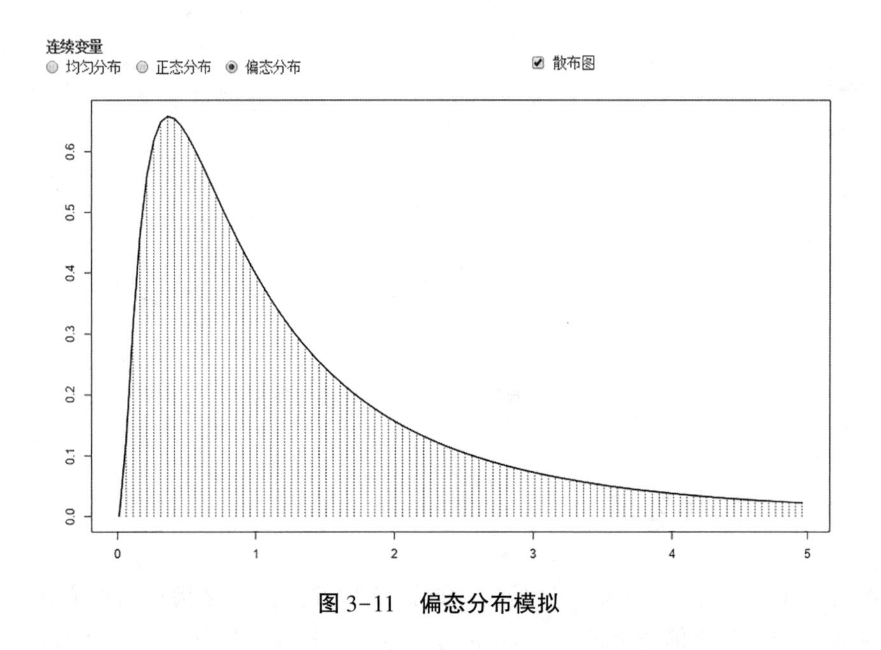

图 3-11　偏态分布模拟

（2）偏态随机数。与正态分布不同，偏态分布是不对称的，通常带有较长的尾巴。

【收入或支出随机数的模拟】图 3-12 是对数正态分布 $\ln X \sim N(\mu,\sigma^2)$ 的随机数及其模拟结果，显然是一个偏态分布。

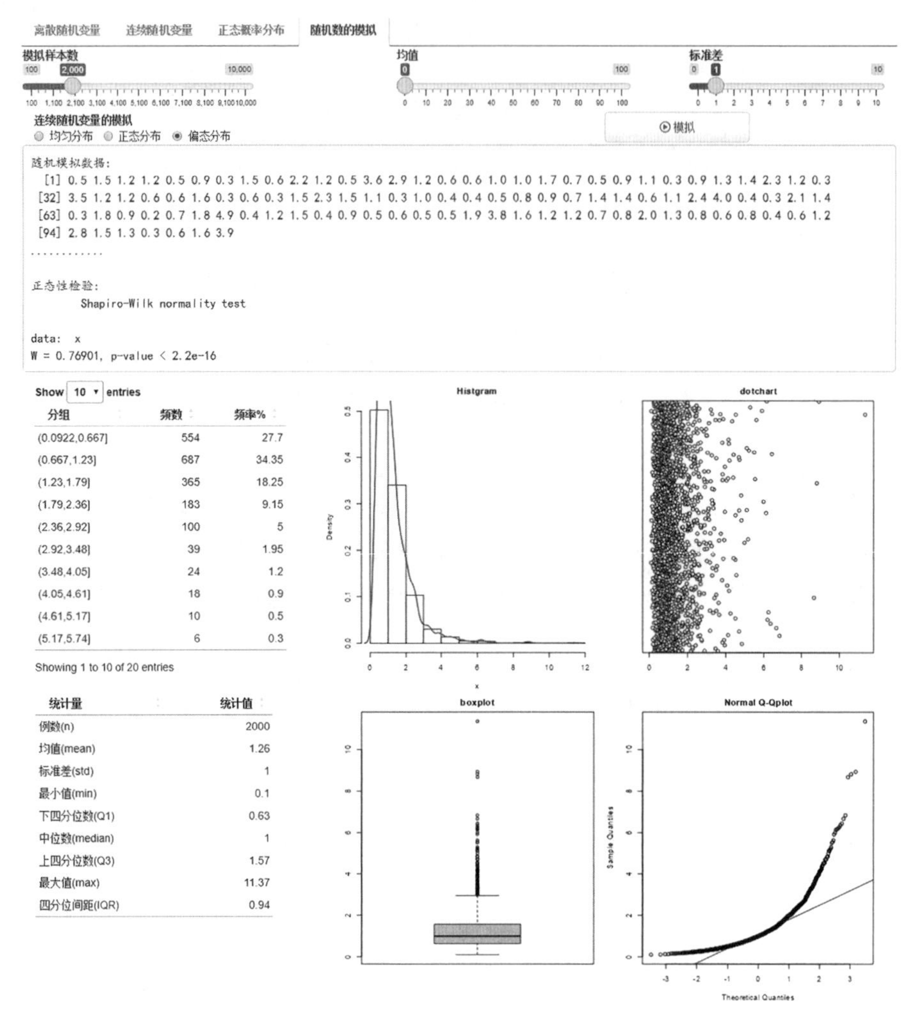

图 3-12　偏态分布随机数的模拟研究

3.2　统计抽样方法

在统计学中，抽样（sampling）是一种推论统计方法，它是指从目标总体（或称为母体）中抽取一部分个体作为样本（sample），通过观察样本的某一或某些属性，依据所获得的数据对总体的数量特征得出具有一定可靠性的估计判断，从而达到对总体的认识的统计方法。

从统计的角度来看，人们通常想为一个已知的分布估计其未知参数。例如，已知总体服从正态分布，但均值或标准差都是未知的。单从一个数据集，很难知道参数的确切数值，但是大量数据会提示你，参数的大概数值是什么。对于均值来说，我们希望样本数据的均值会是估计总体均值的一个好选择；从直观上可以认为，当数据越多时，这些估计值越准确。在实际中，我们又该如何去做？例如，人们想知道到底有多大比例的广州人同意广州市大力发展轨道交通，由于不大可能询问所有的一千多万名广州市民，人们只好进行抽样调查以得到样本，并用样本中同意发展轨道交通的比例来估计真实的比例。

3.2.1　随机抽样

在数理统计中，称研究对象的全体为总体（population），通常用一个随机变量表示总体，组成总体的每个基本单元叫个体（individual）。从总体中随机抽取一部分个体 X_1，$X_2,\cdots,X_n$，称 $X_1,X_2,\cdots,X_n$ 为取自总体的容量为 n 的样本（sample）。

（1）总体：在一个统计问题中研究对象的全体称为总体。

（2）个体：构成总体的每个成员称为个体。

（3）样本：从总体中抽出的部分个体组成的集合称为样本。

（4）样本量：样本中所含个体个数称为样本量。

（5）统计量：不含未知参数的样本函数称为统计量。

3.2.1.1　简单随机抽样

图 3-13 是从 30 个产品中随机抽取 6 个产品的结果（注意每次抽取的样本是不一样的）。

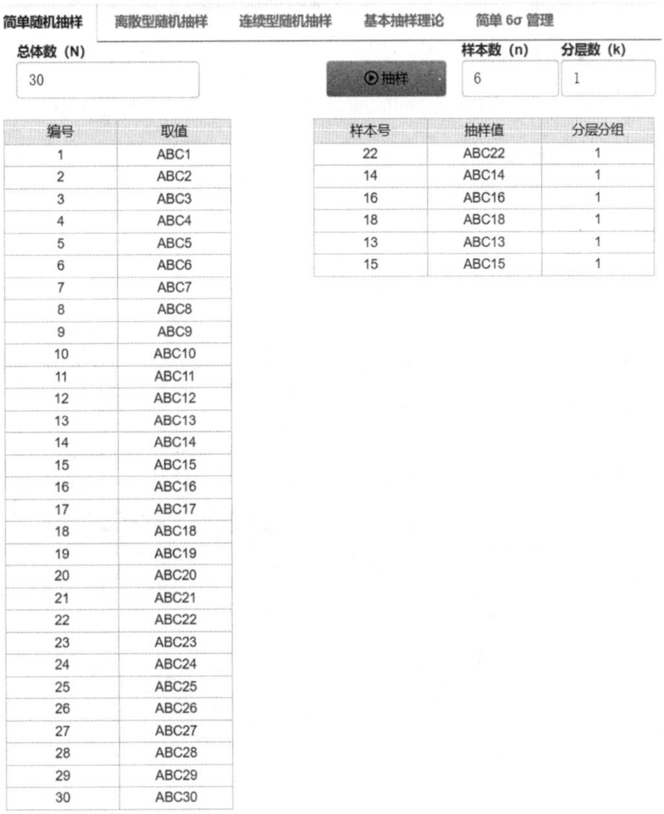

简单随机抽样　离散型随机抽样　连续型随机抽样　基本抽样理论　简单 6σ 管理

总体数（N）：30　抽样　样本数（n）：6　分层数（k）：1

编号	取值
1	ABC1
2	ABC2
3	ABC3
4	ABC4
5	ABC5
6	ABC6
7	ABC7
8	ABC8
9	ABC9
10	ABC10
11	ABC11
12	ABC12
13	ABC13
14	ABC14
15	ABC15
16	ABC16
17	ABC17
18	ABC18
19	ABC19
20	ABC20
21	ABC21
22	ABC22
23	ABC23
24	ABC24
25	ABC25
26	ABC26
27	ABC27
28	ABC28
29	ABC29
30	ABC30

样本号	抽样值	分层分组
22	ABC22	1
14	ABC14	1
16	ABC16	1
18	ABC18	1
13	ABC13	1
15	ABC15	1

图 3-13　简单随机抽样

3.2.1.2 定性数据随机抽样

图 3-14 是根据二项分布 $b(n,p)$ 原理从 100 个产品中随机抽取 10 个产品的结果。

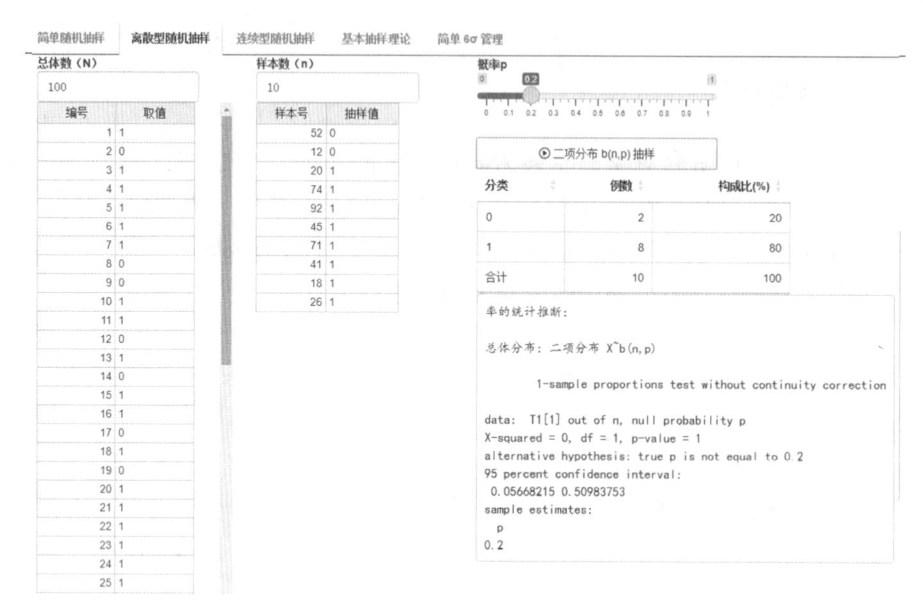

图 3-14 定性数据的随机抽样

3.2.1.3 定量数据随机抽样

图 3-15 是根据正态分布 $N(0,1)$ 原理从 100 个产品中随机抽取 10 个产品的结果。

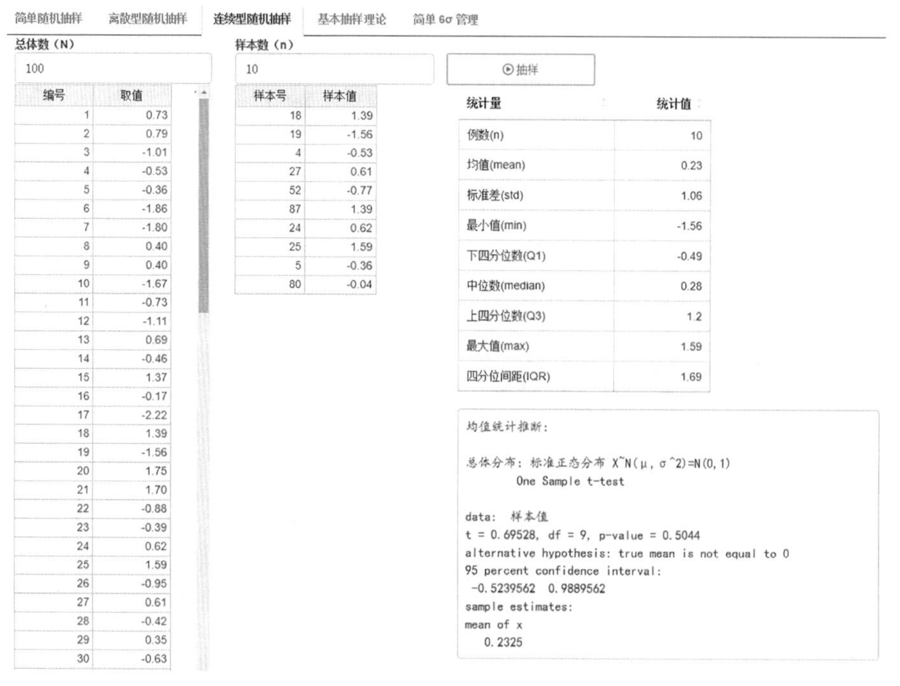

图 3-15 定量数据的随机抽样

3.2.2　基本理论

3.2.2.1　大数定律

（1）伯努利大数定律。设随机事件 E 的样本空间中只有有限个样本点，即 $\Omega=\{\omega_1, \omega_2,\cdots, \omega_n\}$，其中 n 为样本点总数。每个样本点 $\omega_t(t=1,2,\cdots,n)$ 的出现是等可能的，并且每次试验有且仅有一个样本点发生，则称这类现象为古典概型。若事件 A 包含 m 个样本点，则事件 A 的概率为：

$$P_A=\frac{m}{n}=\frac{\text{事件}A\text{包含的基本事件数}}{\text{基本事件总数}}$$

伯努利大数定律：设 m 是 n 次独立重复试验中事件 A 发生的次数，p 是事件 A 在每次试验中发生的概率，则对于任意的正数 ε，有：

$$\lim_{n\to\infty}P\left\{\left|\frac{m}{n}-p\right|<\varepsilon\right\}=\lim_{n\to\infty}P\{|p_A-p|<\varepsilon\}=1$$

伯努利大数定律揭示了“频率稳定于概率”说法的实质。

（2）辛钦大数定律。

辛钦大数定律是一个数学定律，是常用的弱大数定律之一，以苏联数学家亚历山大·雅科夫列维奇·辛钦（Aleksandr Yakovlevich Khinchin）的姓氏命名。

设 X_1，$X_2,\cdots$，X_n是相互独立的随机变量序列，服从相同分布，且具有有限的数学期望，则对于任意的正数 ε，有：

$$\lim_{n\to\infty}P\left\{\left|\frac{1}{n}\sum_{i}^{n}X_i-\mu\right|<\varepsilon\right\}=\lim_{n\to\infty}P\{|\overline{X}-\mu|<\varepsilon\}=1$$

辛钦大数定律从理论上指出用算术平均值来近似总体均值是合理的。而在数理统计中，这一定律使得用算术平均值来估计数学期望有了理论依据。

当 X_i 为服从 0~1 分布的随机变量时，辛钦大数定律就是伯努利大数定律。

3.2.2.2　中心极限定理

中心极限定理是数理统计里非常重要的定理，很多方法和统计推断都是建立在这个定理基础上的。

设$\{X_n\}$是独立同分布随机变量序列，其 $E(X_1)=\mu$，$\mathrm{Var}(X_1)=\sigma^2$，$0<\sigma^2<\infty$，则 $z=\dfrac{\overline{X}-\mu}{\sigma/\sqrt{n}}$ 的分布随着 $n\to\infty$ 而依概率收敛于标准正态分布 $N(0,1)$。

（1）正态样本均值的分布。X_1，$X_2,\cdots$，X_n是 n 个相互独立同分布的随机变量，假如其共同分布为正态分布 $N(\mu,\sigma^2)$，则样本均值 $\overline{X}$ 仍为正态分布，其均值不变仍为 μ，而其方差缩小 n 倍，若把 $\overline{X}$ 的方差记为 $\sigma_{\overline{X}}^2$，则有 $\sigma_{\overline{X}}^2=\sigma^2/n$，即 $\overline{X}\sim N(\mu,\sigma^2/n)$。

（2）非正态样本均值的分布。X_1，$X_2,\cdots$，X_n为 n 个相互独立同分布的随机变量，其共同分布未知，但其均值 μ 和方差 σ^2都存在，则在 n 较大时，其样本均值 $\overline{X}$ 近似服从正

态分布 $\overline{X} \sim N(\mu, \sigma^2/n)$ 。

3.2.2.3　**统计量及其分布**

设 X_1，X_2，…，X_n是从正态总体 $N(\mu, \sigma^2)$ 中获得的容量为 n 的样本，则：

（1）均值的 z 分布。正态样本均值 $\overline{X}$ 仍为正态分布（见图 3-16），即 $\overline{X} \sim N(\mu, \sigma^2/n)$ ，其标准化变量的分布为：

$$z = \frac{(\overline{X} - \mu)}{\sigma / \sqrt{n}} \sim N(0,1)$$

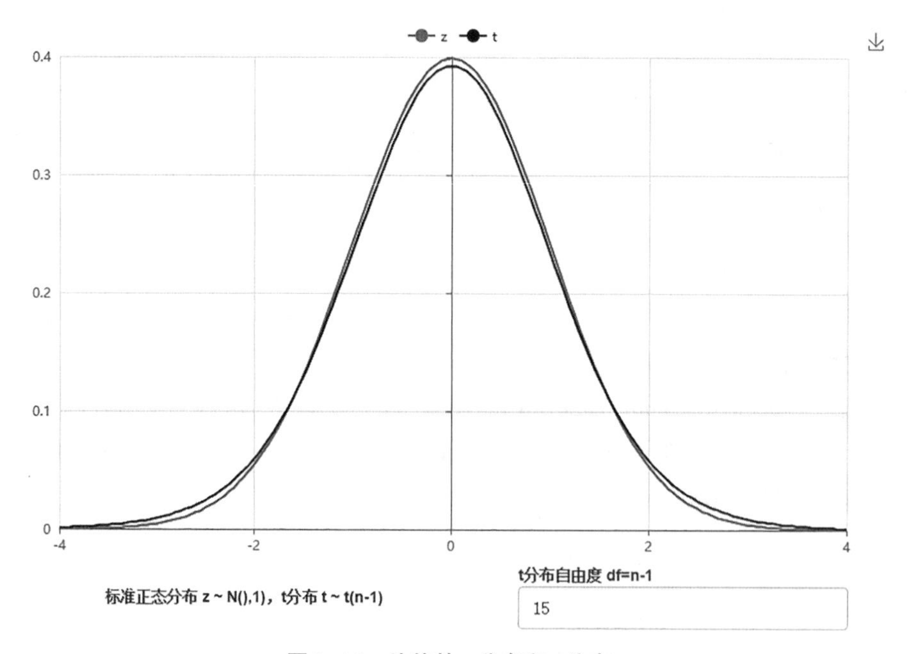

图 3-16　均值的 z 分布和 t 分布

（2）均值的 t 分布。正态样本均值 $\overline{X}$ 的 t 化变量的分布（即将总体标准差 σ 替换为样本标准差 s）：

$$t = \frac{(\overline{X} - \mu)}{s / \sqrt{n}} \sim t(n-1)$$

（3）单样本方差的卡方分布。正态样本的方差 s^2除以总体方差 σ^2的分布是自由度为 $n-1$ 的卡方（χ^2）分布（见图 3-17），即

$$\frac{(n-1)s^2}{\sigma^2} \sim \chi^2(n-1)$$

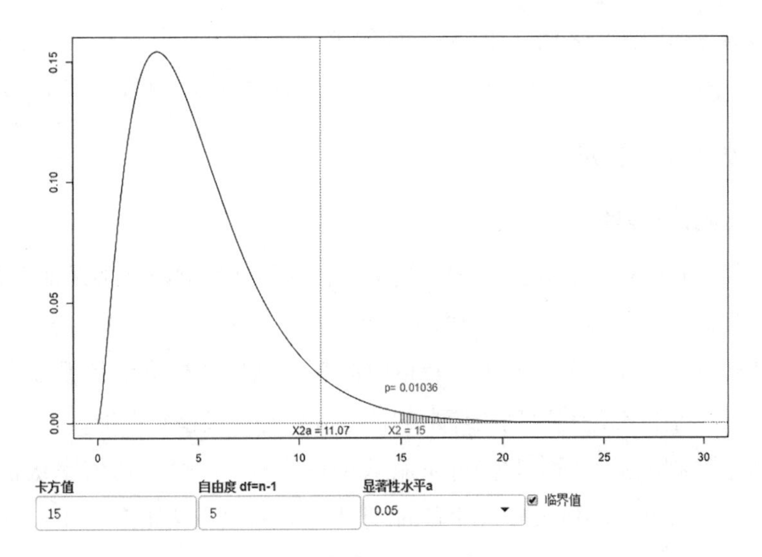

图 3-17　单样本方差的卡方分布

图中的概率 $p=0.010\ 36$ 为卡方值为 15 时的卡方分布曲线下的尾部面积，在卡方检验时有用。

（4）两样本方差的 F 分布。设总体 $X_1 \sim N(\mu_1,{\sigma_1}^2)$ 和 $X_2 \sim N(\mu_2,{\sigma_2}^2)$，$X_1$ 与 X_2 相互独立，${S_1}^2$和${S_2}^2$分别估计${\sigma_1}^2$和${\sigma_2}^2$，n_1 和 n_2 分别为它们的样本含量，则下式服从 F 分布（见图 3-18），即

$$F=\frac{{S_1}^2/{\sigma_1}^2}{{S_2}^2/{\sigma_2}^2} \sim F(n_1-1,n_2-1)$$

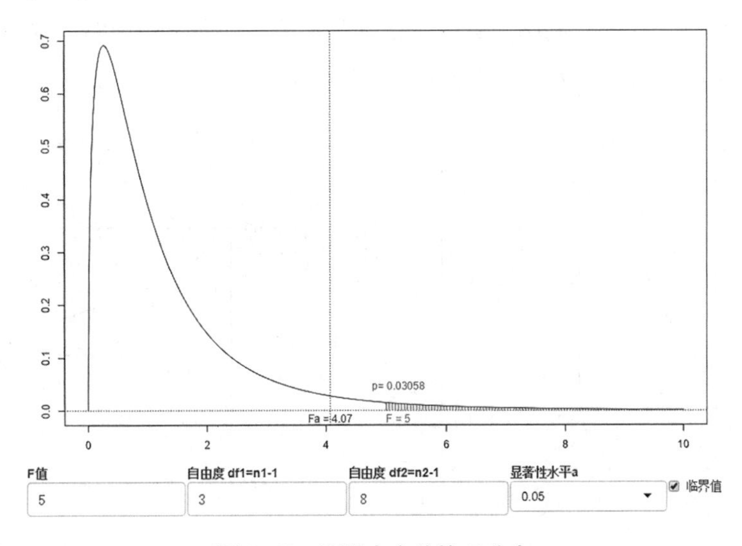

图 3-18　两样本方差的 F 分布

图中的概率 $p=0.030\ 58$ 为 F 值为 5 时的 F 分布曲线下的尾部面积，在 F 检验时有用。

3.2.3 基本 6σ 管理

3.2.3.1 统计过程控制

统计过程控制通过确认并排除工艺系统中存在的异常影响因素来保证工艺系统稳定，减少控制量的偏离；统计过程控制常用的是控制图，控制图一般由中心线（CL）、上控制界限（UCL）和下控制界限（LCL）及按时间顺序抽取的样本统计量数值的描点序列组成，其理论基础是概率论和数理统计中的正态分布与假设检验理论。

在统计过程控制中，若样本观测值 y 服从正态分布，即样本均值服从正态分布；即使 y 非正态分布，根据中心极限定理也能证明其均值近似服从正态分布；可以认为除极特殊情况，一般情况下被控制量的样本均值都服从正态分布。因此在常规控制图理论中，统计控制状态被假定成一个随机过程——过程是由独立同正态分布的随机变量产生的。即产品质量特征值 $\{y_t\}$ 可表示为：

$$y_t=\mu+\varepsilon_t$$

式中，y_t 为在 t 时刻的观测值，μ 为过程均值常数，$\varepsilon_t \sim iid(0,\sigma_\varepsilon^2)$。常规控制图的上、下控制界限一般设定是 $\mu\pm3\sigma_\varepsilon$，正常条件下点落在 $[\mu-3\sigma,\mu+3\sigma]$ 范围内的概率为 99.73%，在这个范围以外出现的概率为 0.27%（记为 α）（见图 3-19）。这是一个小概率事件，根据小概率事件原理：小概率事件在一次实验中几乎不可能发生，若发生即判断过程异常。

控制图的形成：首先把图 3-19 按顺时针方向转 90°，再将图上下翻转 180°，成为图 3-20，这样就得到了一张控制图，具体说是一张单值控制图，图中的 $UCL=\mu+3\sigma$ 为上控制界限，$CL=\mu$ 为中心线，$LCL=\mu-3\sigma$ 为下控制界限。

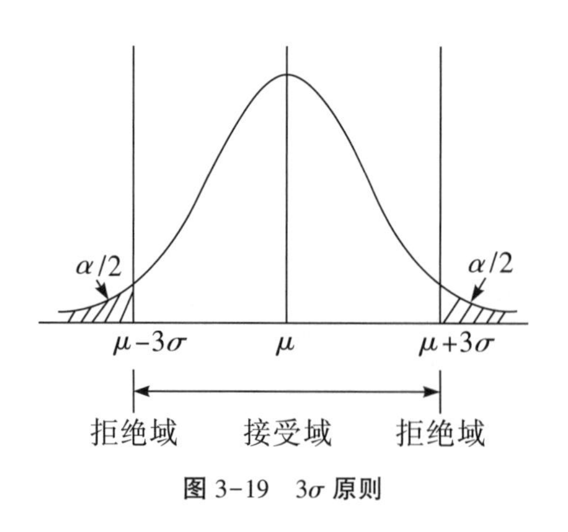

图 3-19　3σ 原则

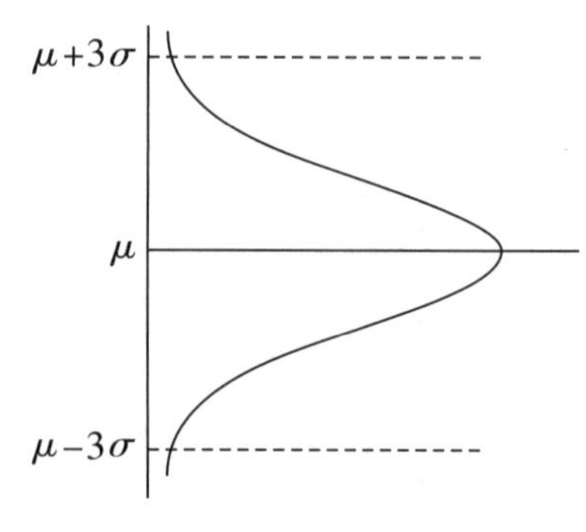

图 3-20　控制图构建示意图

【例 3-3】某公司加工了一批零件，其规格为 10.00±0.15 mm，某小组测量了 80 个部品，数据如下：

10.09	10.01	9.97	10.05	9.98	10.00	9.99	10.08
10.01	9.96	10.06	10.01	9.96	9.98	9.93	10.03
9.98	10.03	9.89	10.01	9.99	10.03	10.05	9.96
10.05	9.99	9.95	9.96	9.92	10.04	9.97	9.99
10.03	10.01	9.95	10.05	10.03	9.98	10.08	9.88
9.99	10.02	10.01	10.06	9.93	10.05	9.92	9.95
10.01	10.01	9.90	10.02	10.05	9.99	9.93	9.97
9.93	9.91	9.91	9.99	9.99	10.01	10.03	10.03
10.02	9.92	10.02	9.95	9.97	10.05	9.96	9.96
9.95	9.97	9.97	10.02	10.04	9.98	9.99	10.01

试通过过程控制图考察该生产过程是否在受控状态。

其统计过程控制图如图 3-21 所示。

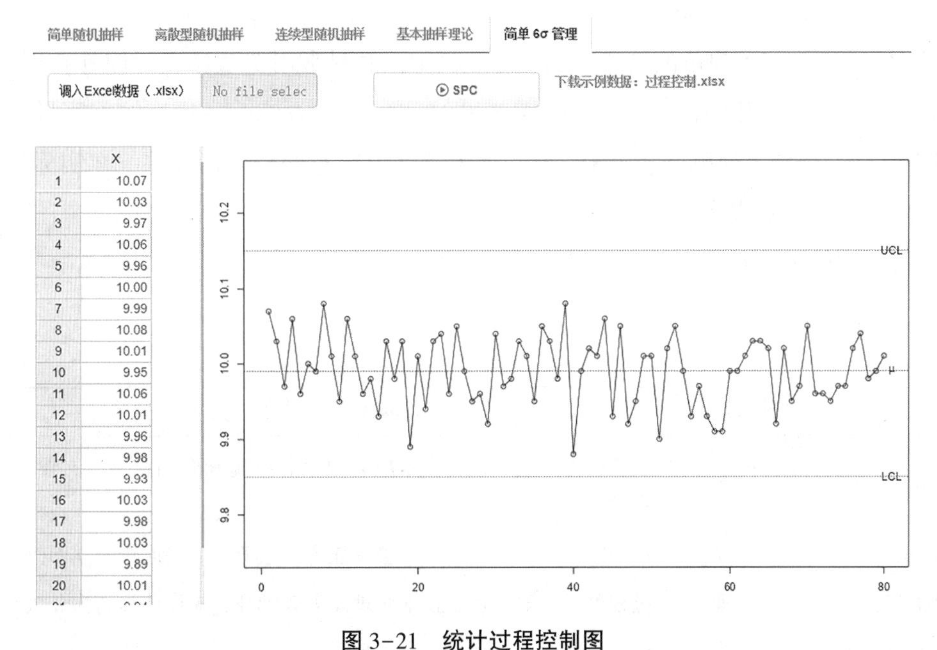

图 3-21　统计过程控制图

从图 3-21 可以看出，本生产过程处在过程控制之中。

3.2.3.2　过程能力指数

（1）过程能力指数的概念。传统的质量管理学专注于生产制造业，研究的对象是有形的产品质量。产品是由一道道过程（旧称工序）加工制造出来的，每道工序质量的好坏，将直接影响到成品的质量。所谓工序能力，是指工序在一定时间内处于受控状态下的实际加工能力，又叫作加工精度。在将服务业引入质量管理后，工序能力又称为过程能力。

一般地，在以下三项假设成立的条件下可计算过程能力指数：

①过程处于受控状态，即过程质量特性值的波动只受随机因素的影响。

②过程质量特性值服从正态分布 $N(\mu,\sigma^2)$。

③规范限能准确地表示顾客的要求。

（2）过程能力指数 C_p 的计算。C_p 衡量的是过程无偏离时的过程能力指数，它又分为双侧规范和单侧规范两种情况。双侧规范是指技术规范存在规范下限（lower specification limit，LSL）和规范上限（upper specification limit，USL），而单侧规范只存在规范下限或者只有规范上限。

对于双侧规范，过程能力指数的计算公式如下：

$$C_P = \frac{SSL}{6\sigma} = \frac{USL - LSL}{6\sigma} \approx \frac{USL - LSL}{6s}$$

其中，SSL 为技术规范的公差，也叫容差，中文教材常用 T 表示，但国外 6σ 教材中 T 表示目标值，为避免混淆，本书用“spread of the specification limits”的首字母 SSL 表示，LSL、USL 分别为规范下、上限，σ 为质量特性值分布的总体标准差，在实际计算中可用样本标准差 s 来估计。

根据过程能力指数可以对生产过程进行判别（见表 3-1）。

表 3-1　过程能力指标评价体系

C_p	级别	过程能力的评价与参与
$C_p<0.67$	Ⅴ	过程能力严重不足，表示应采取紧急措施和全面检查，必要时可停工整顿
$0.67 \leq C_p<1.00$	Ⅳ	过程能力不足，表示技术管理能力已很差，应采取措施立即改善
$1.00 \leq C_p<1.33$	Ⅲ	过程能力一般，表示技术管理能力较勉强，应设法提高为Ⅱ级
$1.33 \leq C_p<1.67$	Ⅱ	过程能力充分，表示技术管理能力已很好，应继续维持
$1.67 \leq C_p<2.17$	Ⅰ	过程能力过高（应视具体情况而定）

【例 3-4】续【例 3-3】，零件的规格为 10.00±0.15 mm，试计算该工序的过程能力指数。$T=10.00$，因此 $LSL=10.0-0.15=9.85$，$USL=10.0+0.15=10.15$（见图 3-22），计算出该尺寸的均值和标准差如下：$\overline{X}=9.9904$，$s=0.0472$，于是过程的过程能力指数为 $Cp=1.0585$。

根据计算的过程能力指数 Cp 可知，该工序过程能力一般，技术管理能力较勉强，应设法提高为Ⅱ级。

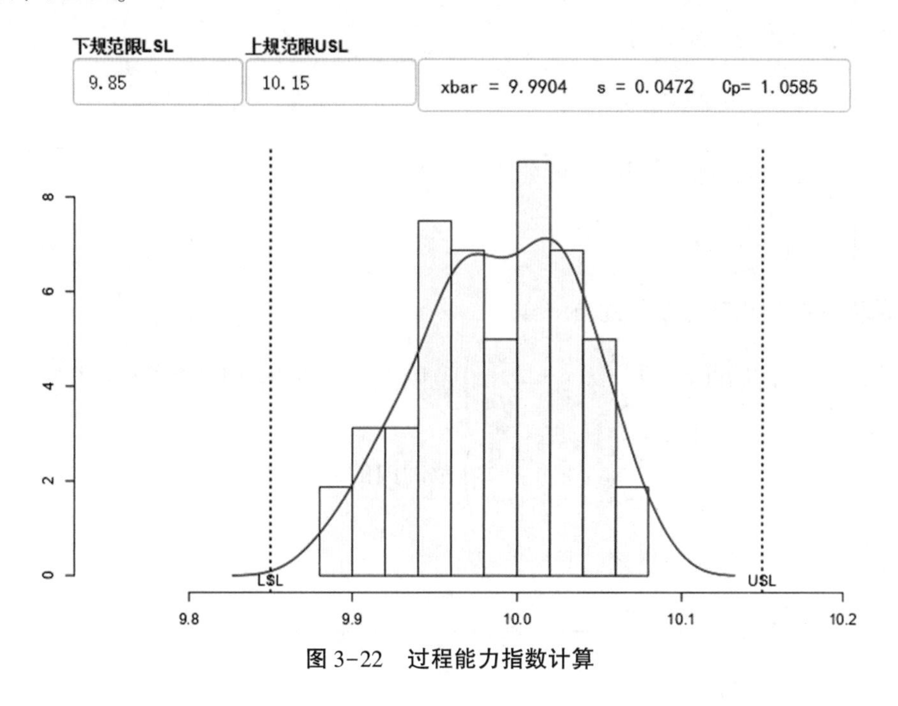

图3-22　过程能力指数计算

3.3　基本统计推断

3.3.1　统计推断的概念

3.3.1.1　参数估计

由样本统计量来估计总体参数有两种方法：点估计和区间估计。

（1）点估计。

参数估计，就是用样本统计量来估计相应的总体参数。本节内容就是通过样本统计量对总体参数进行估计，即

样本均值 $\bar{x}$→总体均值 μ；

样本标准差 s→总体标准差 σ；

样本比例 p→总体比例 P。

（2）区间估计。

根据前面的统计理论，我们通常以已知统计量（如均值）的抽样分布为基础，对各参数值进行概率上的表述，例如，可以用95%的置信度来估计均值的取值范围。

区间估计（interval estimation）是通过统计推断找到包括样本统计量在内（有时以统

计量为中心）的一个区间，该区间被认为很可能包含总体参数。下面重点介绍均值的区间估计。

根据正态分布的性质，有：

$$z = \frac{\bar{x} - \mu}{\sigma / \sqrt{n}} \sim N(0,1)$$

于是可以给出其置信区间的一般公式：

$$\left[\bar{x} - z_{\alpha/2}\frac{\sigma}{\sqrt{n}},\ \bar{x} + z_{\alpha/2}\frac{\sigma}{\sqrt{n}}\right]$$

与前面介绍的正态分布的性质一样：

样本均值($\bar{x}$)落在$\left(\bar{x} - 2\frac{\sigma}{\sqrt{n}}, \bar{x} + 2\frac{\sigma}{\sqrt{n}}\right)$范围内的概率大约为95%（见图3-23）；

样本均值($\bar{x}$)落在$\left(\bar{x} - 3\frac{\sigma}{\sqrt{n}}, \bar{x} + 3\frac{\sigma}{\sqrt{n}}\right)$范围内的概率大约为99%。

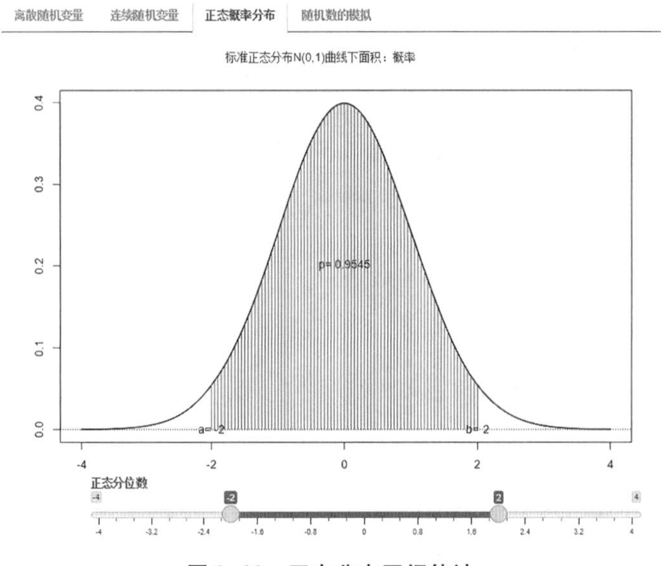

图3-23　正态分布区间估计

现实中，总体标准差通常未知。针对这种情况，可使用统计量：

$$t = \frac{\bar{x} - \mu}{s / \sqrt{n}} \sim t(n-1)$$

式中，s为样本的标准差，用它来代替总体标准差σ。

当数据服从正态分布时，可以运用t分布构造置信区间：

$$\left[\bar{x} - t_{\alpha/2}(n-1)\frac{s}{\sqrt{n}},\ \bar{x} + t_{\alpha/2}(n-1)\frac{s}{\sqrt{n}}\right]$$

这里α为显著性水平（见假设检验一节），$1-\alpha$为置信水平（置信度，通常用β表示，即 $\beta=1-\alpha$）（见图 3-24）。

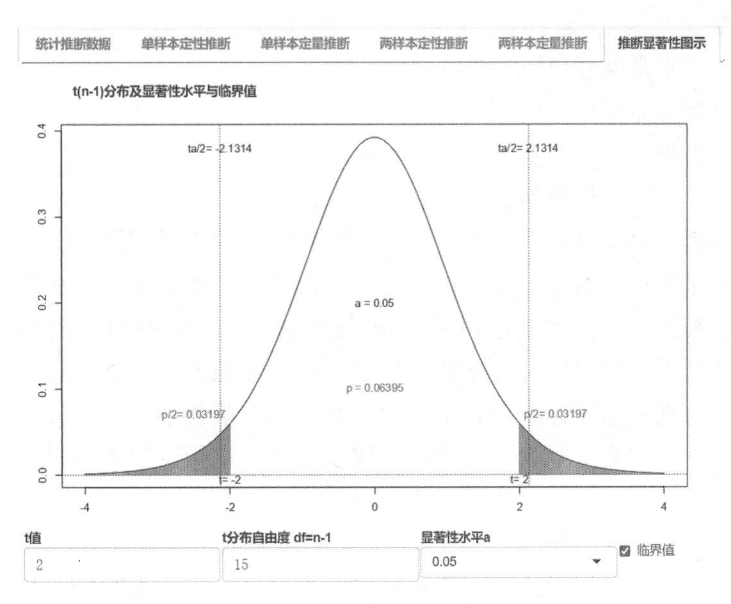

图 3-24　t 分布显著性水平与临界值示意图

3.3.1.2　假设检验

假设检验是用来判断样本与总体的差异是由抽样误差引起的还是由本质差别所造成的统计推断方法。其基本思想是小概率反证法思想。小概率思想是指小概率事件（$P<0.01$ 或 $P<0.05$）在一次试验中基本上不会发生。反证法思想是先提出假设（检验假设 H_0），再用适当的统计方法确定假设成立的可能性大小，如可能性小，则认为假设不成立；若可能性大，则还不能认为假设不成立。

假设检验的基本步骤：

①建立假设，包括检验假设 H_0 与备择假设 H_1。

②寻找检验统计量 T，确定检验的形式。

③给出显著性水平 α。

④根据样本观察值计算检验统计量，根据统计量对应的 p 值进行判断。

如 $p<\alpha$，则拒绝检验假设 H_0，接受备择假设 H_1；$p>\alpha$，则接受检验假设 H_0，拒绝备择假设 H_1。

（1）参数检验。

经典统计的多数检验都假定了总体的背景分布。在这种情况下，总体的分布形式往往是给定的或者是假定了的，所不知道的仅仅是一些参数的值或它们的范围。于是，人们的主要任务就是对一些参数，比如均值和方差（或标准差）等进行估计或检验。

比如检验正态分布的均值是否相等或等于零等。最常见的检验包括和正态总体有关的 W 检验、t 检验、F 检验等。但在实际中，那种对总体的分布的假定并不是能随便做出的。有时，数据并不是来自所假定分布的总体；或者，数据根本不是来自一个总体；数据还有可能因为种种原因被严重污染。这样，在假定总体分布的情况下进行推断的做法就可能产生错误甚至产生灾难性的结论。

(2) 非参数检验。

在实践中我们常常遇到以下一些资料:

①资料的总体分布类型未知。

②资料分布类型已知，但不符合正态分布。

③某些变量可能无法精确测量。

对于此类资料，除了进行变量变换外，可采用非参数统计方法。

于是，人们希望在不假定总体分布的情况下，尽量从数据本身来获得所需要的总体信息。非参数检验方法可不要求总体的分布，就是指在没有总体的任何知识的情况下，也能通过它获得结论。而且这时非参数方法往往优于参数方法，并且非参数检验总是比传统检验安全。但是在总体分布形式已知时，非参数检验就不如传统方法效率高。这是因为非参数方法利用的信息要少些，往往在传统方法可以拒绝检验假设的情况下，非参数检验无法拒绝。但非参数统计在总体未知时效率要比传统方法高，有时要高很多。是否用非参数统计方法，要根据对总体分布的了解程度来确定。

相对参数检验，非参数检验通常是用数据的秩次进行统计推断而不是原始数据。这样就不要求数据符合正态分布了。

这里说的秩次即序数，是一组数据排序后对应的位置次序。

如有以下一组数字：3.6，1.5，5.7，9.8，7.2，4.3，将它们排序后对应的秩次就是：2，1，4，6，5，3。

3.3.2 单样本统计推断

3.3.2.1 单样本定性数据推断

单样本定性数据推断首先采用卡方拟合优度检验（Chi-squared goodness of fit tests）来检验一批分类数据所来自的总体分布是否与某种理论分布相一致，从分类数据出发，去判断总体中各类数据出现的概率是否与已知的概率相符。譬如要检验一颗骰子是否均匀，我们可以将该骰子抛掷若干次，记录每一面出现的次数，从这批数据出发去检验骰子各面出现的概率是否都是 1/6。

如果掷一骰子 150 次并得到表 3-2 所示的分布数据，请问此骰子是均匀的吗?

表 3-2 掷骰子所得数据

点数	1	2	3	4	5	6	合计
出现次数 f	22	21	22	27	22	36	150
理论次数 e	25	25	25	25	25	25	150

若骰子是均匀的，你会理所当然地认为各面出现的概率都一样（1/6），即在 150 次投掷中骰子的每一面将期望出现 25 次。但表中数据表明数字为 6 的一面出现了 36 次，这是纯属巧合还是有其他什么原因?

回答这个问题的关键是看观测值与期望值离得有多远。如果令 f_i 为观测到的第 i 类数据的出现频数，e_i 为第 i 类数据出现次数的理论期望值，则 χ^2 统计量可表示为：

$$\chi^2 = \sum_{i=1}^{n} \frac{(f_i - e_i)^2}{e_i} \sim \chi^2(n-1)$$

直观地，如果实际观测频数和理论预期频数相差很大，χ^2 统计量的值将会很大；反之则较小。相应统计推断基于所有理论预期频数都大于 1 且大多数（80%）都大于 5 的假定。同时，数据必须为独立同分布的。如果这些假定都满足，那么 χ^2 统计量将近似服从于自由度为 $n-1$ 的卡方分布。建立假设检验，检验假设为各面出现的概率为理论值，备择假设为六个面中的一些或全部出现的概率不等于理论值。

卡方检验，是用途非常广的一种假设检验方法，它在分类资料统计推断中的应用，包括两个率或两个构成比比较的卡方检验；多个率或多个构成比比较的卡方检验以及分类资料的相关分析等。

比如上面的掷骰子问题，其检验假定为：

检验假设 H_0：第 i 类对应的概率为 1/6；

备择假设 H_1：至少有一类对应的概率不等于 1/6。

$$\chi^2 = \frac{(22-25)^2}{25} + \frac{(21-25)^2}{25} + \frac{(22-25)^2}{25} + \frac{(27-25)^2}{25} + \frac{(22-25)^2}{25} + \frac{(36-25)^2}{25} = 6.72$$

计算得 χ^2 值为 6.72，对应的概率 $p>0.05$，因此没有理由拒绝骰子是均匀的假设。

例 2-1 的学科单样本定性推断如图 3-25 所示。

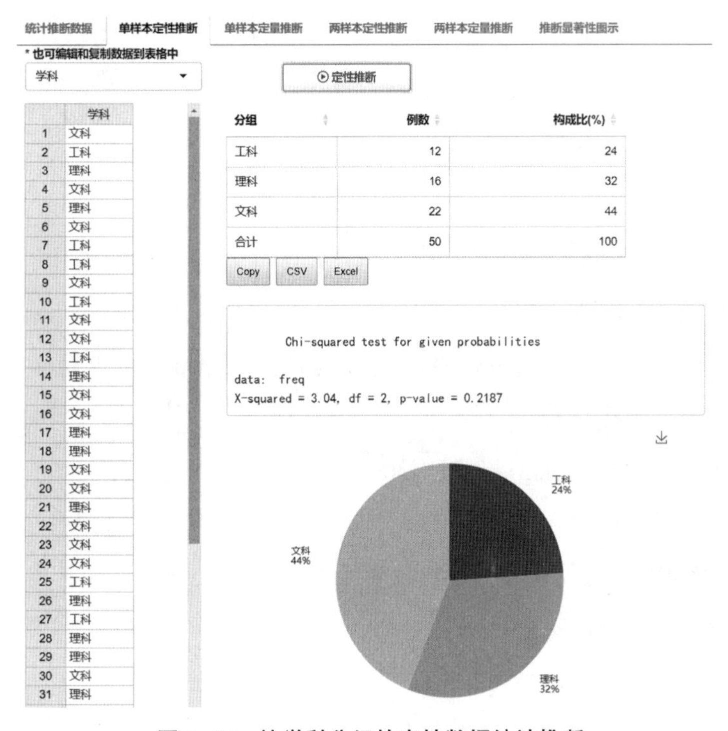

图 3-25　按学科分组的定性数据统计推断

从卡方检验的结果看，这些学生选择的学科间基本均匀，无显著差别（$p=0.2187>0.05$）。

3.3.2.2 **单样本定量数据推断**

（1）正态性检验。

利用观测数据判断总体是否服从正态分布的检验称为正态性检验，它是统计判决中的一种重要的特殊的拟合优度假设检验。常用的正态性检验方法有正态概率纸法、夏皮罗—维尔克检验法（Shapiro-Wilk test）、科尔莫戈罗夫检验法等。

我们常建议研究者通过绘制直方图、QQ 图等来判断数据的正态性。在直方图中数据呈现钟形分布，中间高，两端逐渐下降，左右两侧呈现对称或近似对称（但这时要求数据量很大，如>100 等），或者在 QQ 图中的数据点和理论直线基本重合，则可认为数据满足正态性（要求有一定的数据量，如>50 等）。图示法存在主观性的问题，可能会遇到一些不确定的情况，此时可以咨询统计学专家。

①QQ 图示法。QQ 图是一种散点图，正态分布的 QQ 图的横坐标为标准正态分布的分位数，纵坐标为有序样本值。利用 QQ 图鉴别样本数据是否近似于正态分布，只需看 QQ 图上的点是否近似地在一条直线附近，若在则说明数据近似正态分布。

②夏皮罗—维尔克检验法（W 检验）。

正态性检验假设 H_0：总体服从正态分布；H_1：总体不服从正态分布。

$$W=\frac{\left(\sum_{i=1}^{n}a_i x_{(i)}\right)^2}{\sum_{i=1}^{n}(x_i-\bar{x})^2}$$

其中 $x_{(i)}$ 为顺序统计量。

如 W 对应的 $p>0.05$，我们即认为数据近似服从正态分布。如 W 对应的 $p\leqslant 0.05$，我们即认为数据不服从正态分布。

W 检验对小样本数据（如 5≤例数≤30）较为有效。

【例 3-5】续【例 2-1】从数据中选取男生的体重和支出数据（见图 3-26）分别进行正态性验证（见图 3-27 和图 3-28）。

E2　fx　77

	A 编号	B 性别	C 学科	D 软件	E 体重	F 身高	G 支出
2	20210801	男	文科	Excel	77	174	19.8
3	20210802	男	工科	SPSS	75	171	21.8
6	20210805	男	理科	SPSS	64	160	14.8
8	20210807	男	工科	Excel	82	180	62.1
11	20210810	男	工科	Matlab	71	173	12.4
13	20210812	男	文科	Excel	76	171	6.9
14	20210813	男	工科	Python	59	158	27.9
15	20210814	男	理科	Excel	80	185	37.6
17	20210816	男	文科	SPSS	73	177	40.5
21	20210820	男	文科	Python	68	171	24.8
22	20210821	男	理科	Excel	82	177	12.3
23	20210822	男	文科	Python	68	165	15.0
24	20210823	男	文科	SPSS	65	164	11.8
27	20210826	男	理科	Excel	83	182	46.8
29	20210828	男	理科	Python	77	181	7.8
33	20210832	男	理科	SPSS	85	187	7.1
35	20210834	男	文科	Excel	78	176	17.8
36	20210835	男	工科	R	74	169	11.8
38	20210837	男	工科	Matlab	72	174	21.8
40	20210839	男	理科	Excel	60	157	12.8
41	20210840	男	工科	Matlab	80	180	10.9
42	20210841	男	文科	Excel	64	166	23.9
43	20210842	男	理科	R	79	180	37.6
45	20210844	男	文科	Matlab	80	180	10.9
48	20210847	男	文科	SPSS	73	174	12.4
51	20210850	男	理科	Python	72	172	17.1

G2　fx　19.8

	A 编号	B 性别	C 学科	D 软件	E 体重	F 身高	G 支出
2	20210801	男	文科	Excel	77	174	19.8
3	20210802	男	工科	SPSS	75	171	21.8
6	20210805	男	理科	SPSS	64	160	14.8
8	20210807	男	工科	Excel	82	180	62.1
11	20210810	男	工科	Matlab	71	173	12.4
13	20210812	男	文科	Excel	76	171	6.9
14	20210813	男	工科	Python	59	158	27.9
15	20210814	男	理科	Excel	80	185	37.6
17	20210816	男	文科	SPSS	73	177	40.5
21	20210820	男	文科	Python	68	171	24.8
22	20210821	男	理科	Excel	82	177	12.3
23	20210822	男	文科	Python	68	165	15.0
24	20210823	男	文科	SPSS	65	164	11.8
27	20210826	男	理科	Excel	83	182	46.8
29	20210828	男	理科	Python	77	181	7.8
33	20210832	男	理科	SPSS	85	187	7.1
35	20210834	男	文科	Excel	78	176	17.8
36	20210835	男	工科	R	74	169	11.8
38	20210837	男	工科	Matlab	72	174	21.8
40	20210839	男	理科	Excel	60	157	12.8
41	20210840	男	工科	Matlab	80	180	10.9
42	20210841	男	文科	Excel	64	166	23.9
43	20210842	男	理科	R	79	180	37.6
45	20210844	男	文科	Matlab	80	180	10.9
48	20210847	男	文科	SPSS	73	174	12.4
51	20210850	男	理科	Python	72	172	17.1

图 3-26　男生体重和支出数据的选取

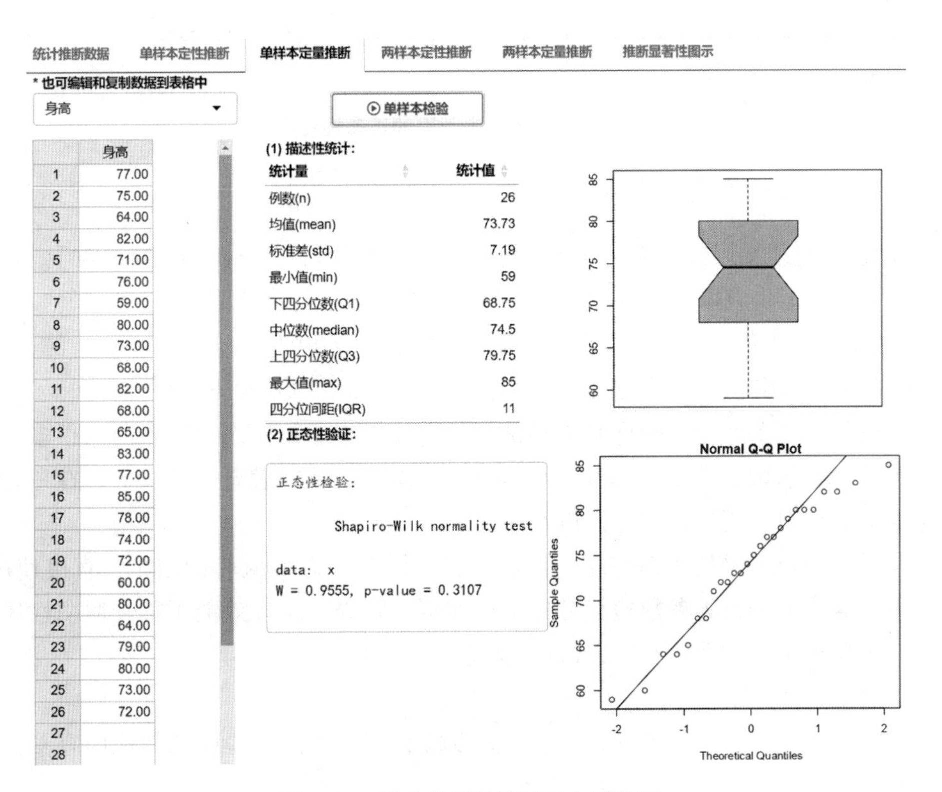

图 3-27　男生体重数据的正态性验证

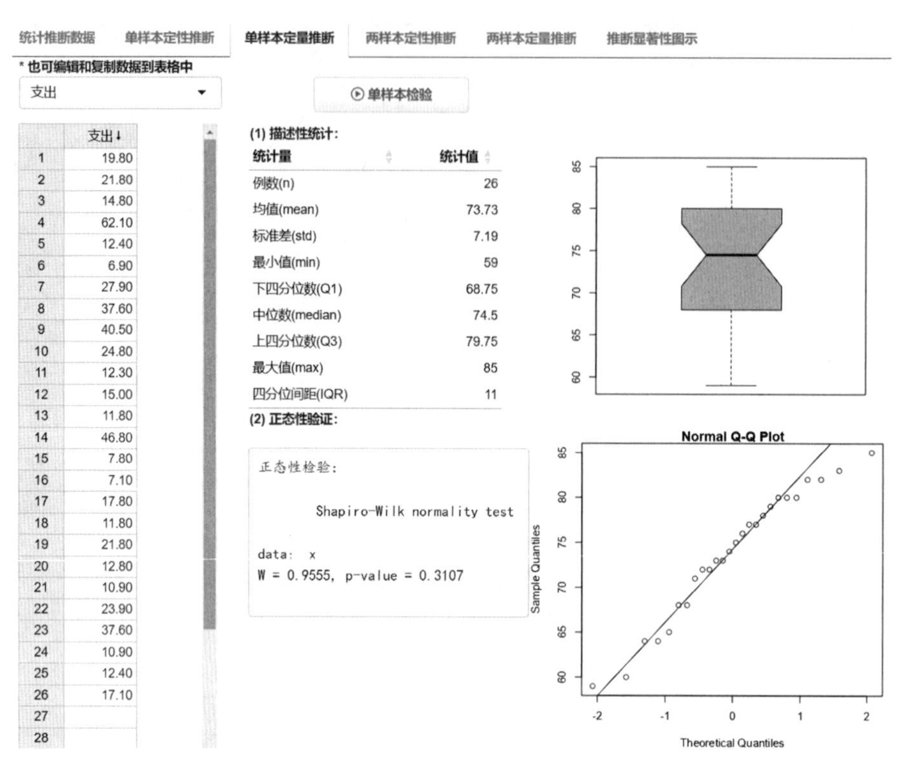

图 3-28　男生支出数据的正态性验证

从 W 检验的结果可知，男生的体重分布服从正态分布（$p=0.3107>0.05$）。从正态性 QQ 也可以看出，男生的体重分布近似服从正态分布（在直线附近）。

从 W 检验的结果可知，男生的支出是不服从正态分布的（$p=0.00088<0.05$）。从正态性 QQ 也可以看出，男生的支出分布不服从正态分布（严重脱离直线）。

正态性检验主要用于判断计量资料是否服从或近似服从正态分布。因为很多常见的统计学方法都要求数据满足正态性，如常见的 t 检验、单因素方差分析等。在考虑采用上述方法时，要对数据进行正态性检验。

如果数据明显不服从正态分布，但由于我们没有正态性检验的结果，直接使用了 t 检验、单因素方差分析等参数检验的方法，就有可能导致统计效能下降和假阴性风险增加。这时通常要用非参数检验法进行假设检验。

（2）单样本均值 t 检验。

下面我们仅就 t 检验介绍一下均值的假设检验，关于假设检验的其他内容参见相关统计教材。

如果我们假定男生体重数据服从正态分布，下面比较该班男生的平均体重与全国男生的平均体重（70 kg）有无差别？

①检验假设 H_0：$\mu=\mu_0=70$，H_1：$\mu\neq\mu_0$。

②给定检验水平 α：通常取 α=0.05。

③计算检验统计量 $t=\dfrac{\bar{x}-\mu}{s/\sqrt{n}}$：$t$ 统计量服从 t 分布，即 $t\sim t(n-1)$。

④计算 t 值对应的 p 值。

⑤若 $p\leqslant\alpha$，则拒绝 H_0，接受 H_1；若 $p>\alpha$，则接受 H_0，拒绝 H_1。

检验结果如图 3-29 所示。

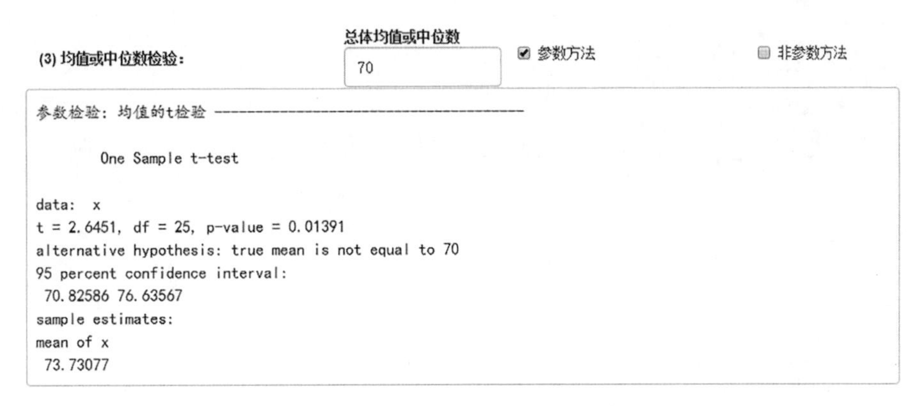

图 3-29　**男生体重数据的均值检验**

从均值的 t 检验的结果可知，这群男生的平均体重（73.73 kg）与全国男生的平均体重（70 kg）有显著不同（$p=0.01391<0.05$），略高于全国的平均水平。

（3）单样本非参数检验。

上面在进行均值的估计时，都假定资料来自正态总体。若数据不是正态分布，通常需用中位数来估计总体的平均水平，因此计算中位数的置信区间也是重要的。虽然其置信区间的计算在数学上有些不同。

在我们的数据中，学生支出显然不是一个正态变量，因此不能用求均值置信区间的办法估计其可信区间，这里需要用求非参数中位数的方法来估计其可信区间。

首先，我们对数据进行一个初步分析，发现数据的确不是正态分布。前面已经知道，支出数据不是一个正态分布，因此对其平均水平的检验就不能用 t 检验，而需用非参数的 Wilcoxon 符号秩检验。

在关于男生支出的数据中，若全国男生平均支出为 10 千元，问是否可以说这批男生的支出与全国的有显著的不同?

假设 H_0 为中位数等于 10 千元，备择假设为中位数不等于 10 千元。

由于男生的支出不服从正态分布，因此就不能用 t 检验对均值进行检验。这里我们用 Wilcoxon 的符号秩检验进行非参数检验（见图 3-30）。

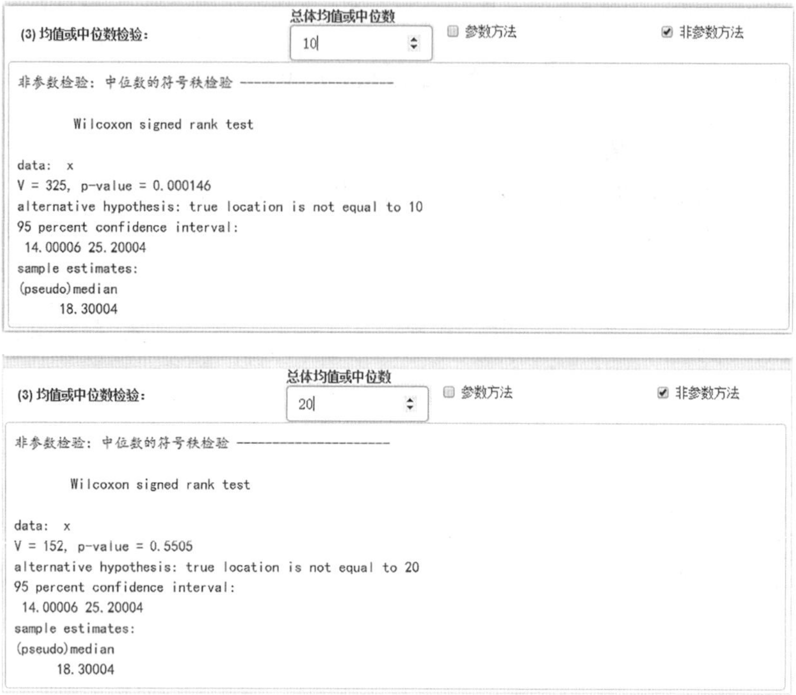

(3) 均值或中位数检验： 总体均值或中位数 10 ☐ 参数方法 ☑ 非参数方法

```
非参数检验：中位数的符号秩检验 ---------------------

        Wilcoxon signed rank test

data:  x
V = 325, p-value = 0.000146
alternative hypothesis: true location is not equal to 10
95 percent confidence interval:
 14.00006 25.20004
sample estimates:
(pseudo)median
      18.30004
```

(3) 均值或中位数检验： 总体均值或中位数 20 ☐ 参数方法 ☑ 非参数方法

```
非参数检验：中位数的符号秩检验 ---------------------

        Wilcoxon signed rank test

data:  x
V = 152, p-value = 0.5505
alternative hypothesis: true location is not equal to 20
95 percent confidence interval:
 14.00006 25.20004
sample estimates:
(pseudo)median
      18.30004
```

图 3-30 男生支出数据的中位数检验

从 Wilcoxon 中位数的符号秩检验可知，这批男生的平均支出与全国男生的平均支出（10 千元）有显著不同（$p=0.000\ 146<0.05$），远大于全国平均水平。

若全国男生平均支出为 20 千元，问这批男生的支出与全国的有显著的不同吗？分析见图 3-30。

由于此时 $p=0.550\ 5>0.05$，因此接受原假设，说明这批男生的月平均支出与全国男生无显著的不同。

3.3.3 两样本统计推断

3.3.3.1 两样本定性数据推断

两样本定性数据推断通常用列联表的卡方检验实现。列联表卡方检验是用和前面同样的统计量来检验列联表中的两个因子是否相互独立或相关，也就是说检验假设为因素之间是相互独立的，备择假设为它们不相互独立（相关）。

因素之间是否独立？对此可使用卡方检验。但是，这时的理论预期频数为多少？在独立性的原假设下，可使用边际概率去代替它。由于需要对每个单元格都这样做，因此最好由计算机来完成。

其检验假定为：

检验假设 H_0：两因素间相关独立；

备择假设 H_1：两因素之间不独立。

$$\chi^2 = \sum_{i=1}^{n} \frac{(f_i - e_i)^2}{e_i} \sim \chi^2(df)$$

这里χ^2统计量将近似服从于自由度 df 为（$n-1$）×（$m-1$）的卡方分布，其中 n 和 m 分别为列联表的行数和列数。卡方检验结果如图 3-31 所示。

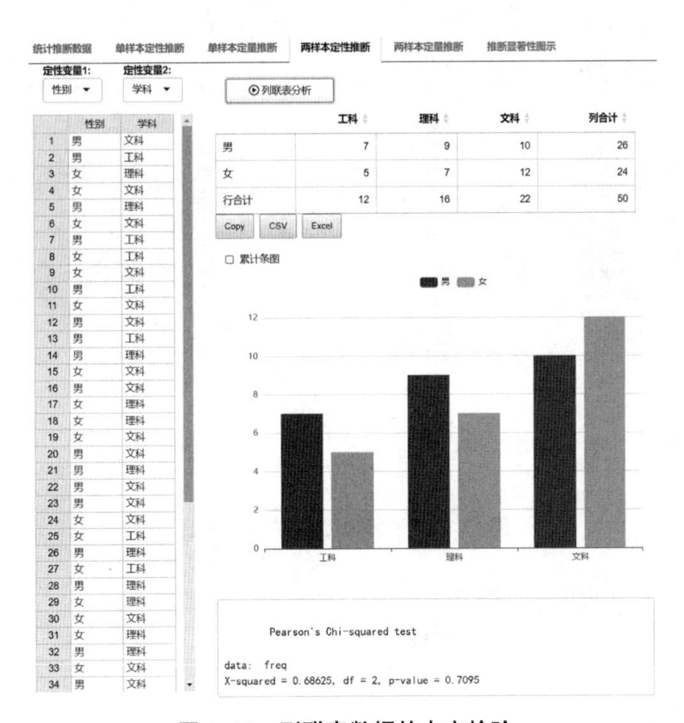

图 3-31　**列联表数据的卡方检验**

从卡方检验的结果看，这些学生选择的学科和学过的软件间基本是独立的，无显著关联（$p=0.36>0.05$）。

3.3.3.2　两样本定量数据推断

两样本定量数据的假设检验是将一个样本与另一样本统计量相比较的检验，在分析上和单样本假设检验类似，但在计算上有一些区别。

两组资料在进行 t 检验时，除要求两组数据均应服从正态分布外，还要求两组数据相应的两总体方差相等，即方差齐性（homogeneity of variance）。但即使两总体方差相等，样本方差也会有抽样波动，样本方差不等是否由于抽样误差所致？可进行方差齐性检验。

【例 3-6】续【例 2-1】。选取学文科的 22 个学生，检验不同性别学生的体重的平均水平和变异程度有无显著差异，图 3-32 是选取的数据。

（1）两样本正态性检验。

首先进行数据的正态性检验，由于样本量较小，这里采用正态性 W 检验（见图 3-33）。

	编号	性别	学科	软件	体重	身高	支出
2	20210801	男	文科	Excel	77	174	19.8
5	20210804	女	文科	R	67	167	12.4
7	20210806	女	文科	SPSS	67	166	37.3
10	20210809	女	文科	Excel	62	158	38.0
12	20210811	女	文科	SPSS	64	163	23.0
13	20210812	男	文科	Excel	76	171	6.9
16	20210815	女	文科	Excel	66	166	11.1
17	20210816	男	文科	SPSS	73	177	40.5
20	20210819	女	文科	Excel	62	162	10.8
21	20210820	男	文科	Python	68	171	24.8
23	20210822	男	文科	Python	68	165	15.0
24	20210823	男	文科	SPSS	65	164	11.8
25	20210824	女	文科	SPSS	70	170	37.3
31	20210830	女	文科	Excel	64	162	16.8
34	20210833	女	文科	Excel	58	156	20.9
35	20210834	男	文科	Excel	78	176	17.8
39	20210838	女	文科	Python	67	165	21.4
42	20210841	男	文科	Excel	64	166	23.9
45	20210844	男	文科	Matlab	80	180	10.9
47	20210846	女	文科	Excel	60	159	10.8
48	20210847	男	文科	SPSS	73	174	12.4
49	20210848	女	文科	SPSS	70	170	37.3

图 3-32 两样本定量数据的选择

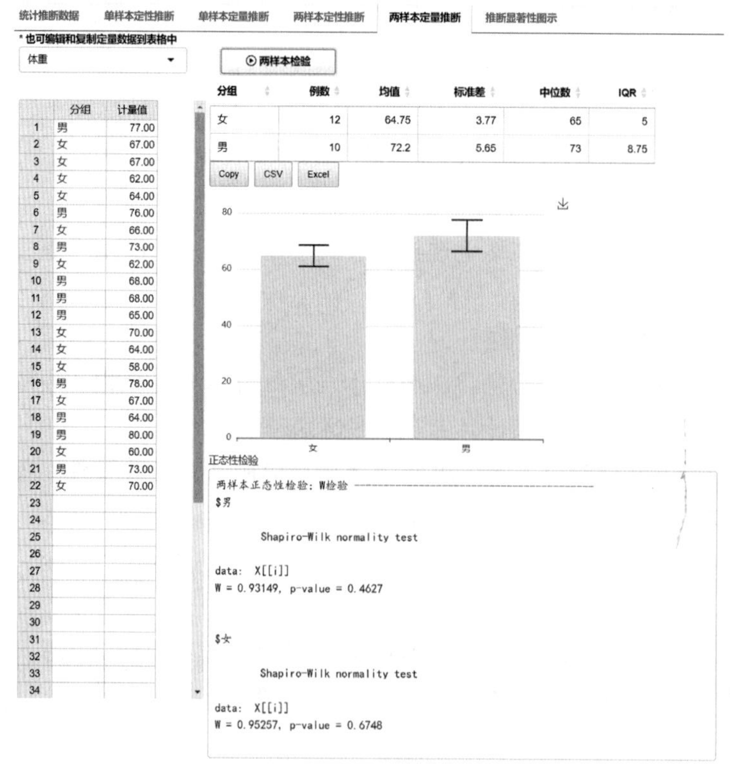

图 3-33 两样本体重数据的正态性检验

从图3-33可以看出，男生和女生的体重数据都服从正态分布（$p>0.1$）。

（2）两样本方差齐性检验。

方差齐性检验，即检验两总体方差σ_1^2与σ_2^2是否相等，方法用F检验。

设总体$X_1 \sim N(\mu_1,\sigma_1^2)$和$X_2 \sim N(\mu_2,\sigma_2^2)$，$X_1$与$X_2$相互独立，$S_1^2$和$S_2^2$分别估计$\sigma_1^2$和$\sigma_2^2$，$n_1$和$n_2$分别为它们的样本含量，要具体检验以下假设：

$$H_0: \sigma_1^2 = \sigma_2^2, \quad H_1: \sigma_1^2 \neq \sigma_2^2$$

由抽样分布知：$F = \dfrac{S_1^2/\sigma_1^2}{S_2^2/\sigma_2^2} \sim F(n_1-1, n_2-1)$

在H_0成立时，统计量：$F = \dfrac{S_1^2}{S_2^2} \sim F(n_1-1, n_2-1)$

因此在给定了显著性水平α后，当$p<\alpha$，拒绝H_0，接受H_1，认为两样本对应的总体方差不同。当$p \geqslant \alpha$，接受H_0，拒绝H_1，认为两样本对应的总体方差相同。

【例3-7】续【例2-1】。选取学文科的22个学生，检验不同性别学生的体重的变异有无显著差异，即检验两总体方差σ_1^2与σ_2^2是否相等，结果见图3-34。

参数检验

```
两样本方差齐性检验: F检验 ------------------------------------------

        F test to compare two variances

data:  计量值 by 分组
F = 2.2497, num df = 9, denom df = 11, p-value = 0.2057
alternative hypothesis: true ratio of variances is not equal to 1
95 percent confidence interval:
 0.6270163 8.8008809
sample estimates:
ratio of variances
          2.249671
```

图3-34 两样本的方差齐性检验

由于检验的$F=2.249\,7$，$p=0.205\,7>0.05$，因此可以认为不同性别学生的体重的变异无显著差异。

（3）两样本均值t检验。

两样本均值检验是将一个样本均值与另一样本均值相比较的检验，在分析上和单样本均值检验类似，但计算有一些区别。

①方差相等时均值的检验。

要具体检验以下假设：

$$H_0: \mu_1=\mu_2; \quad H_1: \mu_1 \neq \mu_2$$

由概率论知：

$$t = \frac{(\bar{x}_1 - \bar{x}_2) - (\mu_1 - \mu_2)}{S_{\bar{x}_1 - \bar{x}_2}} \sim t(n_1 + n_2 - 2)$$

其中，$S_{\bar{x}_1-\bar{x}_2}$ 表示两样本均数差的标准误，$S_{\bar{x}_1-\bar{x}_2} = \sqrt{S_c^{\ 2}\left(\frac{1}{n_1} + \frac{1}{n_2}\right)}$ 。

式中 $S_c^{\ 2}$ 称为合并方差（pooled variance），即 $S_c^{\ 2} = \frac{(n_1 - 1)\ s_1^{\ 2} + (n_2 - 1)\ s_2^{\ 2}}{(n_1 - 1) + (n_2 - 1)}$ 。

当 H_0成立时，

$$t = \frac{|\ \bar{x}_1 - \bar{x}_2\ |}{S_{\bar{x}_1 - \bar{x}_2}} \sim t(n_1 + n_2 - 2)$$

因此在给定了显著性水平 α 后，计算得 $t_{\alpha/2}(n_1+n_2-2)$，使得 $P\{\ |\ t\ |\ >t_{\alpha/2}\} =\alpha$。

这里 $t_{\alpha/2}$是 t 分布的双侧 α 百分位点，由样本数据算出 t，当 $|\ t\ | >t_{\alpha/2}$时，对应的 $p<\alpha$，拒绝假设 H_0；当 $|\ t\ | \leqslant t_{\alpha/2}$时，对应的 $p > \alpha$，接受假设 H_0。

【例 3-8】续【例 2-1】。选取学文科的 22 个学生，检验不同性别学生的体重的均值有无显著差异，即检验两总体均值是否相等，结果见图 3-35。

参数检验

```
均值的参数检验：t检验（方差相等）----------------------------------

        Two Sample t-test

data:  计量值 by 分组
t = 3.6935, df = 20, p-value = 0.001439
alternative hypothesis: true difference in means between group 男 and group 女 is not equal to 0
95 percent confidence interval:
  3.242438 11.657562
sample estimates:
mean in group 男 mean in group 女
           72.20            64.75
```

图 3-35　两样本的均值检验

从图 3-34 的方差齐性的 F 检验知，男女体重的方差基本相等，图 3-35 是相应的均值 t 检验。

经检验，t=3.693 5，p=0.014 39<0.05，拒绝原假设 H_0，说明这组男女学生的体重有显著差别，男生的体重明显高于女生。

②均值的检验（方差不齐时）。

如果方差不相等，那么 t 统计量计算式的分母在数学上要相对复杂些。方差不齐时的 t 检验称为 Welch 两样本 t 检验，公式如下：

如果 $\sigma_1^{\ 2} \neq \sigma_2^{\ 2}$，那么对检验 H_0：$\mu_1=\mu_2$，t 统计量为：

$$t=\frac{(\bar{x}_1-\mu_1)-(\bar{x}_2-\mu_2)}{S_{\bar{x}_1-\bar{x}_2}}=\frac{\bar{x}_1-\bar{x}_2}{S_{\bar{x}_1-\bar{x}_2}}$$

这里 $s_{\bar{x}_1-\bar{x}_2}=\sqrt{\frac{s_1^{\ 2}}{n}+\frac{s_2^{\ 2}}{m}}$，理论上，如果 H_0 成立，t 统计量近似服从 t 分布，即 $t\sim t(l)$，其自由度 l 为：

$$l=(\frac{s_1^{\ 2}}{n_1}+\frac{s_2^{\ 2}}{n_2})^2/(\frac{s_1^{\ 4}}{n_1^{\ 2}(n_1-1)}+\frac{s_2^{\ 4}}{n_2^{\ 2}(n_2-1)})$$

（4）两样本非参数检验。

【例 3-9】续【例 2-1】。选取学文科的 22 个学生，检验不同性别学生的支出的中位数有无显著差异。正态性检验如图 3-36 所示。

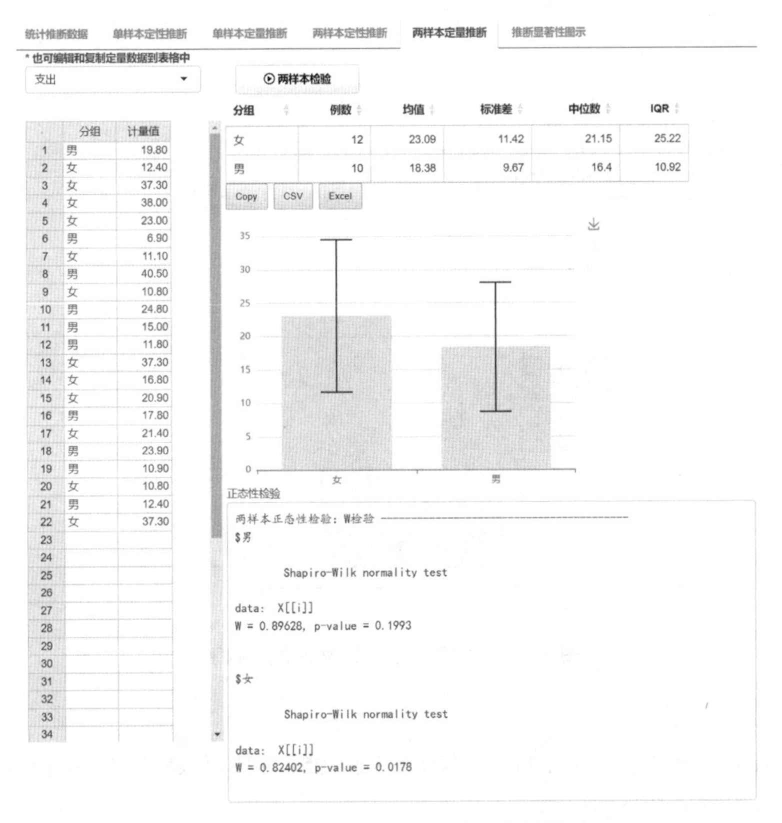

图 3-36　两样本支出数据的正态性检验

从图 3-36 的正态性 W 检验结果可以看出，女生支出的数据不服从正态分布，这时通常需采用参数检验以比较两组数据的中位数有无显著差异。

假定第一个样本有 m 个观测值，第二个有 n 个观测值。把两个样本混合之后把这 $m+$

n 个观测值升幂排序，记下每个观测值在混合排序下面的秩。之后分别把两个样本所得到的秩相加。记第一个样本观测值的秩的和为 W_X，而第二个样本观测值的秩的和为 W_Y。这两个值可以互相推算，称为 Wilcoxon 统计量。

两样本 Wilcoxon 秩和检验，其本质是一种非参数的检验方法，用法和单样本检验相似。

该统计量的分布和两个总体分布无关。由此分布可以得到 p 值。直观上看，如果 W_X 与 W_Y 之中有一个显著地大，则可以选择拒绝零假设。该检验需要的唯一假定就是两个总体的分布有类似的形状（不一定对称）。

图 3-37 的图形分析显示支出的分布是偏态的，但从箱式图可以基本看出，它们的中位数差别不大。下面使用基于中位数的检验。

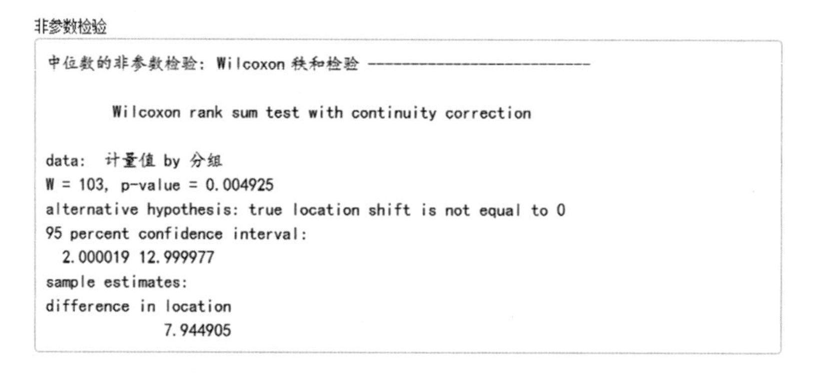

```
非参数检验
中位数的非参数检验：Wilcoxon 秩和检验 --------------------------

        Wilcoxon rank sum test with continuity correction

data:  计量值 by 分组
W = 103, p-value = 0.004925
alternative hypothesis: true location shift is not equal to 0
95 percent confidence interval:
  2.000019 12.999977
sample estimates:
difference in location
              7.944905
```

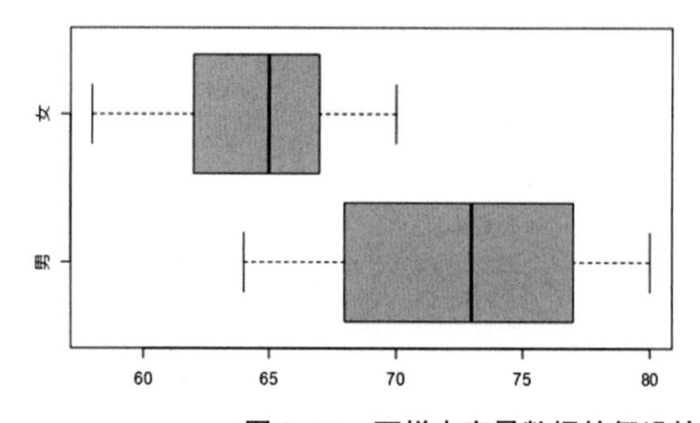

图 3-37　两样本定量数据的假设检验

由 Wilcoxon 秩和检验的 W 的 $p=0.004\,925<0.05$，我们有足够的证据拒绝原假设，接受两中位数不相等的备择假设。

对于多样本数据的统计推断，可考虑对其进行两两比较（理论上应该进行方差分析，可参见相关文献）。

案例与练习

1. 从某厂生产的一批铆钉中随机抽取 10 个，测得其头部直径（单位：毫米）分别为：13.35，13.38，13.40，13.43，13.32，13.48，13.34，13.47，13.44，13.50。试求铆钉头部直径这一总体的均值 μ 与标准差 σ 的估计。

2. 某物流服务公司登出广告，声称其本地物流传送时间不长于 6 小时，随机抽样其传送一批包裹到一指定地址所花时间，数据为：7.2，3.5，4.3，6.2，10.1，5.4，6.8，4.5，5.1，6.6，3.8，8.2，6.5，4.9，7.3，7.8，6.1，3.9 小时，假设包裹运送时间为正态分布，求平均传送时间及其 95%的置信区间。

3. 一家制造商生产钢棒，为了提高质量，如果某新的生产工艺生产出的钢棒的断裂强度大于现有平均断裂强度标准的话，公司将采用该工艺。当前钢棒的平均断裂强度标准是 500 公斤。对新工艺生产的钢棒进行抽样，12 件钢棒的断裂强度如下：502，496，510，508，506，498，512，497，515，503，510，506，假设断裂强度的分布近似于正态分布，根据样本数据检验，检验结果能表明平均断裂强度有所提高吗？

4. 有两台铣床生产同一种型号的套管，平日两台铣床加工的套管内槽深度都服从正态分布，从这两台铣床的产品中分别抽出 10 个和 11 个，测得深度数据（单位：毫米）如下：

第一台：15.2，15.1，14.8，14.8，15.5，15.2，15.0，14.5，14.8，15.3

第二台：15.2，14.8，15.0，14.8，15.1，15.2，14.8，15.0，15.0，15.4，15.2

试判断两台铣床生产的产品的平均深度是否不同（$\alpha=0.05$）？

第 4 章　统计分析模型

- 4.1 一元相关与回归分析
  - 4.1.1 直线相关分析
    - 4.1.1.1 直线相关的概念
    - 4.1.1.2 直线相关分析
  - 4.1.2 直线回归分析
    - 4.1.2.1 直线回归的构建
    - 4.1.2.2 直线回归的检验
- 4.2 曲线相关与回归分析
  - 4.2.1 曲线模型的类型
  - 4.2.2 模型的选择与构建
    - 4.2.2.1 相关系数法
    - 4.2.2.2 机器学习法
- 4.3 多元线性相关与回归
  - 4.3.1 多元线性相关分析
    - 4.3.1.1 相关系数矩阵
    - 4.3.1.2 多变量相关分析
  - 4.3.2 多元线性回归模型
    - 4.3.2.1 多元线性模型形式
    - 4.3.2.2 多元回归模型构建
- 案例与练习

本章思维导图

4.1　一元相关与回归分析

4.1.1　直线相关分析

4.1.1.1　直线相关的概念

相关分析指通过对大量数据的观察，消除偶然因素的影响，探求现象之间相关关系的密切程度和表现形式。研究现象之间关系的理论方法就称为相关分析法。

在经济管理中，各经济变量常常存在密切的关系，如经济增长与财政收入、人均收入与消费支出等。这些关系大都是非确定的关系，一个变量变动会影响其他变量，使其产生变化。其变化具有随机的特性，但是仍然遵循一定的规律。

线性相关分析以变量之间是否线性相关、线性相关的方向和线性相关的密切程度等为主要研究内容，它不区别自变量与因变量，对各变量的构成形式也不关心。其主要分析方法有绘制两变量间散点图、计算线性相关系数和进行线性相关检验。

散点图是用两组数据构成多个坐标点，考察坐标点的分布，判断两变量之间是否存在某种关联或总结坐标点的分布模式。

散点图的作用：

（1）可以展示数据的分布关联趋势和聚合情况。

（2）如果存在关联趋势，可以观察是线性的还是曲线的。

（3）如果有某一个点或者某几个点偏离大多数点，也就是有离群值，通过散点图可以一目了然，从而可以进一步分析这些离群值是否可能在建模分析中对总体产生很大影响。

4.1.1.2　直线相关分析

4.1.1.2.1　相关系数计算

在所有相关分析中，最简单的是两个变量之间的二元线性相关（也称简单线性相关），它只涉及两个变量。而且一变量数值发生变动，另一变量数值随之发生大致均等的变动，从平面图上观察，其各点的分布近似地表现为一条直线，这种相关关系就是线性相关，也称直线相关。

线性相关系数（也称 Pearson 相关系数）的计算公式为：

$$r = \frac{\sum (x - \bar{x})(y - \bar{y})}{\sqrt{\sum (x - \bar{x})^2 (y - \bar{y})^2}}$$

式中，$\bar{x}$ 为变量 x 的数据均值；$\bar{y}$ 为变量 y 的数据均值。

相关系数 r 的取值范围为［-1，+1］：

$-1<r<0$ 表示具有负线性相关，越接近-1，负相关性越强；

$0<r<1$ 表示具有正线性相关，越接近 1，正相关性越强；

$r=-1$ 表示具有完全负线性相关；

$r=+1$ 表示具有完全正线性相关；

$r=0$ 表示两个变量不具有线性相关性。

下面我们通过模拟研究来分析两变量之间的关系。

（1）完全线性相关（无误差）：$y=2+3x$，见图 4-1。

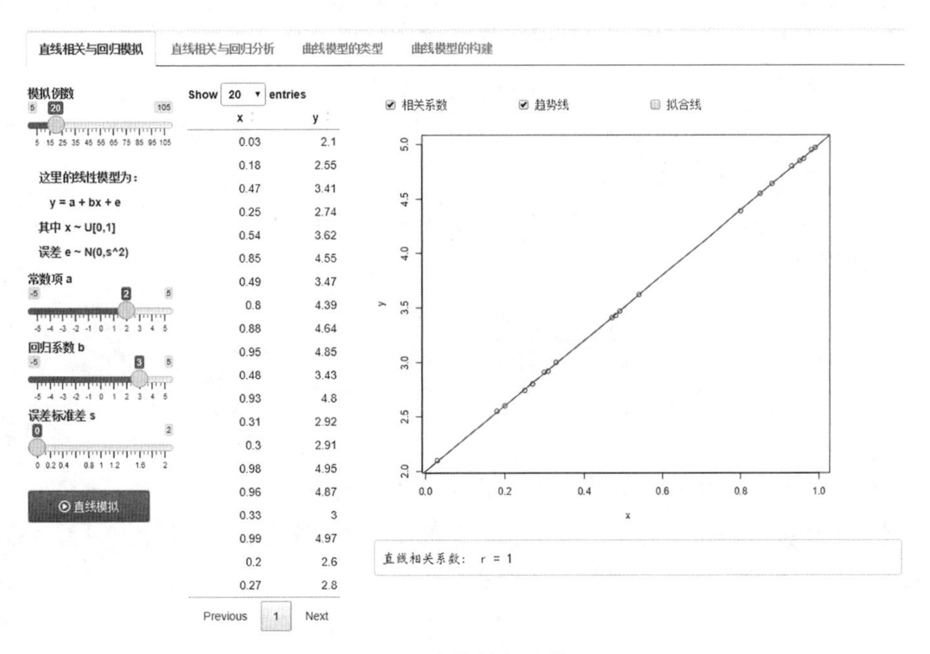

图 4-1　完全线性相关模拟图

（2）线性相关（有误差）：$y=2+3x+e \quad e \sim N(0,s^2)$，见图 4-2。

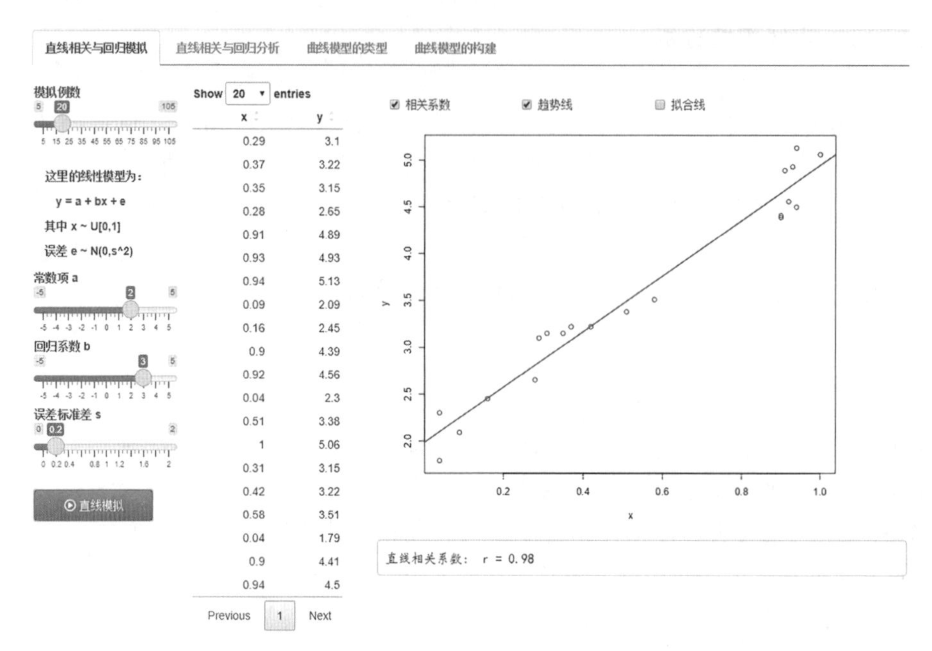

图 4-2 线性相关模拟图

4.1.1.2.2 相关系数检验

与均值统计量一样，样本相关系数 r 也有抽样误差。从同一总体内抽取若干大小相同的样本，各样本的相关系数总有波动。要判断不等于 0 的 r 值是来自总体相关系数 $\rho=0$ 的总体，还是来自 $\rho \neq 0$ 的总体，必须进行显著性检验。

由于来自 $\rho=0$ 的总体的所有样本相关系数呈对称 t 分布，故 r 的显著性可用 t 检验来进行。对 r 进行 t 检验的步骤如下：

（1）建立检验假设：H_0：$\rho=0$，H_1：$\rho \neq 0$，$\alpha=0.05$。

（2）计算相关系数 r 的 t 值：

$$t_r = \frac{r-\rho}{s_r} = \frac{r}{\sqrt{(1-r^2)/(n-2)}}$$

（3）计算 p 值，给出结论。

【例 4-1】续【例 2-1】，研究学生身高和体重间的关系。

从【基本数据.xlsx】中选择 26 个男生的身高与体重数据复制到平台中（见图 4-3），点击【相关回归】按钮即可进行线性相关分析。

	A	B	C	D	E	F
1	编号	性别	学科	软件	体重	身高
2	20210801	男	文科	Excel	77	174
3	20210802	男	工科	SPSS	75	171
6	20210805	男	理科	SPSS	64	160
8	20210807	男	工科	Excel	82	180
11	20210810	男	工科	Matlab	71	173
13	20210812	男	文科	Excel	76	171
14	20210813	男	工科	Python	59	158
15	20210814	男	理科	Excel	80	185
17	20210816	男	文科	SPSS	73	177
21	20210820	男	文科	Python	68	171
22	20210821	男	理科	Excel	82	177
23	20210822	男	文科	Python	68	165
24	20210823	男	文科	SPSS	65	164
27	20210826	男	理科	Excel	83	182
29	20210828	男	理科	Python	77	181
33	20210832	男	理科	SPSS	85	187
35	20210834	男	文科	Excel	78	176
36	20210835	男	工科	R	74	169
38	20210837	男	工科	Matlab	72	174
40	20210839	男	理科	Excel	60	157
41	20210840	男	工科	Matlab	80	180
42	20210841	男	文科	Excel	64	166
43	20210842	男	理科	R	79	180
45	20210844	男	文科	Matlab	80	180
48	20210847	男	文科	SPSS	73	174
51	20210850	男	理科	Python	72	172

图 4-3 选择并复制男生体重和身高数据（筛选法）

（1）图 4-4 是男生的身高与体重之间的线性相关分析。

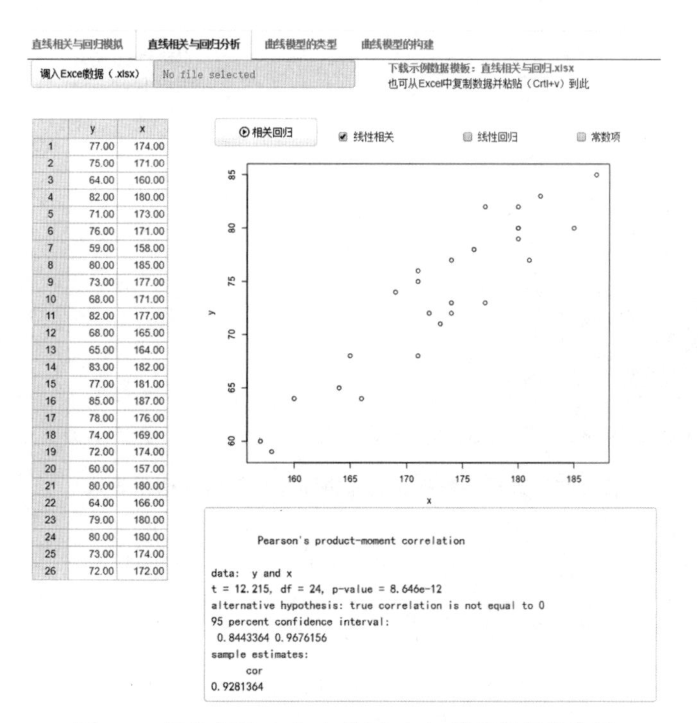

	y	x
1	77.00	174.00
2	75.00	171.00
3	64.00	160.00
4	82.00	180.00
5	71.00	173.00
6	76.00	171.00
7	59.00	158.00
8	80.00	185.00
9	73.00	177.00
10	68.00	171.00
11	82.00	177.00
12	68.00	165.00
13	65.00	164.00
14	83.00	182.00
15	77.00	181.00
16	85.00	187.00
17	78.00	176.00
18	74.00	169.00
19	72.00	174.00
20	60.00	157.00
21	80.00	180.00
22	64.00	166.00
23	79.00	180.00
24	80.00	180.00
25	73.00	174.00
26	72.00	172.00

图 4-4 男生身高（x）与体重（y）的线性相关分析

从图 4-4 的分析结果可以看出，26 个男生的身高（x）和体重（y）之间有密切的线性关系（相关系数 $r=0.928\,1$），相关系数的假设检验结果也表明，该组男生的身高（x）和体重（y）线性关系有统计学意义（$p<0.05$）。

（2）女生的身高与体重之间的线性相关分析也可以用前面讲的数据透视法选择数据，根据方便使用。

从【基本数据.xlsx】中插入透视表 Sheet3，选择字段并确认选择 24 个女生的身高与体重数据复制到平台中（见图 4-5），点击【相关回归】按钮即可进行线性相关分析（见图 4-6）。

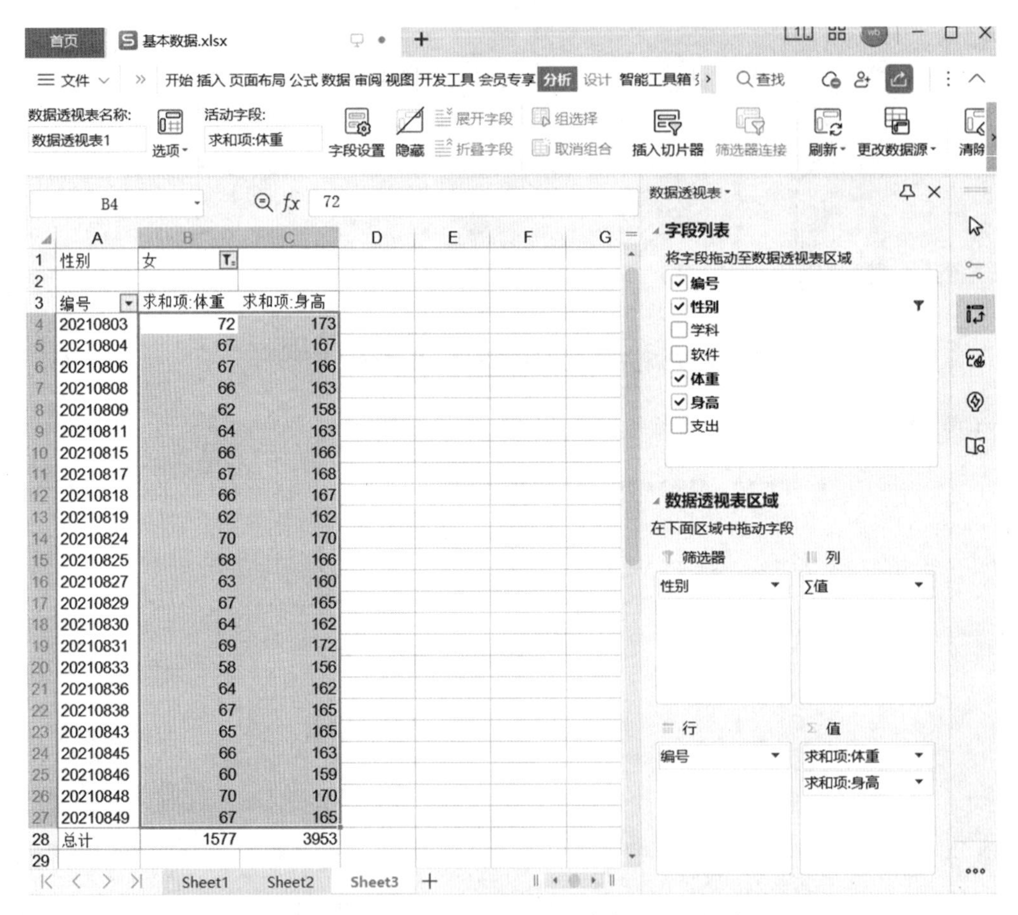

性别	女	
编号	求和项:体重	求和项:身高
20210803	72	173
20210804	67	167
20210806	67	166
20210808	66	163
20210809	62	158
20210811	64	163
20210815	66	166
20210817	67	168
20210818	66	167
20210819	62	162
20210824	70	170
20210825	68	166
20210827	63	160
20210829	67	165
20210830	64	162
20210831	69	172
20210833	58	156
20210836	64	162
20210838	67	165
20210843	65	165
20210845	66	163
20210846	60	159
20210848	70	170
20210849	67	165
总计	1577	3953

图 4-5　选择并复制女生体重和身高数据（透视表法）

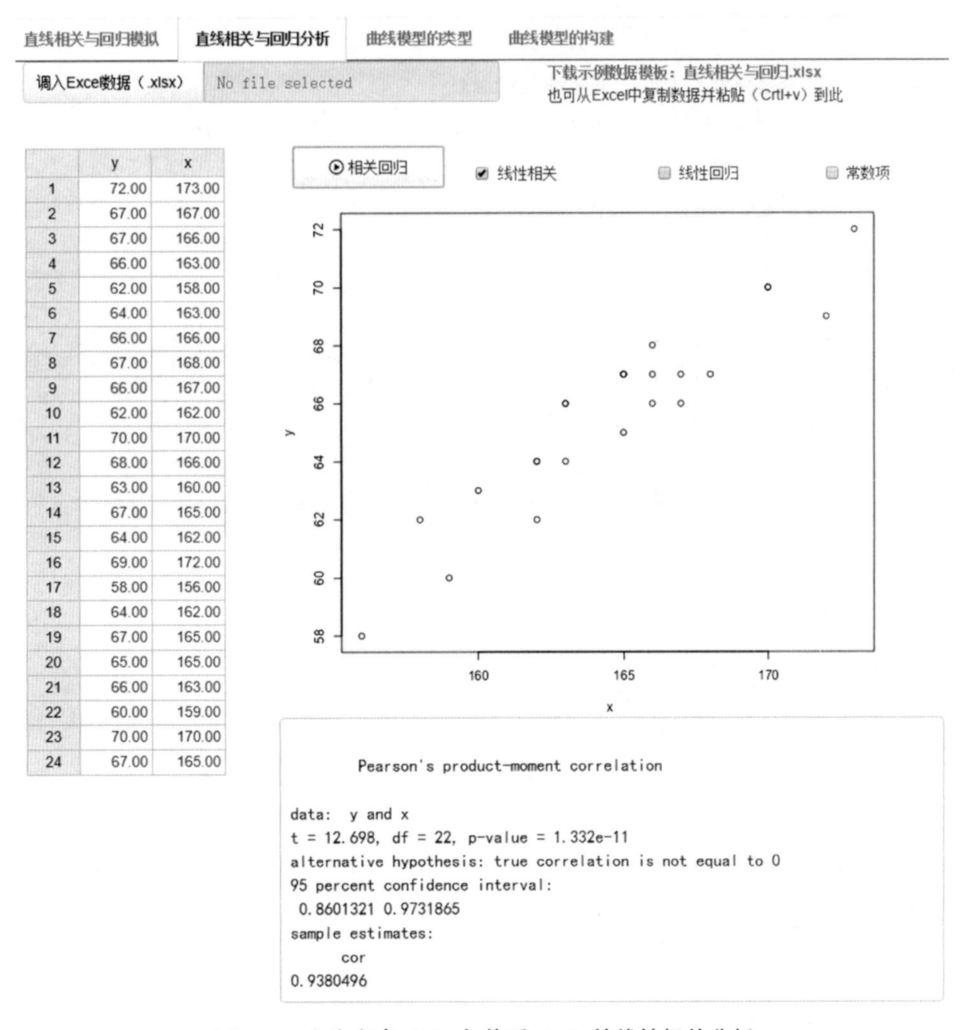

	y	x
1	72.00	173.00
2	67.00	167.00
3	67.00	166.00
4	66.00	163.00
5	62.00	158.00
6	64.00	163.00
7	66.00	166.00
8	67.00	168.00
9	66.00	167.00
10	62.00	162.00
11	70.00	170.00
12	68.00	166.00
13	63.00	160.00
14	67.00	165.00
15	64.00	162.00
16	69.00	172.00
17	58.00	156.00
18	64.00	162.00
19	67.00	165.00
20	65.00	165.00
21	66.00	163.00
22	60.00	159.00
23	70.00	170.00
24	67.00	165.00

图 4-6　女生身高（x）与体重（y）的线性相关分析

从图 4-6 可以看出，24 个女生的身高（x）和体重（y）之间有密切的线性关系（相关系数 $r=0.938\,0$），相关系数的假设检验结果也表明，该组女生的身高（x）和体重（y）线性关系有统计学意义（$p < 0.05$）。

（3）图 4-7 是所有学生的身高与体重之间的线性相关分析。从数据表中选择 50 个学生的身高与体重数据复制到平台中，也可从数据文件（见数据模板）调入相应数据进入平台（数据较多时建议使用该方法），点击【相关回归】按钮即可进行线性相关分析。

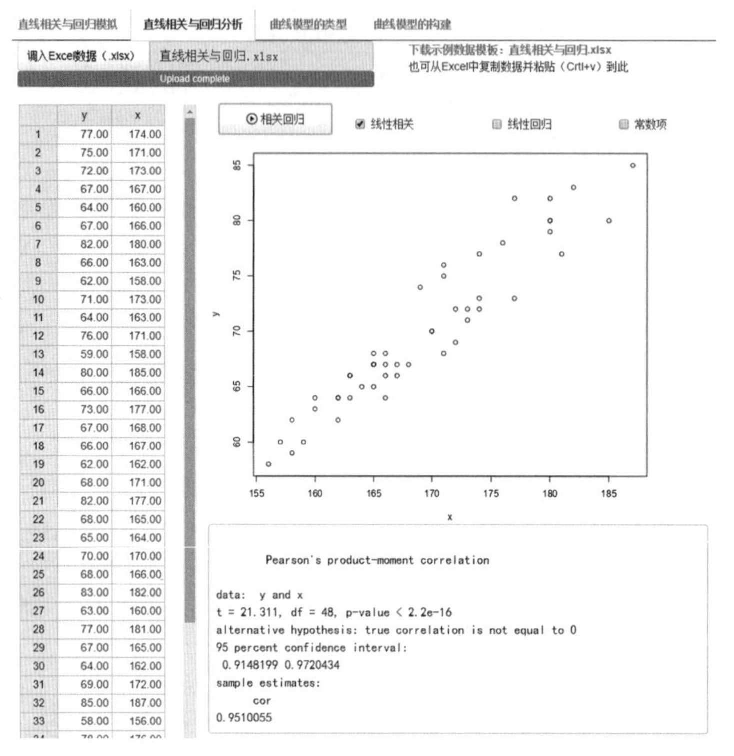

图 4-7 50 个学生身高（x）与体重（y）的线性相关分析

4.1.2 直线回归分析

4.1.2.1 直线回归的构建

回归分析研究两变量之间的依存关系，区分自变量和因变量，研究并确定自变量和因变量之间具体关系的方程形式。分析中所形成的这种关系式称为回归模型，其中以一条直线方程表明两变量依存关系的模型叫作二元（一个自变量和一个因变量）线性回归模型（也称直线回归模型）。回归分析的主要步骤包括建立回归模型、求解回归模型中的参数、对回归模型进行检验等。

（1）直线回归模型的形式。

在因变量 y 和自变量 x 的散点图中，如果趋势大致呈直线型，即

$$y=\beta_0+\beta_1 x+e$$

则可拟合一条直线方程，这里 e 为误差（error），根据样本数据估计的直线回归模型为

$$\hat{y}=\hat{\beta}_0+\hat{\beta}_1 x=a+bx$$

式中，$\hat{y}$ 表示因变量 y 的估计值。x 为自变量的实际值。a，b 为估计参数，其几何意义为：a 是直线方程的截距，为常数项，b 是斜率，称为回归系数；其经济意义为：a 是当 x 为零时 y 的估计值，b 是当 x 每增加一个单位时，y 增加的数量，b 也称为回归系数。

（2）参数的估计。

拟合回归直线的目的是找到一条理想的直线，用直线上的点来代表所有的相关点。

数理统计证明，用最小平方法拟合的直线最理想，最具有代表性。计算 a 与 b 常用普通最小二乘方法（OLS）。要使回归方程比较“理想”，会很自然地想到应该使这些估计误差尽量小一些，也就是使估计误差平方和

$$Q = \sum_{i=1}^{n} (y_i - \hat{y}_i)^2 = \sum_{i=1}^{n} [y_i - (a + bx_i)]^2$$

达到最小。对 Q 求关于 a 和 b 的偏导数，并令其等于零，可得：

$$\hat{\beta}_1 = b = \frac{\sum_{i=1}^{n} (x_i - \bar{x})(y_i - \bar{y})}{\sum_{i=1}^{n} (x_i - \bar{x})^2}$$

$$\hat{\beta}_0 = a = \bar{y} - b\bar{x} = \bar{y} - \hat{\beta}_1\bar{x}$$

这里的预测指将新的 x 值代入建立的回归模型 $\hat{y} = a+bx$ 中来估计 y 的值。

图 4-8 是没有误差时的相关与回归模拟情况，从图 4-8 中可以看出，这些散点都在一条线上，相关系数一定为 1，模型几乎等同于理论模型（$y=2+3x$）。当模拟例数越多时越接近于理论模型。

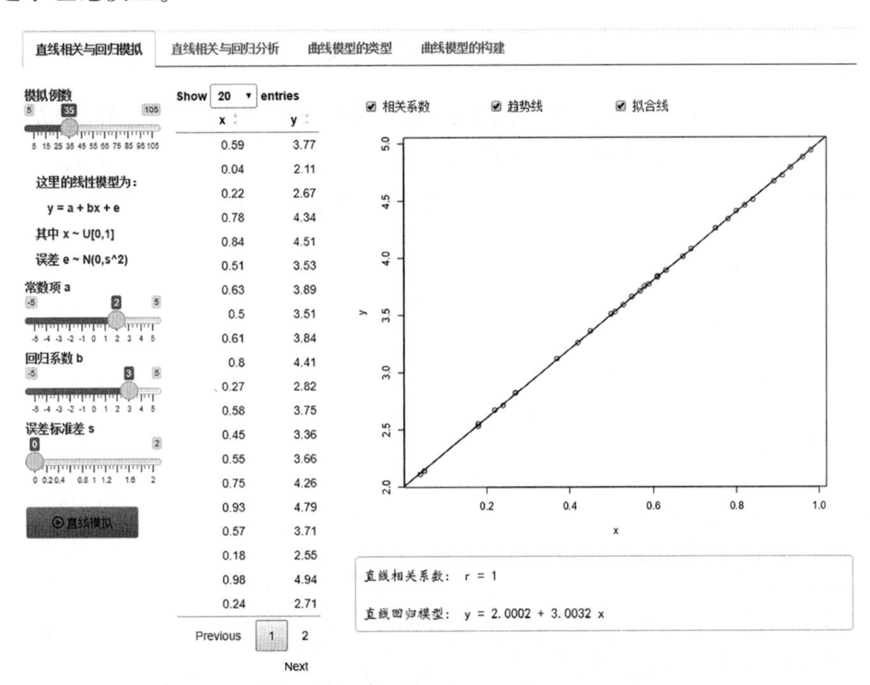

图 4-8　误差标准差为 0 时线性相关与回归模拟

图 4-9 是样本量为 35 时的模拟结果，可以看出，由于有一定的抽样误差（误差不为 0），因此点不完全在一条线上，但还是有较强的线性趋势，线性相关系数为 $r=0.969\ 8$，接近 1。线性回归模型为 $y=1.978\ 5+3.042\ 1x$，也是非常接近理论模型 $y=2+3x$ 的。

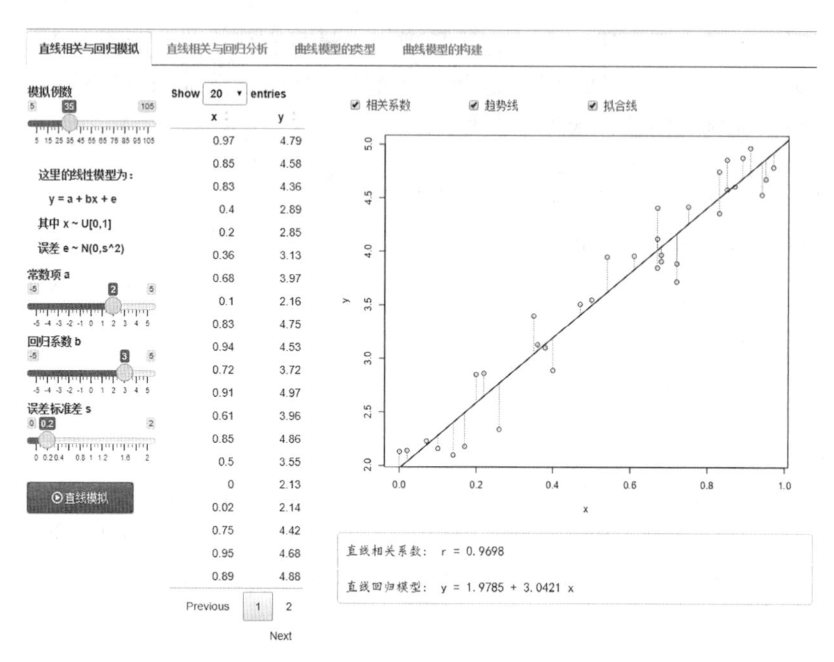

图 4-9　误差标准差不为 0 时线性相关与回归模拟

图 4-10 是样本量为 105 时的模拟结果，可以看出，由于有一定的抽样误差，因此点不完全在一条线上，但还是有较强的线性趋势，线性相关系数为 $r=0.977\ 9$，接近 1。线性回归模型为 $y=1.953\ 5+3.063\ 7x$，也是非常接近理论模型 $y=2+3x$ 的。

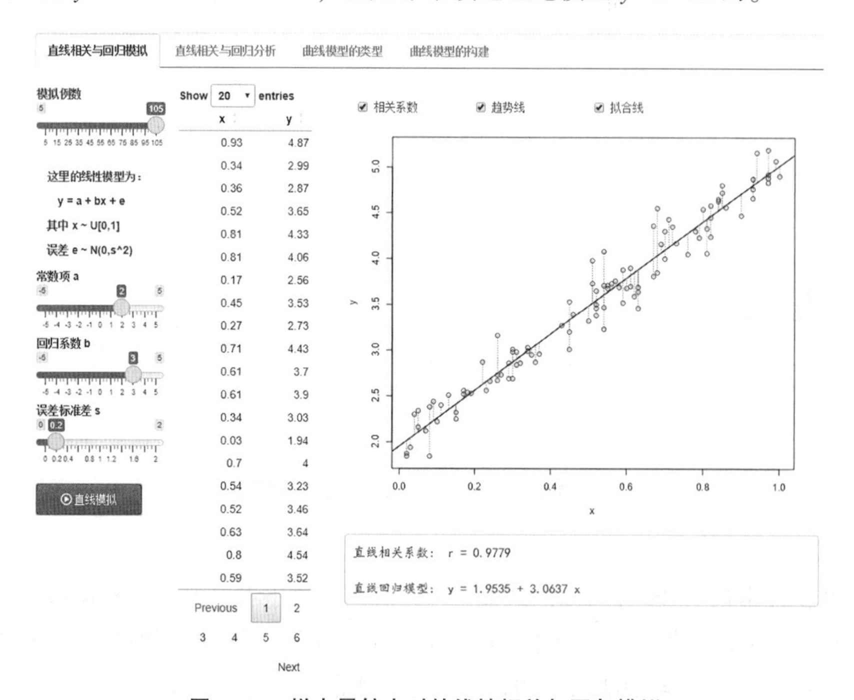

图 4-10　样本量较大时的线性相关与回归模拟

4.1.2.2　直线回归的检验

由样本资料建立回归方程的目的是对两变量的回归关系进行统计推断，也就是对总体回归方程作参数估计和假设检验。上面对回归模型的系数进行了估计，下面将对回归系数进行假设检验。

由于抽样误差，样本回归系数往往不会恰好等于总体回归系数。如果总体回归系数为 0，那么模型就是一个常数，无论自变量如何变化，都不会影响因变量，回归方程就没有意义。由样本资料计算得到的样本回归系数不一定为 0，因此有必要对估计得到的样本回归系数进行检验。

（1）常数项 β_0 的假设检验。

H_0：$\beta_0=0$，判断直线是否通过原点。其检验统计量为：

$$t_{\hat{\beta}_0}=\frac{\hat{\beta}_0-\beta_0}{s_{\hat{\beta}_0}}\sim t(n-2)$$

式中，分母为常数项的标准误差。

（2）回归系数 β_1 的假设检验。

H_0：$\beta_1=0$，直线方程不存在。检验时用的统计量为：

$$t_{\hat{\beta}_1}=\frac{\hat{\beta}_1-\beta_1}{s_{\hat{\beta}_1}}\sim t(n-2)$$

式中，分母为样本回归系数的标准误差。

图 4-11 是 26 个男生身高（x）和体重（y）的线性相关分析与线性回归分析结果。线性回归模型 $y=-70.96483+0.83528x$，统计检验表明回归系数都有非常显著的统计学意义（$p<0.01$），说明男生的身高和体重间有明显的线性回归关系。

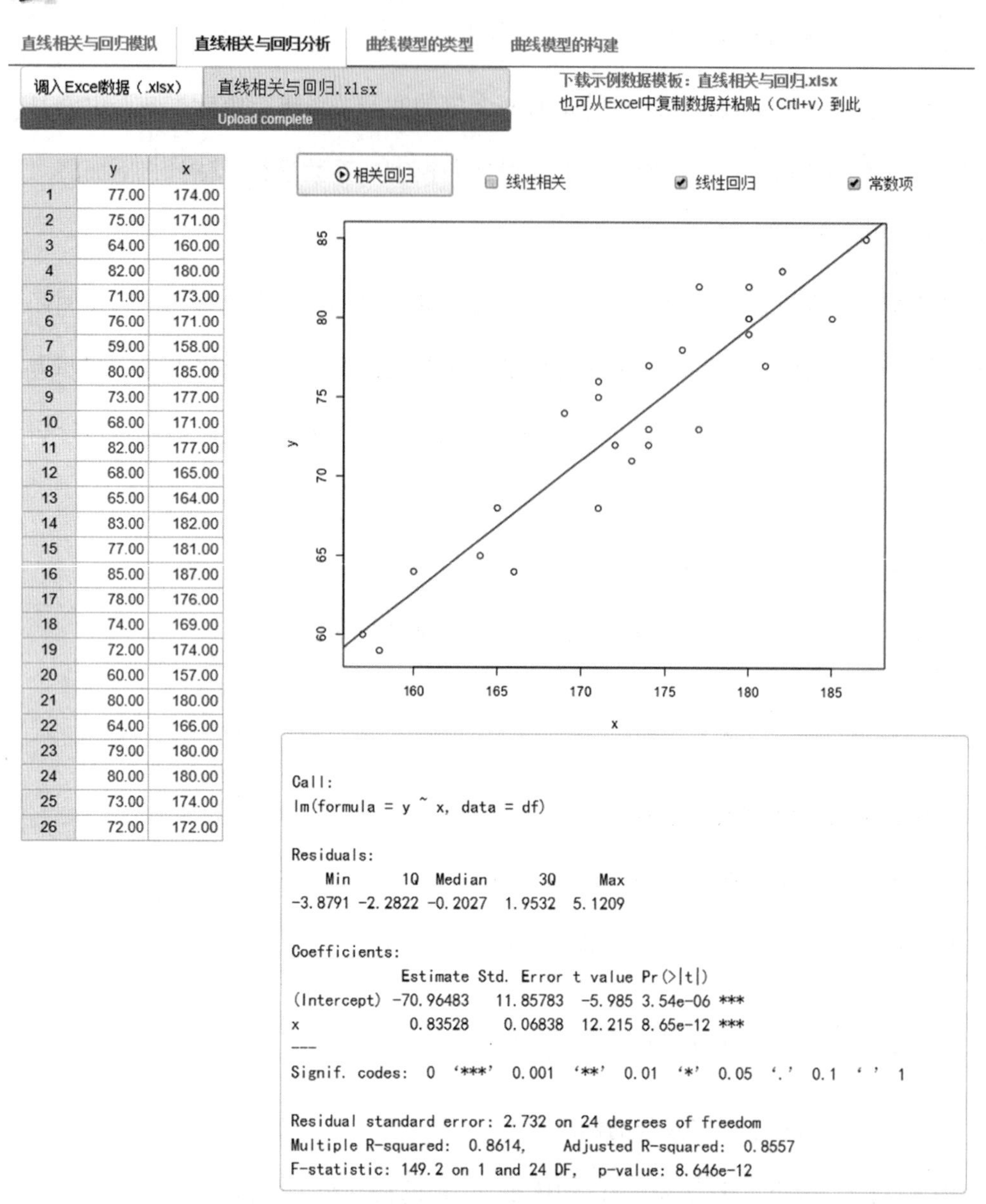

	y	x
1	77.00	174.00
2	75.00	171.00
3	64.00	160.00
4	82.00	180.00
5	71.00	173.00
6	76.00	171.00
7	59.00	158.00
8	80.00	185.00
9	73.00	177.00
10	68.00	171.00
11	82.00	177.00
12	68.00	165.00
13	65.00	164.00
14	83.00	182.00
15	77.00	181.00
16	85.00	187.00
17	78.00	176.00
18	74.00	169.00
19	72.00	174.00
20	60.00	157.00
21	80.00	180.00
22	64.00	166.00
23	79.00	180.00
24	80.00	180.00
25	73.00	174.00
26	72.00	172.00

图 4-11　男生身高与体重的线性相关与回归分析

图 4-12 是 24 个女生身高（x）和体重（y）的线性回归模型 $y=-52.10747+0.71530x$，统计检验表明回归系数都有非常显著的统计学意义（$p<0.01$），说明女生的身高和体重间也有明显的线性关系。

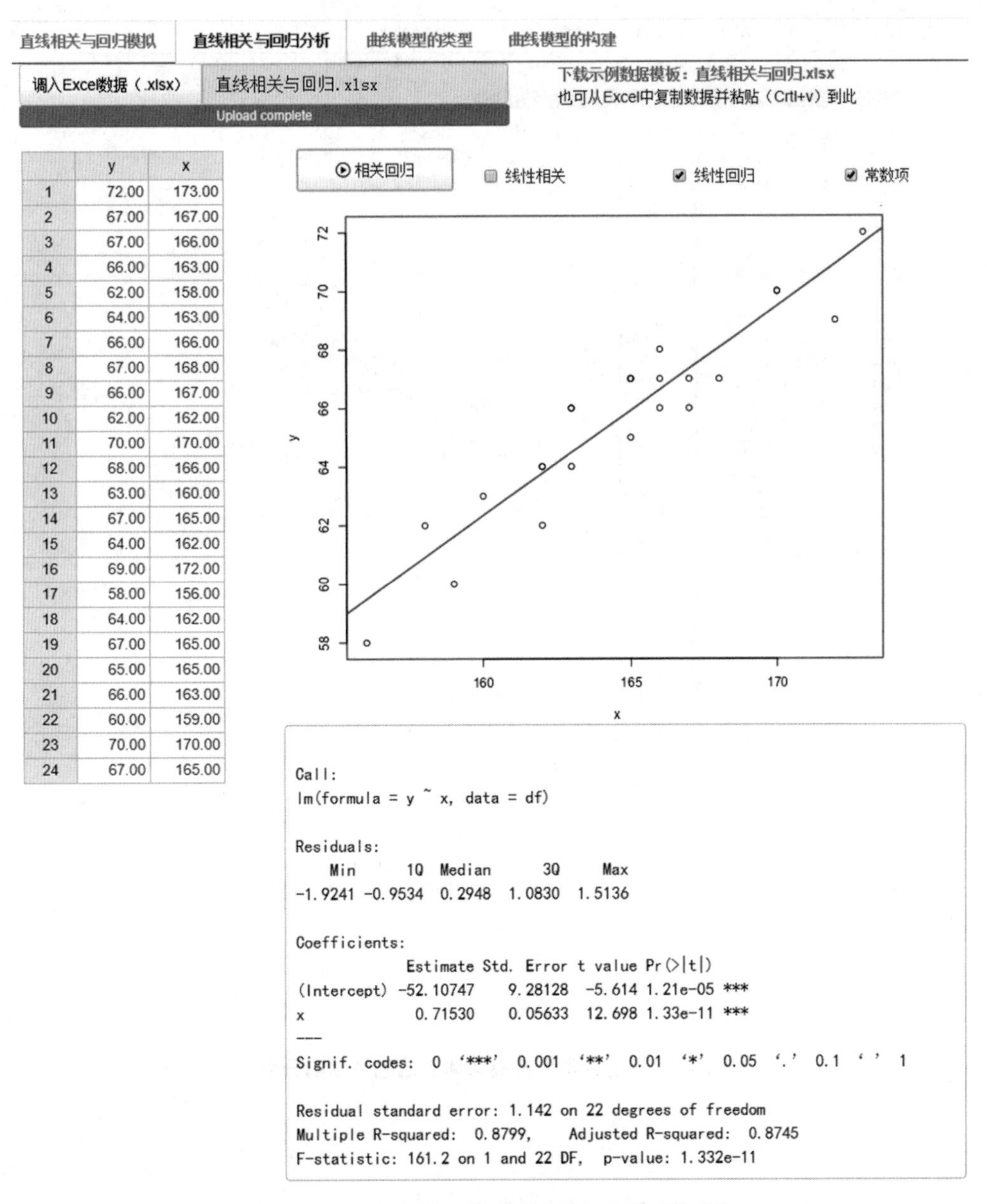

	y	x
1	72.00	173.00
2	67.00	167.00
3	67.00	166.00
4	66.00	163.00
5	62.00	158.00
6	64.00	163.00
7	66.00	166.00
8	67.00	168.00
9	66.00	167.00
10	62.00	162.00
11	70.00	170.00
12	68.00	166.00
13	63.00	160.00
14	67.00	165.00
15	64.00	162.00
16	69.00	172.00
17	58.00	156.00
18	64.00	162.00
19	67.00	165.00
20	65.00	165.00
21	66.00	163.00
22	60.00	159.00
23	70.00	170.00
24	67.00	165.00

图 4-12　女生身高与体重的线性相关与回归分析

图 4-13 是 50 个学生的身高(x)和体重(y)的线性回归模型 $y=-74.11670+0.85135x$，统计检验表明回归系数都有非常显著的统计学意义（$p<0.01$），说明学生的身高和体重间有明显的线性关系。

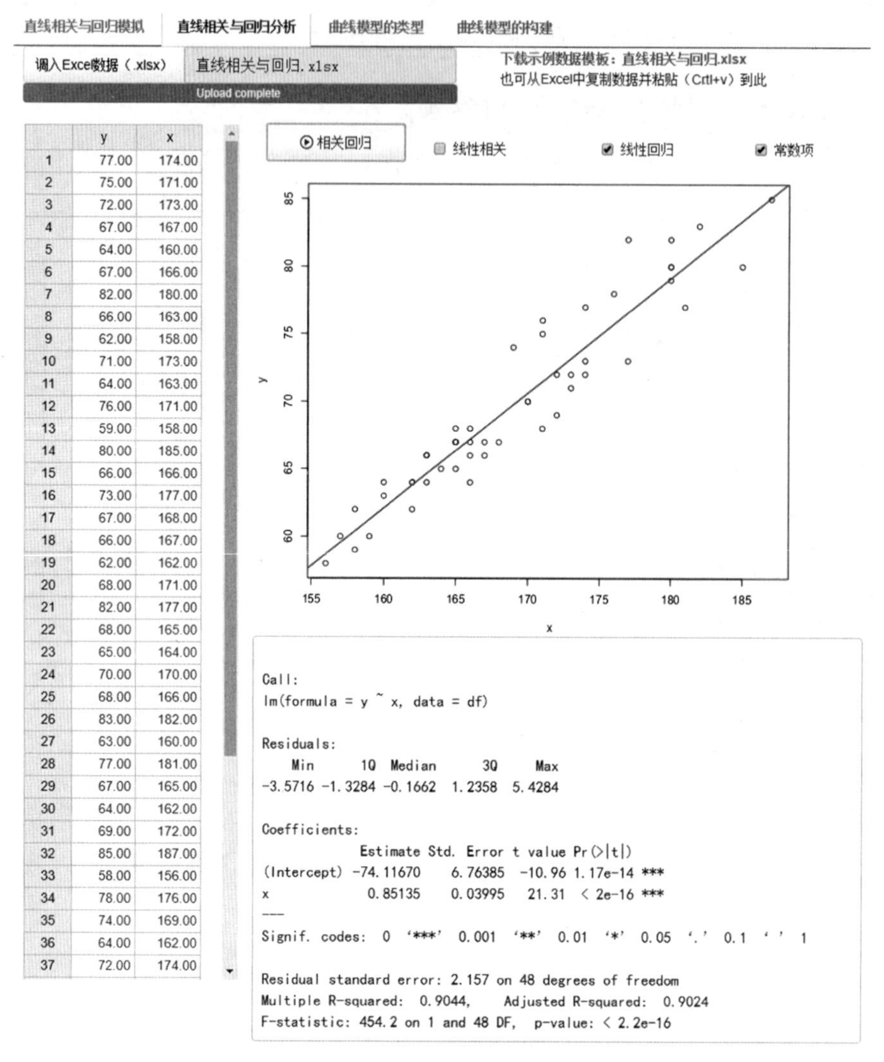

图 4-13　所有学生身高与体重的线性回归分析

4.2　曲线相关与回归分析

4.2.1　曲线模型的类型

曲线模型通常有一次模型（直线）、对数模型（对数曲线）、指数模型（指数曲线）、幂函数模型（幂函数曲线）、双曲线模型、多项式模型等。

（1）线性趋势模型：$y=a+bx$，见图 4-14。

这里的 x 取 1 到模拟例数的等差数列，即$1,2,\cdots,n$，y 为相应的模型因变量取值。

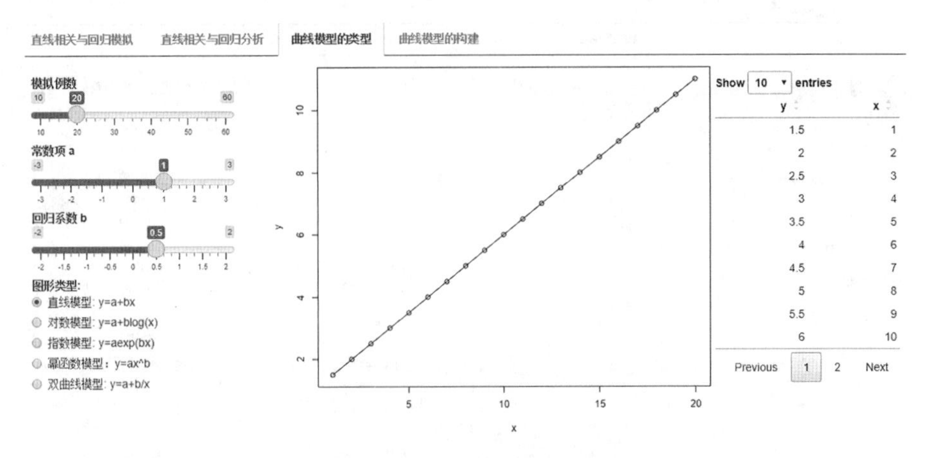

图 4-14　线性趋势模型示意图

（2）对数趋势模型：$y=a+b\log(x)$，见图 4-15。

对 x 取对数，令 $x'=\log(x)$，即可将其转换为线性模型：$y=a+bx'$。

对数函数的特点是随着 x 的增大，对因变量 y 的影响效果不断递减。

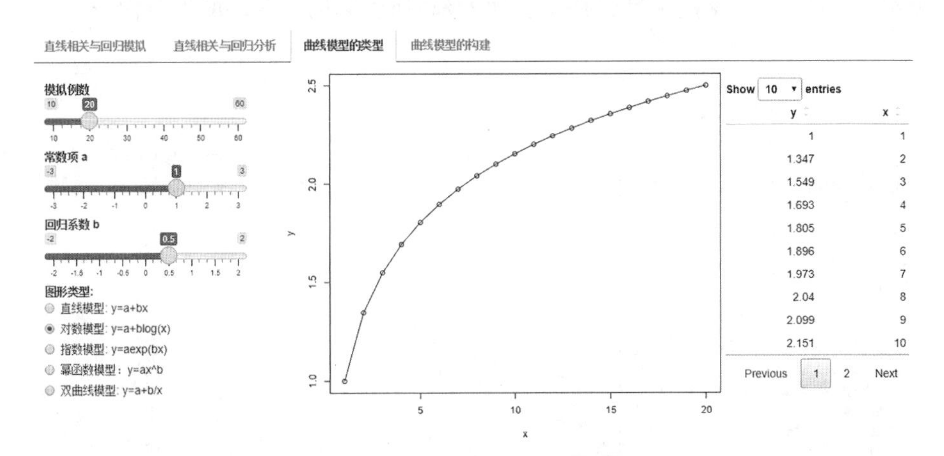

图 4-15　对数趋势模型示意图

（3）指数趋势模型：$y=ae^{bx}$，见图 4-16。

若对指数函数两端取对数，令 $y'=\log(y)$，即可得线性模型：$y'=a'+bx$。

这里 $a'=\log(a)$，指数函数广泛应用于描述客观现象的变动趋势。例如，产值、产量按一定比率增长或降低，就可以用这类函数近似表示。

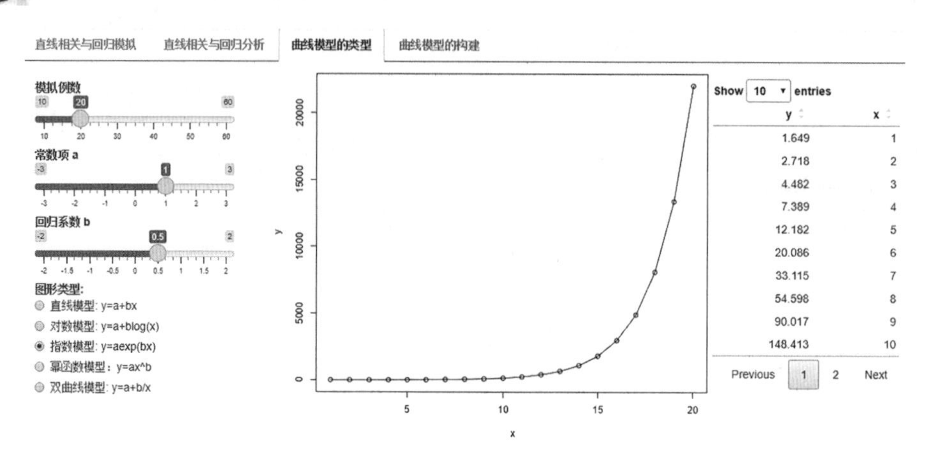

y	x
1.649	1
2.718	2
4.482	3
7.389	4
12.182	5
20.086	6
33.115	7
54.598	8
90.017	9
148.413	10

图 4-16　指数趋势模型示意图

（4）幂函数趋势模型：$y=ax^b$，见图 4-17。

若对幂函数两端求自然对数，令 $x'=\log(x)$，$y'=\log(y)$，即可得线性模型：$y'=a'+bx'$。

这里 $a'=\log(a)$，幂函数的特点是方程中的参数可以直接反映因变量 y 对于某个自变量的弹性。所谓 y 对于 x 的弹性，指 x 变动 1%时所引起的 y 变动的百分比。

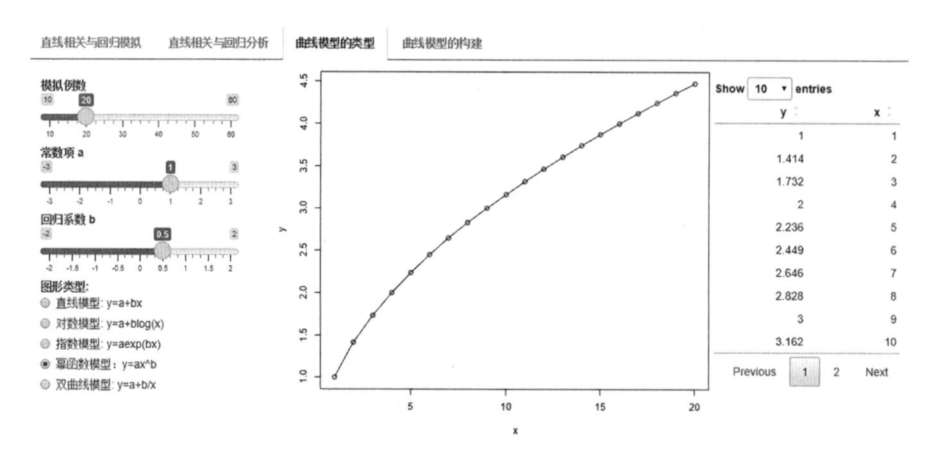

y	x
1	1
1.414	2
1.732	3
2	4
2.236	5
2.449	6
2.646	7
2.828	8
3	9
3.162	10

图 4-17　幂函数趋势模型示意图

（5）双曲线趋势模型：$y=a+b/x$，见图 4-18。

若对双曲线函数的 x 去倒数，令 $x'=1/x$，即可得线性模型：$y=a+bx'$。

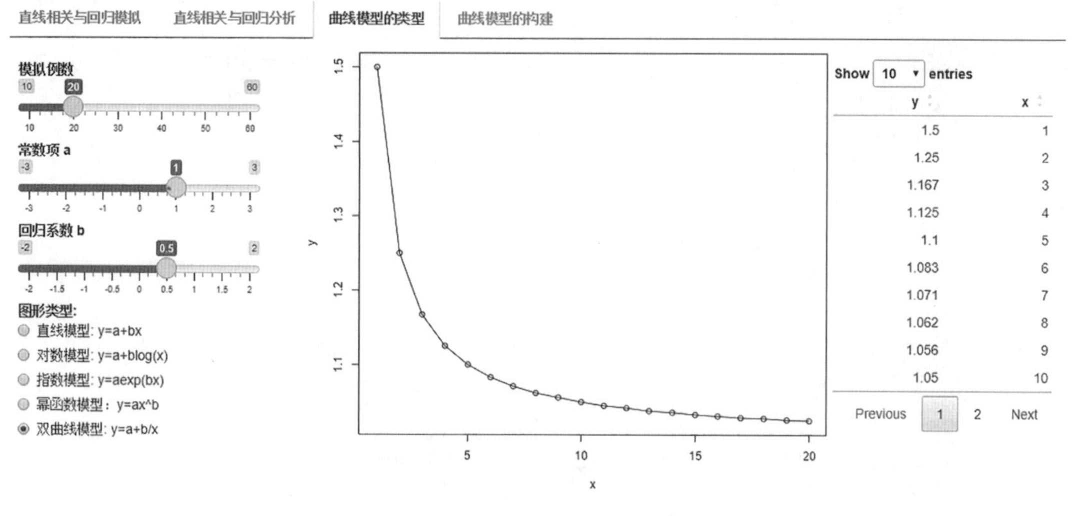

图 4-18　双曲线模型示意图

由于线性模型只有一种，而非线性曲线模型有无数种，限于篇幅，本书仅介绍这五种简单的初等函数模型。

4.2.2　模型的选择与构建

4.2.2.1　相关系数法

（1）根据以上模型，可分别建立各自变换后的线性趋势模型。

（2）分析变换后模型的检验值，看各方程是否达到显著线性相关。

（3）比较模型直线化后两变量的相关系数 r 值大小，r 值越大，表示经该变换后，线性趋势关系越密切；选取 r 值最大的模型作为最优化模型。

4.2.2.2　机器学习法

机器学习是一门人工智能的科学，该领域的主要研究对象是人工智能，特别是如何在经验学习中改善具体算法的性能。机器学习是对能通过经验自动改进的计算机算法的研究。机器学习是通过数据或以往的经验来优化计算机程序的性能标准。

在此采用的机器学习算法就是让计算机根据直线化变量的相关系数大小自动从这些模型中选取最优的模型。

【例 4-2】某地区 1992—2019 年人均国内生产总值 y（单位：万元）数据见图 4-19。为建模方便，这里将年份转换成序列数 x。基于机器学习算法的模型构建如图 4-19 和表 4-1 所示。

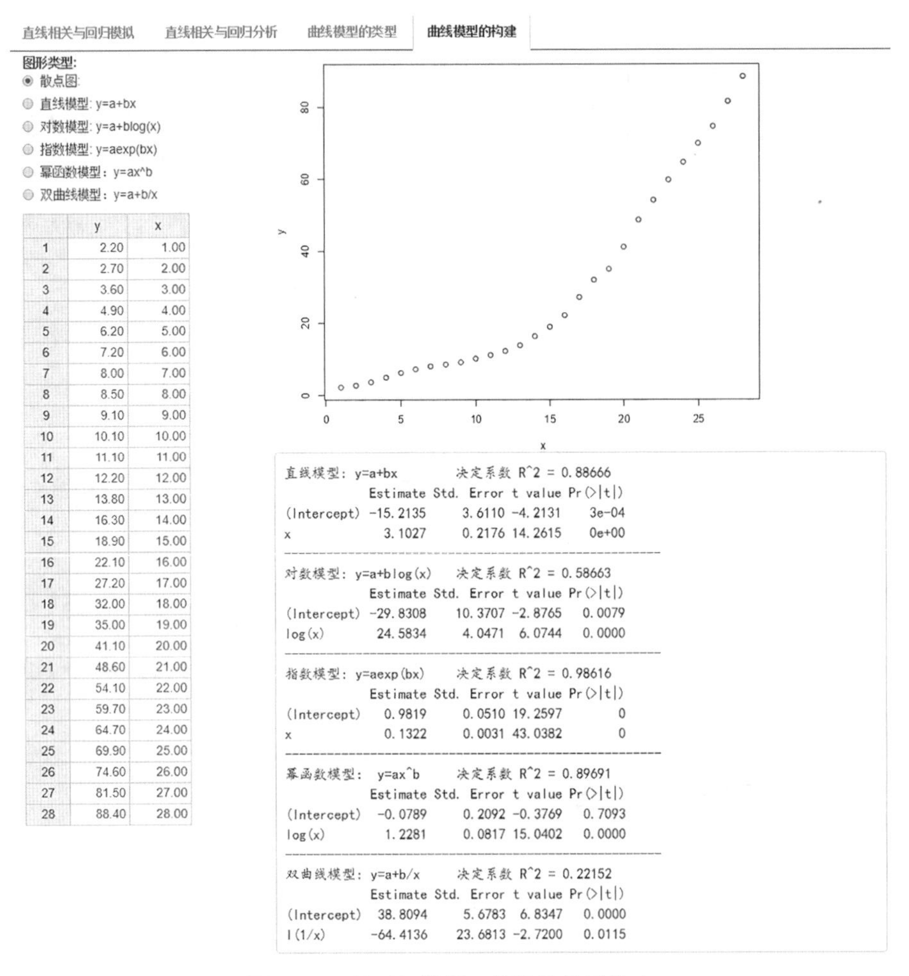

图 4-19 基于机器学习算法的模型构建

表 4-1 选择合适的拟合模型

曲线类型	方程式	回归方程	R^2	模型选择
直线	$y=a+bx$	$y=-15.2153+3.1027x$	0.886 66	可参考
对数曲线	$y=a+b\log(x)$	$y=-29.8308+24.5834\log(x)$	0.586 63	不可用
指数曲线	$y=ae^{bx}$	$y=2.6695e^{0.1322x}$	0.986 16	最佳
幂函数曲线	$y=ax^b$	$y=0.9241x^{1.2281}$	0.896 91	可用
双曲线	$y=a+b/x$	$y=38.8094-64.4136/x$	0.221 52	不可用

4.3　多元线性相关与回归

4.3.1　多元线性相关分析

4.3.1.1　相关系数矩阵

从数学的角度看，要研究变量间的关系，通常需要计算其相关系数，对多个变量来说，就是计算变量间的相关系数矩阵。任意两个变量间的相关系数构成的矩阵为：

$$\boldsymbol{R}=\begin{bmatrix} r_{11} & r_{12} & \cdots & r_{1p} \\ r_{21} & r_{22} & \cdots & r_{2p} \\ \vdots & \vdots & & \vdots \\ r_{p1} & r_{p2} & \cdots & r_{pp} \end{bmatrix}=\begin{bmatrix} 1 & r_{12} & \cdots & r_{1p} \\ r_{21} & 1 & \cdots & r_{2p} \\ \vdots & \vdots & & \vdots \\ r_{p1} & r_{p2} & \cdots & 1 \end{bmatrix}=(r_{ij})_{p\times p}$$

式中，r_{ij}为任意两个变量间的简单相关系数，即 Pearson 线性相关系数，其计算公式为：

$$r_{ij}=\frac{\sum(x_i-\bar{x}_i)(x_j-\bar{x}_j)}{\sqrt{\sum(x_i-\bar{x}_i)^2\sum(x_j-\bar{x}_j)^2}}$$

这里所说的多元相关分析，不是真正意义上的多个变量的线性相关，只是两个变量线性相关分析的多元表示，即线性对多个变量计算两两之间的线性相关系数。

【例 4-3】中国宏观经济数据的相关与回归分析。

收集 1978—2018 年我国的国内生产总值、税收收入、进出口贸易总额、零售总额、居民消费、固定资产和居民存款等宏观经济数据，就会形成多元相关与回归数据形式。如表 4-2 所示，这里共有 40 年数据、7 个经济指标（单位：百亿元），分别表示如下：

Y：当年国内生产总值。

$X1$：当年全国年税收收入。

$X2$：当年进出口贸易总额。

$X3$：当年社会消费品零售总额。

$X4$：当年城乡居民全年消费额。

$X5$：当年全社会固定资产投资总额。

$X6$：当年城乡居民储蓄存款年底余额。

数据来自国家统计局网站及统计年鉴。

表 4-2 1978—2018 年中国宏观经济部分数据

单位：百亿元

Y	X1	X2	X3	X4	X5	X6
40. 78	5. 38	4. 55	18. 00	20. 14	8. 57	2. 81
45. 75	5. 72	5. 70	21. 40	23. 37	9. 11	3. 96
49. 57	6. 30	7. 35	23. 50	26. 28	9. 61	5. 24
54. 26	7. 00	7. 71	25. 70	28. 67	12. 00	6. 75
60. 79	7. 76	8. 60	28. 49	32. 21	14. 30	8. 93
73. 46	9. 47	12. 01	33. 76	36. 90	18. 33	12. 15
91. 80	20. 41	20. 67	43. 05	46. 27	25. 43	16. 23
104. 74	20. 91	25. 80	49. 50	52. 94	31. 21	22. 39
122. 94	21. 40	30. 84	58. 20	60. 48	37. 92	30. 81
153. 32	23. 90	38. 22	74. 40	75. 32	47. 54	38. 22
173. 60	27. 27	41. 56	81. 01	87. 78	44. 10	51. 96
190. 67	28. 22	55. 60	83. 00	94. 35	45. 17	71. 20
221. 24	29. 90	72. 26	94. 16	105. 44	55. 95	92. 45
273. 34	32. 97	91. 20	109. 94	123. 12	80. 80	117. 57
359. 00	42. 55	112. 71	142. 70	156. 96	130. 72	152. 04
488. 23	51. 27	203. 82	186. 23	214. 46	170. 42	215. 19
615. 39	60. 38	235. 00	236. 14	280. 73	200. 19	296. 62
721. 02	69. 10	241. 34	283. 60	336. 60	229. 14	385. 21
800. 25	82. 34	269. 67	312. 53	366. 26	249. 41	462. 80
854. 86	92. 63	268. 50	333. 78	388. 22	284. 06	534. 08
908. 24	106. 83	298. 96	356. 48	419. 15	298. 55	596. 22
1 005. 77	125. 82	392. 73	391. 06	469. 88	329. 18	643. 32
1 112. 50	153. 01	421. 84	430. 55	507. 09	372. 13	737. 62
1 222. 92	176. 36	513. 78	481. 36	550. 76	435. 00	869. 11
1 383. 15	200. 17	704. 84	525. 16	593. 44	555. 67	1 036. 17
1 627. 42	241. 66	955. 39	595. 01	665. 87	704. 77	1 195. 55
1 891. 90	287. 79	1 169. 22	683. 53	752. 32	887. 74	1 410. 51
2 212. 07	348. 04	1 409. 74	791. 45	841. 19	1 099. 98	1 615. 87
2 716. 99	456. 22	1 669. 24	935. 72	997. 93	1 373. 24	1 725. 34
3 199. 36	542. 24	1 799. 21	1 148. 30	1 153. 38	1 728. 28	2 178. 85
3 498. 83	595. 22	1 506. 48	1 330. 48	1 266. 61	2 245. 99	2 607. 72
4 107. 08	732. 11	2 017. 22	1 580. 08	1 460. 58	2 516. 84	3 033. 02
4 860. 38	897. 38	2 364. 02	1 872. 06	1 765. 32	3 114. 85	3 436. 36
5 409. 89	1 006. 14	2 441. 60	2 144. 33	1 985. 37	3 746. 95	3 995. 51
5 969. 63	1 105. 31	2 581. 69	2 428. 43	2 197. 63	4 462. 94	4 476. 02
6 471. 82	1 191. 75	2 642. 42	2 718. 96	2 425. 40	5 120. 21	4 852. 61
6 991. 09	1 249. 22	2 455. 03	3 009. 31	2 659. 80	5 620. 00	5 460. 78
7 456. 32	1 303. 61	2 433. 86	3 323. 16	2 934. 43	6 064. 66	5 977. 51
8 152. 60	1 443. 70	2 780. 99	3 662. 62	3 179. 64	6 412. 38	6 437. 68
8 844. 26	1 564. 03	3 050. 10	3 809. 87	3 482. 10	6 456. 75	7 160. 38

该数据已被存到“相关回归 . xlsx”中，如图 4-20 所示。

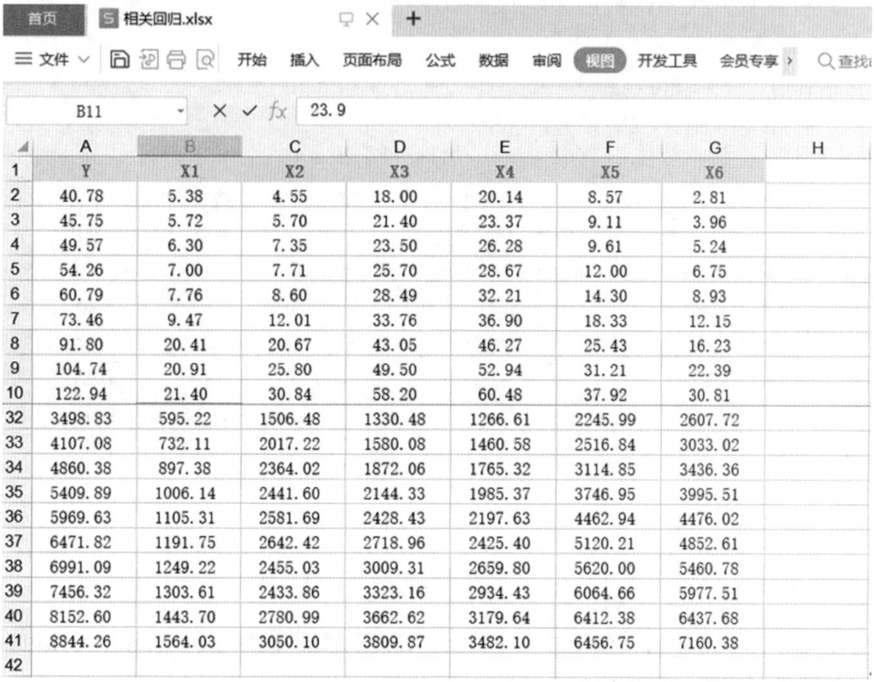

首页　相关回归.xlsx

文件　开始　插入　页面布局　公式　数据　审阅　视图　开发工具　会员专享　查找

B11　23.9

	A	B	C	D	E	F	G	H
1	Y	X1	X2	X3	X4	X5	X6	
2	40.78	5.38	4.55	18.00	20.14	8.57	2.81	
3	45.75	5.72	5.70	21.40	23.37	9.11	3.96	
4	49.57	6.30	7.35	23.50	26.28	9.61	5.24	
5	54.26	7.00	7.71	25.70	28.67	12.00	6.75	
6	60.79	7.76	8.60	28.49	32.21	14.30	8.93	
7	73.46	9.47	12.01	33.76	36.90	18.33	12.15	
8	91.80	20.41	20.67	43.05	46.27	25.43	16.23	
9	104.74	20.91	25.80	49.50	52.94	31.21	22.39	
10	122.94	21.40	30.84	58.20	60.48	37.92	30.81	
32	3498.83	595.22	1506.48	1330.48	1266.61	2245.99	2607.72	
33	4107.08	732.11	2017.22	1580.08	1460.58	2516.84	3033.02	
34	4860.38	897.38	2364.02	1872.06	1765.32	3114.85	3436.36	
35	5409.89	1006.14	2441.60	2144.33	1985.37	3746.95	3995.51	
36	5969.63	1105.31	2581.69	2428.43	2197.63	4462.94	4476.02	
37	6471.82	1191.75	2642.42	2718.96	2425.40	5120.21	4852.61	
38	6991.09	1249.22	2455.03	3009.31	2659.80	5620.00	5460.78	
39	7456.32	1303.61	2433.86	3323.16	2934.43	6064.66	5977.51	
40	8152.60	1443.70	2780.99	3662.62	3179.64	6412.38	6437.68	
41	8844.26	1564.03	3050.10	3809.87	3482.10	6456.75	7160.38	
42								

图 4-20　相关回归数据的 Excel 表

图 4-21 是平台的数据管理界面。

多元相关回归数据　多元线性相关分析　多元线性回归模型

调入Excel数据（.xlsx）　No file selec　　下载示例数据模板：相关回归.xlsx

Show 10 entries

	Y	X1	X2	X3	X4	X5	X6
1	40.78	5.38	4.55	18	20.14	8.57	2.81
2	45.75	5.72	5.7	21.4	23.37	9.11	3.96
3	49.57	6.3	7.35	23.5	26.28	9.61	5.24
4	54.26	7	7.71	25.7	28.67	12	6.75
5	60.79	7.76	8.6	28.49	32.21	14.3	8.93
6	73.46	9.47	12.01	33.76	36.9	18.33	12.15
7	91.8	20.41	20.67	43.05	46.27	25.43	16.23
8	104.74	20.91	25.8	49.5	52.94	31.21	22.39
9	122.94	21.4	30.84	58.2	60.48	37.92	30.81
10	153.32	23.9	38.22	74.4	75.32	47.54	38.22

Showing 1 to 10 of 40 entries　　Previous 1 2 3 4 Next

例数	均值	标准差	最小值	中位值	最大值
40	2113.43	2622.1	40.78	881.55	8844.26
40	359.29	477.63	5.38	99.73	1564.03
40	884.04	1026.21	4.55	284.32	3050.1
40	861.43	1121.73	18	345.13	3809.87
40	821.61	992.13	20.14	403.68	3482.1
40	1381.25	2054.49	8.57	291.3	6456.75
40	1549.32	2071.42	2.81	565.15	7160.38

Copy　CSV　Excel

图 4-21　相关回归数据的读取

4.3.1.2 多变量相关分析

（1）相关系数矩阵及检验，见图 4-22。

多元相关回归数据 | 多元线性相关分析 | 多元线性回归模型

选择变量（可在下框中删除或增加变量）：

相关分析　Y X1 X2 X3 X4 X5 X6

	Y	X1	X2	X3	X4	X5	X6
Y	1.000	110.49***	24.99***	79.95***	116.43***	46.58***	110.47***
X1	0.998	1.000	24.80***	64.51***	62.69***	51.76***	74.64***
X2	0.971	0.97	1.000	18.91***	21.39***	16.88***	20.92***
X3	0.997	0.995	0.951	1.000	106.99***	75.15***	128.82***
X4	0.999	0.995	0.961	0.998	1.000	46.27***	132.36***
X5	0.991	0.993	0.939	0.997	0.991	1.000	55.66***
X6	0.998	0.997	0.959	0.999	0.999	0.994	1.000

下三角为Pearson相关系数，上三角为检验的t值和p值 * p<0.05 ** p<0.01 *** p<0.001

Copy　CSV　Excel

图 4-22　相关系数矩阵及检验结果

从图 4-22 中可以看出，所有变量间线性相关系数都非常显著（$r>0.9$，$p<0.001$）。

（2）矩阵散点图，见图 4-23。

矩阵散点图

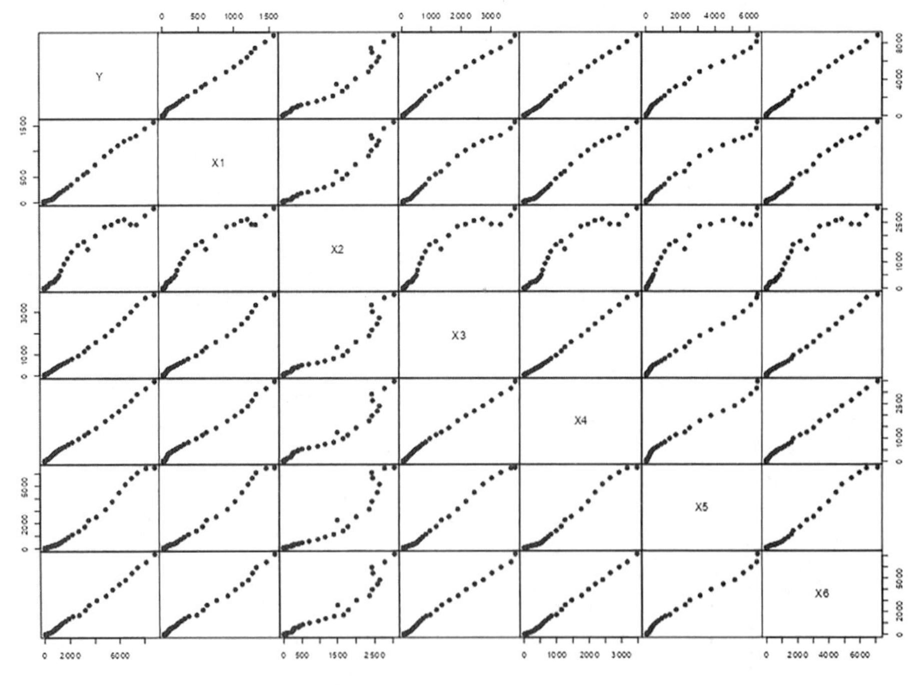

图 4-23　矩阵散点图

（3）相关分析图，见图 4-24。

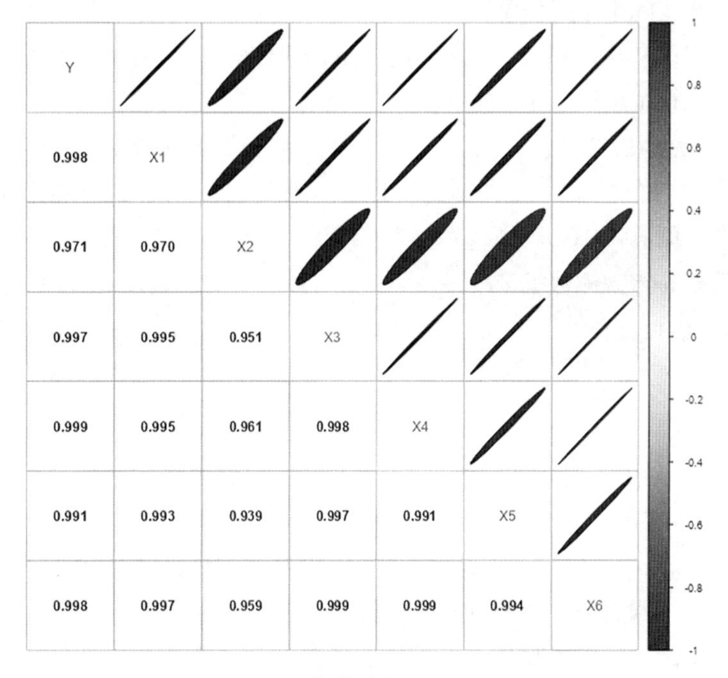

图 4-24　相关分析图

4.3.2　多元线性回归模型

4.3.2.1　多元线性模型形式

简单线性回归用来度量一个自变量对因变量的影响程度。形象地说，如果一个变量变动一定的量，那么另一变量将变动那个量的一定倍数（那个倍数就是回归系数）。多元线性回归也是如此，只不过有多个自变量。在实际中，有许多情形适用于多元回归。比如，一套新房的价格取决于诸多因素——卧室个数、浴室个数、房屋的地理位置等。建造房屋时，若建造一个额外的房间，需增加一定的成本，这将反映在房屋的造价上。事实上，新加一个东西对应一个标价，比如，1 000 元换新一个柜子。现在你要买一套二手房，但不确定价格应为多少。然而，人们有计算房屋价格的经验法则。例如，多一个卧室可能要加 30 000 元，多一个浴室需要加 15 000 元，或者由于房屋附近比较吵闹而减去 10 000 元。这些都是用几个变量解释房屋成本时线性模型的直观运用。类似地，人们或许会将这些运用于购买汽车或电脑上。线性回归也可运用于决策行为，如果你被一所大学录取，那所大学很可能使用过一些公式来评估你的申请，比如基于高中时的 GPA 成绩、SAT 之类的标准化考试分、高中课程的难度、推荐信的推荐力度等，这些因素都将显现你的潜在素质。我们可能没有明显的理由去拟合一个线性模型，但工具使用起来非常简单。

前面介绍的一元线性回归分析，研究的是一个因变量与一个自变量间呈直线趋势的数量关系。在实际中，我们常会遇到一个因变量与多个自变量数量关系的问题。

设随机变量 y 与一般变量 x 之间的关系是线性的，其回归模型为：

$$y = \beta_0 + \beta_1 x_1 + \beta_2 x_2 + \cdots + \beta_p x_p + \varepsilon$$

其中，y 称为因变量，x_1，x_2，$\cdots$，x_p 称为自变量或解释变量，一般来说不是随机变量；ε 代表自变量对 y 的影响的综合，称为随机误差项，根据中心极限定理，可认为 ε 服从正态分布，即 $\varepsilon \sim N(0,\sigma^2)$。

假设得到 n 组观测数据 $(x_{i1},x_{i2},\cdots,x_{ip},y_i)(i=1,2,\cdots,n)$，将其写成矩阵形式：

$$Y = X\beta + \varepsilon$$

式中，

$$Y = \begin{bmatrix} y_1 \\ y_2 \\ \vdots \\ y_n \end{bmatrix},\quad X = \begin{bmatrix} 1 & x_{11} & \cdots & x_{1p} \\ 1 & x_{21} & \cdots & x_{2p} \\ \vdots & \vdots & & \vdots \\ 1 & x_{n1} & \cdots & x_{np} \end{bmatrix},\quad \beta = \begin{bmatrix} \beta_0 \\ \beta_1 \\ \vdots \\ \beta_p \end{bmatrix},\quad \varepsilon = \begin{bmatrix} \varepsilon_1 \\ \varepsilon_2 \\ \vdots \\ \varepsilon_n \end{bmatrix}$$

通常称 X 为设计阵，β 为回归系数向量。

如考察全国人均国民收入与人均消费额之间的线性关系，如果我们想进一步考察全国人均国民收入与人均消费额、性别、年龄、受教育程度等的关系就需要建立多元线性回归模型。与一元线性回归类似，一个因变量与多个自变量间的这种线性数量关系也可以用多元线性回归方程来表示，即

$$\hat{y} = \hat{\beta}_0 + \hat{\beta}_1 x_1 + \hat{\beta}_2 x_2 + \cdots + \hat{\beta}_p x_p$$

式中，$\hat{\beta}_0$ 相当于直线回归方程中的常数项 a，$\hat{\beta}_j$ $(j=1,2,\cdots,p)$ 称为偏回归系数，简称回归系数，其意义与一元回归方程中的回归系数 b 相似。当其他自变量对因变量的线性影响固定时，$\hat{\beta}_j$ 反映了第 j 个自变量 x_j 对因变量 y 线性影响的数量。这样的回归称为因变量 y 在这一组自变量 x 上的回归，通常称为多元线性回归。

从多元线性回归模型可知，若模型参数 β 的估计量 $\hat{\beta}$ 已获得，则可计算 $\hat{y}$。观察值 y_i 与对应的估计值 $\hat{y}_i$ 之间的差，称作残差（residual），记作 $e_i = y_i - \hat{y}_i$。根据最小二乘法原理，所选择的估计方法应使得所有样本点上的残差平方和达到最小，即使得：

$$Q = \sum_{i=1}^{n}(y_i - \hat{y}_i)^2 = e'e$$

达到最小。根据微积分求极值的原理，Q 对 $\hat{\beta}$ 求导且等于 0，可求得使 Q 达到最小的 $\hat{\beta}$，即普通最小二乘（OLS）法。

$$\hat{\beta} = (X'X)^{-1}X'Y$$

一般的统计软件都有建立回归模型的功能。

4.3.2.2　**多元回归模型构建**

（1）回归系数的假设检验。多元回归方程有统计学意义，并不是每个偏回归系数都有意义，因此有必要对每个偏回归系数进行检验。在 $\beta_j = 0$ 时，偏回归系数 $\hat{\beta}_j(j = 1, 2,\cdots,p)$ 服从正态分布，因此可用 t 统计量对偏回归系数进行检验。

检验假设 H_{0j}：$\beta_j = 0$，H_{1j}：$\beta_j \neq 0$。

当 H_{0j}成立时，$\beta \sim N(\beta,\sigma^2(X'X)^{-1})$，记$(X'X)^{-1}=(c_{ij})$

则构造的 t 统计量为

$$t_j = \frac{\hat{\beta}_j - \beta_j}{s_{\hat{\beta}_j}}(j = 1,\ 2,\ \cdots,\ p)$$

式中，$s_{\hat{\beta}_j}$是第 j 个偏回归系数的标准误差。

在给定显著性水平 α 下，计算出检验的概率 p，当 $p<0.05$ 时，拒绝零假设 H_{0j}，认为 β_j显著不为 0，自变量 x_j对因变量 y 的线性效果显著；反之，接受零假设 H_{0j}，即自变量 x_j 对因变量 y 的线性效果不显著。

（2）回归方程的假设检验。这里的检验假设 H_0：$\beta_1 =\beta_2 = \cdots =\beta_p = 0$，意味着因变量 y 与所有的自变量 x_j都不存在线性回归关系，多元回归方程没有意义。相应的备择假设 H_1：β_1，β_2，$\cdots$，β_p 不全为 0。

由于因变量 $y = \hat{y} + e$，即 y 包含拟合值和误差。因变量 y 的离均差平方和可分解成两部分，即

$$SS_T = \sum_{i=1}^{n} (y_i - \bar{y})^2 = \sum_{i=1}^{n} (\hat{y}_i - \bar{y})^2 + \sum_{i=1}^{n} (y_i - \hat{y}_i)^2 = SS_R + SS_E$$

分析的目的是检验回归的变异（方差或均方）是否远大于误差的变异（方差或均方），如果误差的变异远大于回归的变异，就意味着因变量 y 与自变量 x 不存在依存关系，回归方程则没有统计意义。由离均差平方和可计算回归的均方（方差）$MS_R = SS_R/p$ 和误差的均方（方差）$MS_E = SS_E/(n-p-1)$，因此该方法也称为回归模型假设检验的方差分析。

计算方差分析的 F 值

$$F = \frac{MS_R}{MS_E} \sim F(p,n - p - 1)$$

这里 F 服从自由度为 p 和 $n-p-1$ 的 F 分布，这样就可以用 F 统计量来检验回归方程是否有意义了。计算出统计量 F，在给定的显著性水平 α 下，若 $F>F_\alpha$，则拒绝 H_0，接受 H_1，即因变量和自变量之间的回归效果显著；反之则不显著。

（3）多元复相关系数。复相关系数用来判断因变量和多个自变量之间线性拟合的程度。

设因变量为 y，自变量为 x_1，x_2，$\cdots$，x_p，对 y 与 x_1，x_2，$\cdots$，x_p的多元相关就是对 y 与其拟合值 $\hat{y}$ 相关，记 $R=r_{y\cdot x_1x_2\cdots x_p}$为 y 与 x_1，x_2，$\cdots$，x_p 的复相关系数，计算公式为

$$R = r_{y \cdot x_1 x_2 \cdots x_p} = r_{y \cdot \hat{y}} = \sqrt{\frac{\sum_{i=1}^{n} (\hat{y}_i - \bar{y})^2}{\sum_{i=1}^{n} (y_i - \bar{y})^2}} = \sqrt{\frac{SS_R}{SS_T}}$$

复相关系数反映了一个变量与另一组变量关系密切的程度。

（4）模型的决定系数。在实际分析中，一个变量的变化往往受多种变量的综合影响，这就需要采用决定系数来判断模型的好坏程度。决定系数实际就是回归离差平方和与总离差平方和的比值，反映了回归贡献的百分比值，因此常把 R^2 称为模型的决定系数，即复相关系数的平方（multiple R-squared）。

$$R^2 = \frac{SS_R}{SS_T}$$

R^2 虽然可以决定模型的好坏，但自变量越多，R^2 越大，因此在选择多变量模型时通常用校正复相关系数平方（adjusted R-squared）。

Adjusted R-squared 常用于模型评价、变量选择、衡量曲线回归方程拟合的好坏程度。

$$adjR^2 = 1 - \frac{SS_R/(n-p)}{SS_T/(n-1)} = 1 - \frac{n-1}{n-p}(1-R^2)$$

对一个具体问题，$adjR^2$ 越大，说明模型拟合得越好。

【例 4-4】续【例 4-3】，多元线性回归模型分析如图 4-25 所示。

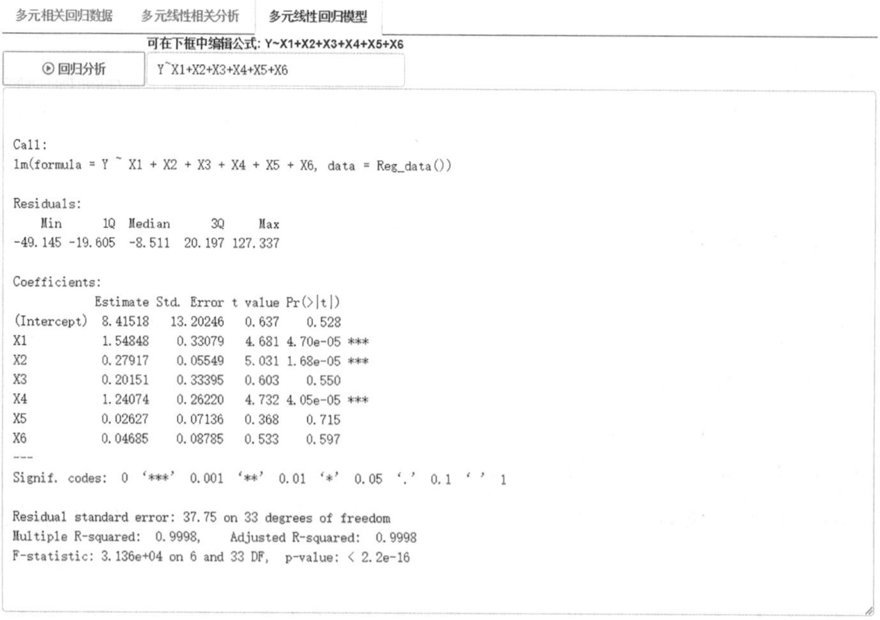

多元相关回归数据　多元线性相关分析　**多元线性回归模型**

可在下框中编辑公式：Y~X1+X2+X3+X4+X5+X6

回归分析　Y~X1+X2+X3+X4+X5+X6

```
Call:
lm(formula = Y ~ X1 + X2 + X3 + X4 + X5 + X6, data = Reg_data())

Residuals:
    Min      1Q  Median      3Q     Max
-49.145 -19.605  -8.511  20.197 127.337

Coefficients:
            Estimate Std. Error t value Pr(>|t|)
(Intercept)  8.41518   13.20246   0.637    0.528
X1           1.54848    0.33079   4.681 4.70e-05 ***
X2           0.27917    0.05549   5.031 1.68e-05 ***
X3           0.20151    0.33395   0.603    0.550
X4           1.24074    0.26220   4.732 4.05e-05 ***
X5           0.02627    0.07136   0.368    0.715
X6           0.04685    0.08785   0.533    0.597
---
Signif. codes:  0 '***' 0.001 '**' 0.01 '*' 0.05 '.' 0.1 ' ' 1

Residual standard error: 37.75 on 33 degrees of freedom
Multiple R-squared:  0.9998,    Adjusted R-squared:  0.9998
F-statistic: 3.136e+04 on 6 and 33 DF,  p-value: < 2.2e-16
```

图 4-25　多元线性回归分析

从图 4-25 的结果看，多元线性模型有显著的统计学意义（$F=31\ 360$，$p<0.001$），决定系数 $R^2=0.999\ 8$。但并不是所有自变量对因变量都有显著的作用。其中 $X1$，$X2$，$X4$ 对模型有显著影响，而 $X3$，$X5$，$X6$ 对模型影响不显著，无统计学意义。

从模型拟合效果图 4-26 可以看出，建立的多元回归模型似乎是不错的。

☑ 模型拟合效果图

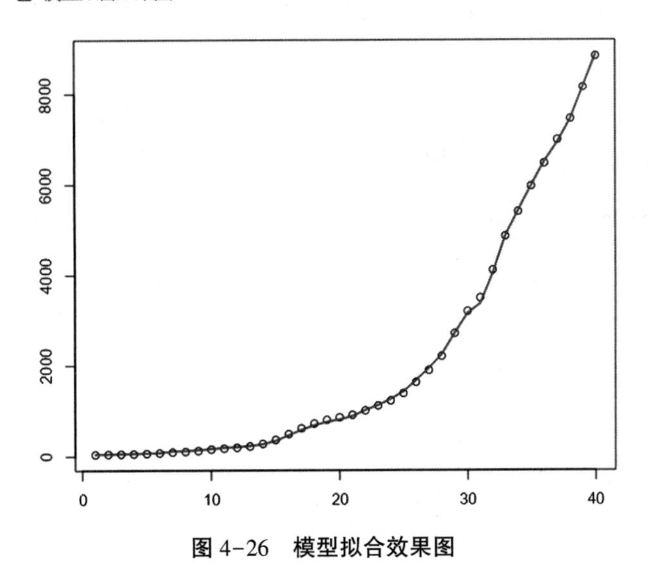

图 4-26　模型拟合效果图

但从模型残差分布图（见图 4-27 左图）可以看出，模型的残差不完全分布在 0 的两侧，并有一定的趋势，说明模型的残差方差不一定相同，因此建模时应引起注意。从模型残差的正态性检验的 QQ 图（见图 4-27 右图）可以看出，残差不完全符合正态分布，说明数据中也许存在异常情况，这时建立多元线性回归模型需要谨慎。

☑ 模型残差分布与检验图

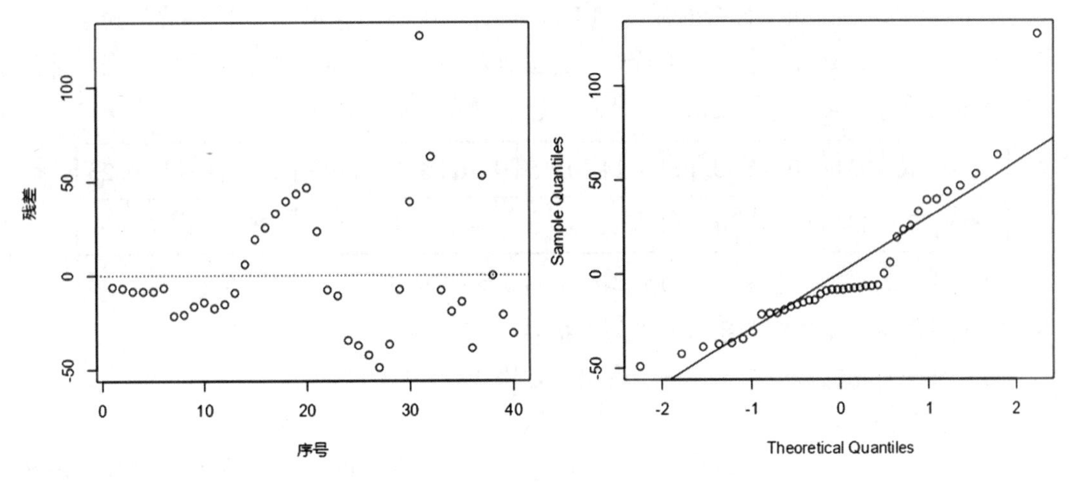

图 4-27　模型残差分布与检验图

图 4-28 是取自变量 $X1$，$X2$，$X4$ 所建立的线性回归模型，从结果看，模型有显著的统计学意义（$F=63\ 570$，$p<0.001$）。由于两模型决定系数和调整的复相关系数平方相同，这时可根据检验的 F 值大小决定选取哪个模型（F 值越大，模型效果越好）。

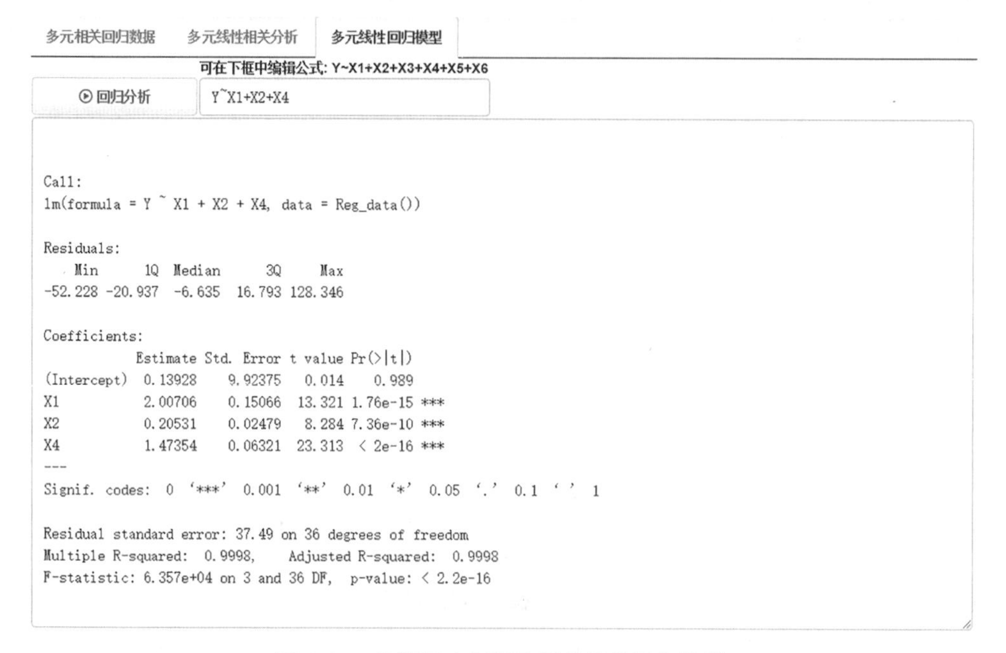

图 4-28 选取三个显著变量的线性回归模型

案例与练习

1. 由专业知识可知，合金的强度 y(Pa) 与合金中碳的含量 x(%) 有关。为了生产出强度满足顾客需要的合金，在冶炼时应该如何控制碳的含量？如果在冶炼过程中通过化验得知碳的含量与强度的关系如下所示，能否预测这炉合金的强度？

x	0.10	0.11	0.12	0.13	0.14	0.15	0.16	0.17	0.18	0.20	0.21	0.23
y	42	43.5	45	45.5	45	47.5	49	53	50	55	55	60

（1）作 x 与 y 的散点图，并以此判断 x 与 y 之间是否大致呈线性关系。

（2）计算 x 与 y 的相关系数并做假设检验。

（3）作 y 对 x 的最小二乘回归，并给出常用统计量。

（4）估计当 $x=0.22$ 时，y 等于多少？预测当 $x=0.25$ 时，y 等于多少？

2. 财政收入的规模大小对一个国家来说具有十分重要的意义，下表是我国某地区 1999—2019 年共 21 个年度的财政收入情况。一共收集影响财政收入的 8 个因素：x_1：

GDP，x_2：能源消费总量，x_3：从业人员总数，x_4：全社会固定资产投资总额，x_5：实际利用外资总额，x_6：全国城乡居民储蓄存款年底余额，x_7：居民人均消费水平，x_8：消费品零售总额。y 为财政收入。

y	x_1	x_2	x_3	x_4	x_5	x_6	x_7	x_8
1 146.38	4 038.2	58 588	41 024	849.4	31.14	281.0	197	1 800.0
1 159.93	4 517.8	60 257	42 361	910.9	31.14	399.5	236	2 140.0
1 175.79	4 860.3	59 447	43 725	961.0	31.14	523.7	249	2 350.0
1 212.33	5 301.8	62 067	45 295	1 230.4	31.14	675.4	266	2 570.0
1 366.95	5 957.4	66 040	46 436	1 430.1	19.81	892.5	289	2 849.4
1 642.86	7 206.7	70 904	48 197	1 832.9	27.05	1 214.7	327	3 376.4
2 004.82	8 986.1	76 680	49 873	2 543.2	46.47	1 622.6	437	4 305.0
2 122.01	10 201.4	80 850	51 282	3 120.6	72.58	2 238.5	452	4 950.0
2 199.35	11 954.5	86 632	52 783	3 791.7	84.52	3 081.4	550	5 820.0
2 357.24	14 922.3	92 997	54 334	4 753.8	102.26	3 822.2	693	7 440.0
2 664.90	16 917.8	96 934	55 329	4 410.4	100.59	5 196.4	762	8 101.4
2 937.10	18 598.4	98 703	63 909	4 517.0	102.89	7 119.8	803	8 300.1
3 149.48	21 662.5	103 783	64 799	5 594.5	115.54	9 241.6	896	9 415.6
3 483.37	26 651.9	109 170	65 554	8 080.1	192.02	11 759.4	1 070	10 993.7
4 348.95	34 560.5	115 993	66 373	13 072.3	389.6	15 203.5	1 331	12 462.1
5 218.10	46 670.0	122 737	67 199	17 042.1	432.13	21 518.8	1 746	16 264.7
6 242.20	57 494.9	131 176	67 947	20 019.3	481.33	29 662.3	2 236	20 620.0
7 407.99	66 850.5	138 948	68 850	22 913.5	548.04	38 520.8	2 641	24 774.1
8 651.14	73 142.7	138 173	69 600	24 914.1	644.08	46 279.8	2 834	27 298.9
9 875.95	76 967.1	132 214	69 957	28 406.2	585.57	53 407.5	2 972	2 9 152.5
11 444.08	80 422.8	122 000	70 586	29 854.7	526.59	59 621.8	3 143	31 134.7

试用多元线性回归模型进行多因素分析，并建立有用的模型。

3. 某家房地产公司总裁想了解为什么公司中的某些分公司比其他分公司表现出色，经思考他认为决定年总销售额（以百万元计）的关键因素是广告预算（以千元计）和销售代理的数目。为了分析这种情况，他抽取了 8 个分公司作为样本，搜集了如下表所示的数据。

（1）建立回归模型并解释各系数。

（2）用 5%的显著水平，试确定每一解释变量与依赖变量间是否呈线性关系。

（3）计算相关系数和复相关系数。

分公司	广告预算 x_1（千元）	代理数 x_2	年销售额 y（百万元）
1	249	15	32
2	183	14	18
3	310	21	49
4	246	18	52
5	288	13	36
6	248	21	43
7	256	20	24
8	241	19	41

4. 为了解百货商店销售额 x 与流通费率 y（这是反映商业活动的一个质量指标，指每元商品流转额所分摊的流通费用）之间的关系，收集了 12 个商店的有关数据如下：

x	1.5	3	5.6	9.2	13.5	16.5	19.5	24	28	30	35	38
y	9	7.5	5.8	4.5	3	2.5	2.4	1.8	1.5	1.3	1.0	0.8

试根据数据构建相应的预测模型。

5. 从给定的题目出发，按内容提要、指标选取、数据搜集、计算过程、结果分析与评价等方面进行案例分析：

（1）未来我国用电量的多因素分析。

（2）未来若干年我国手机供应量的多元预测分析。

（3）未来若干年我国笔记本电脑供应量的多元预测分析。

第 5 章　时间序列预测技术

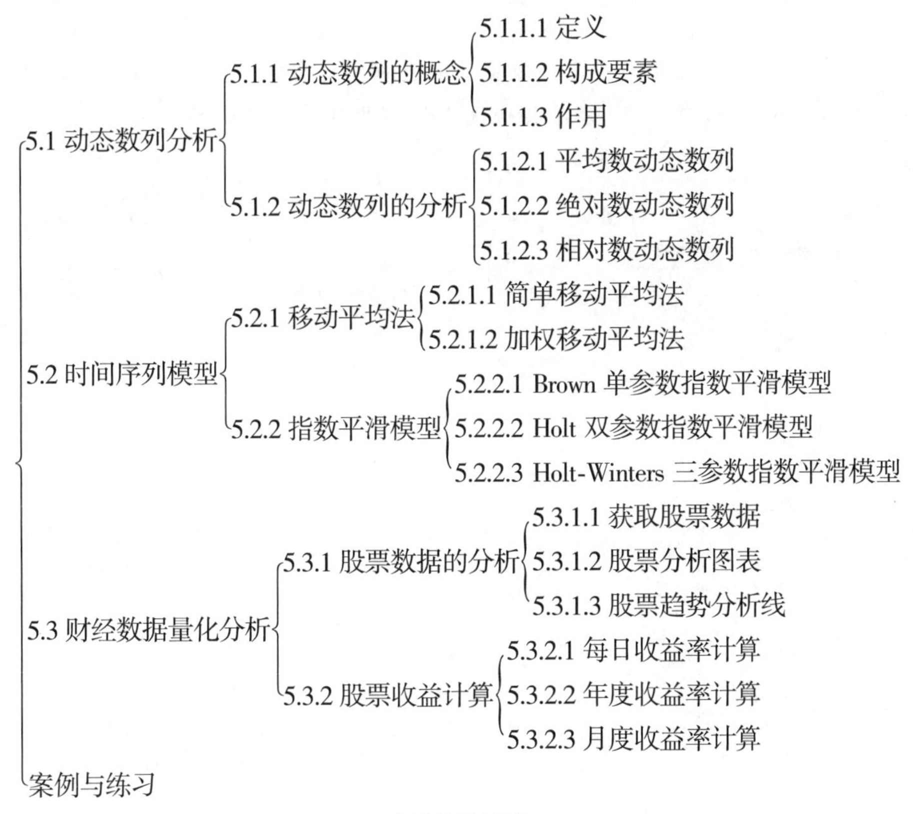

本章思维导图

5.1　动态数列分析

5.1.1　动态数列的概念

5.1.1.1　定义

动态数列（有时也称时间序列）是指将同一统计指标的数值按其发生的时间先后顺序排列而成的数列。动态数列分析的主要目的是根据已有的历史数据对未来进行预测。

5.1.1.2　构成要素

动态数列由两个基本要素组成：一个是资料所属的时间；另一个是时间上的统计指标数值，习惯上称之为动态数列中的发展水平。

5.1.1.3 **作用**

（1）可以描述社会经济现象在不同时间的发展状态和过程。

（2）可以研究社会经济现象的发展趋势和速度以及掌握发展变化的规律性。

（3）可以进行分析和预测。

【例 5-1】时间序列数据是一类比较特殊的数据，自有其一套数据处理和统计分析办法。图 5-1 给出了 1994 年到 2018 年某地区人均国内生产总值的年数据，显然，这是时间序列数据，为动态数列。

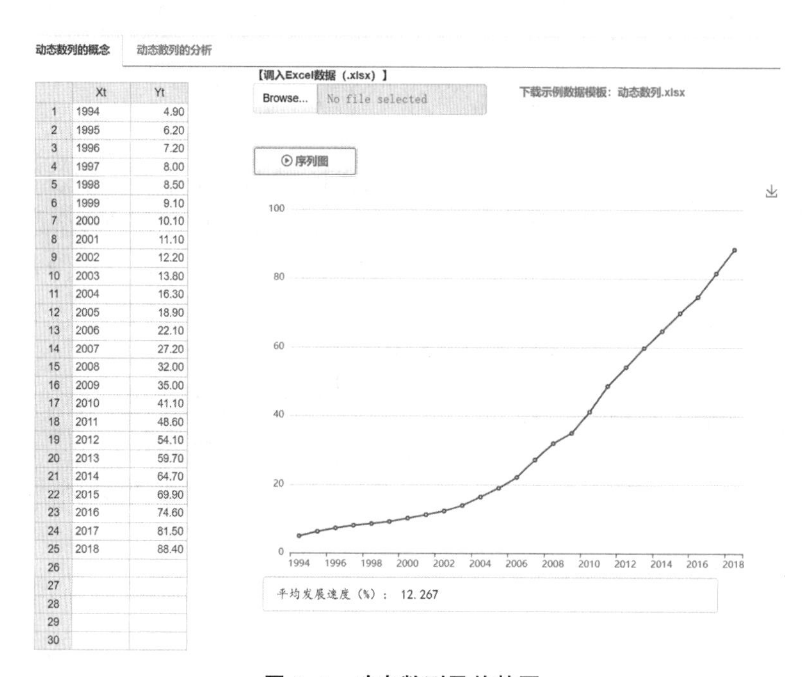

	Xt	Yt
1	1994	4.90
2	1995	6.20
3	1996	7.20
4	1997	8.00
5	1998	8.50
6	1999	9.10
7	2000	10.10
8	2001	11.10
9	2002	12.20
10	2003	13.80
11	2004	16.30
12	2005	18.90
13	2006	22.10
14	2007	27.20
15	2008	32.00
16	2009	35.00
17	2010	41.10
18	2011	48.60
19	2012	54.10
20	2013	59.70
21	2014	64.70
22	2015	69.90
23	2016	74.60
24	2017	81.50
25	2018	88.40
26		
27		
28		
29		
30		

图 5-1 动态数列及趋势图

5.1.2 动态数列的分析

动态数列按其表现形式的不同，可分别分析并计算平均数动态数列、绝对数动态数列、相对数动态数列。

5.1.2.1 **平均数动态数列**

把一系列同类的指标数值按时间先后顺序排列而形成动态数列，对其求几何均值，称为平均数动态数列。它可以用来说明社会现象在不同时期的平均水平的发展变化情况。

平均发展速度用于概括某一时期的速度变化，即该时期环比几何均值。

$$ADR = \sqrt[n]{\frac{a_2}{a_1}\frac{a_3}{a_2}\cdots\frac{a_n}{a_{n-1}}} = \sqrt[n]{\frac{a_n}{a_1}}$$

1994 年到 2018 年某地区人均国内生产总值的年平均增长速度计算结果见图 5-1，为 12.267%。

下面是一些常用的动态数列分析统计量。简单地说，就是定基比、同比与环比都可以用百分数或倍数表示。定基比发展速度，简称总速度，一般是指报告期水平与某一固定时期水平之比，表明这种现象在较长时期内总的发展速度。同比发展速度，一般是指本期发展水平与上年同期发展水平对比，而达到的相对发展速度。环比发展速度，一般是指报告期水平与前一时期水平之比，表明现象逐期的发展速度。同比和环比，这两者所反映的虽然都是变化速度，但由于采用的基期不同，其反映的内涵是完全不同的。一般来说，环比可以与环比相比较，而不能拿同比与环比相比较；而对于同一个地方，考虑时间纵向上发展趋势的反映，则往往要把同比与环比放在一起进行对照。

5.1.2.2　绝对数动态数列

把一系列同类的总量指标按时间先后顺序排列而形成的动态数列，说明事物在一定时期所增加的绝对数量，称为绝对数动态数列或绝对增长量，可分别计算累计增长量和逐期增长量。

（1）定基比增长量（简称定基数）。

报告期指标与某一固定期（基期水平）指标之差，也称累计增长量。

$$定基数=a_i-a_1$$

式中，a_i为第 i 期指标，a_1 为第 1 期（基期）指标。

（2）环比增长量（简称环基数）。

报告期的指标与前一期指标之差，也称逐期增长量。

$$环基数=a_i-a_{i-1}$$

式中，a_i为第 i 期指标，a_{i-1}为第 $i-1$ 期指标。

5.1.2.3　相对数动态数列

把一系列同类的相对指标数值按时间先后顺序排列而形成的动态数列，称为相对数动态数列。它可以用来说明社会现象间的相对变化情况。

（1）定基比发展速度（简称定基比）。

统一用某个时间的指标做基数，以各时间的指标与之相比。

$$定基比=100\times a_i/a_1$$

式中，a_i为第 i 期指标，a_1 为第 1 期（基期）指标。

（2）环比发展速度（简称环基比）。

以前一时间的指标做基数，将相邻的后一时间的指标与之相比。

$$环基比=100\times a_i/a_{i-1}$$

式中，a_i为第 i 期指标，a_{i-1}为第 $i-1$ 期指标。

【例 5-1】的变动分析如图 5-2 所示。

动态数列的概念　动态数列的分析

Show 50 entries

Xt	Yt	定基增长量	环比增长量	定基增长率%	环比增长率%
1994	4.9				
1995	6.2	1.3	1.3	26.53	26.53
1996	7.2	2.3	1	46.94	16.13
1997	8	3.1	0.8	63.27	11.11
1998	8.5	3.6	0.5	73.47	6.25
1999	9.1	4.2	0.6	85.71	7.06
2000	10.1	5.2	1	106.12	10.99
2001	11.1	6.2	1	126.53	9.9
2002	12.2	7.3	1.1	148.98	9.91
2003	13.8	8.9	1.6	181.63	13.11
2004	16.3	11.4	2.5	232.65	18.12
2005	18.9	14	2.6	285.71	15.95
2006	22.1	17.2	3.2	351.02	16.93
2007	27.2	22.3	5.1	455.1	23.08
2008	32	27.1	4.8	553.06	17.65
2009	35	30.1	3	614.29	9.38
2010	41.1	36.2	6.1	738.78	17.43
2011	48.6	43.7	7.5	891.84	18.25
2012	54.1	49.2	5.5	1004.08	11.32
2013	59.7	54.8	5.6	1118.37	10.35
2014	64.7	59.8	5	1220.41	8.38
2015	69.9	65	5.2	1326.53	8.04
2016	74.6	69.7	4.7	1422.45	6.72
2017	81.5	76.6	6.9	1563.27	9.25
2018	88.4	83.5	6.9	1704.08	8.47

Showing 1 to 25 of 25 entries　　Previous 1 Next

图 5-2　动态数列的变动分析

第一列通常为时间，第二列为对应的取值，第三列为定基数，第四列为环基数，第五列为定基比，第六列为环基比。

图 5-3 是四个动态数列的变动图。

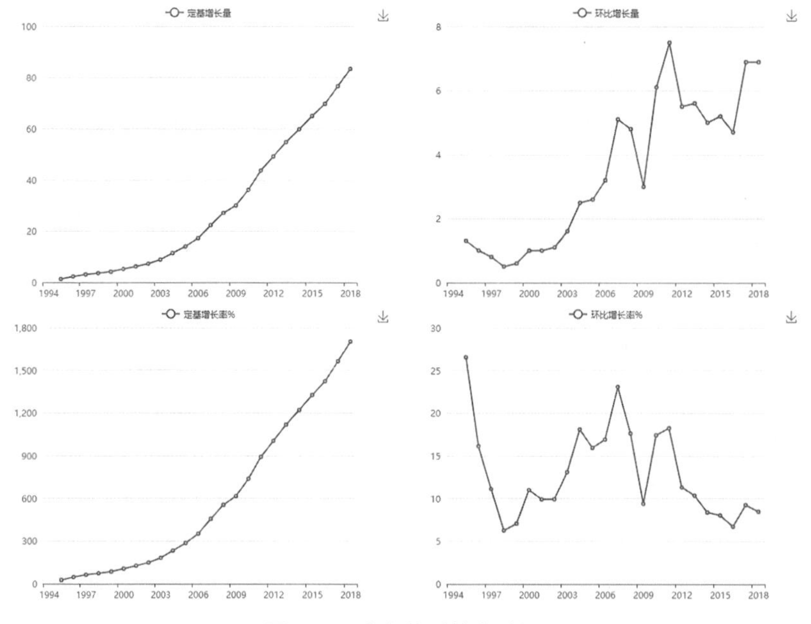

图 5-3　动态数列的变动图

5.2　时间序列模型

时间序列模型是指将同一统计指标的数值按其发生的时间先后顺序排列而成的数列进行建模。与回归分析比，回归分析模型是“外生性”的技术。而时间序列分析的显著特点是“内生性”，考虑的不仅仅是过去历史的需求数据，而是通过深入分析一段时间形成的实际需求序列来发现和识别历史需求的隐藏模式，从而进行预测。

下面是含有季节因素的时间序列数据，数据来自【例 2-4】，其序列图如图 5-4 所示。

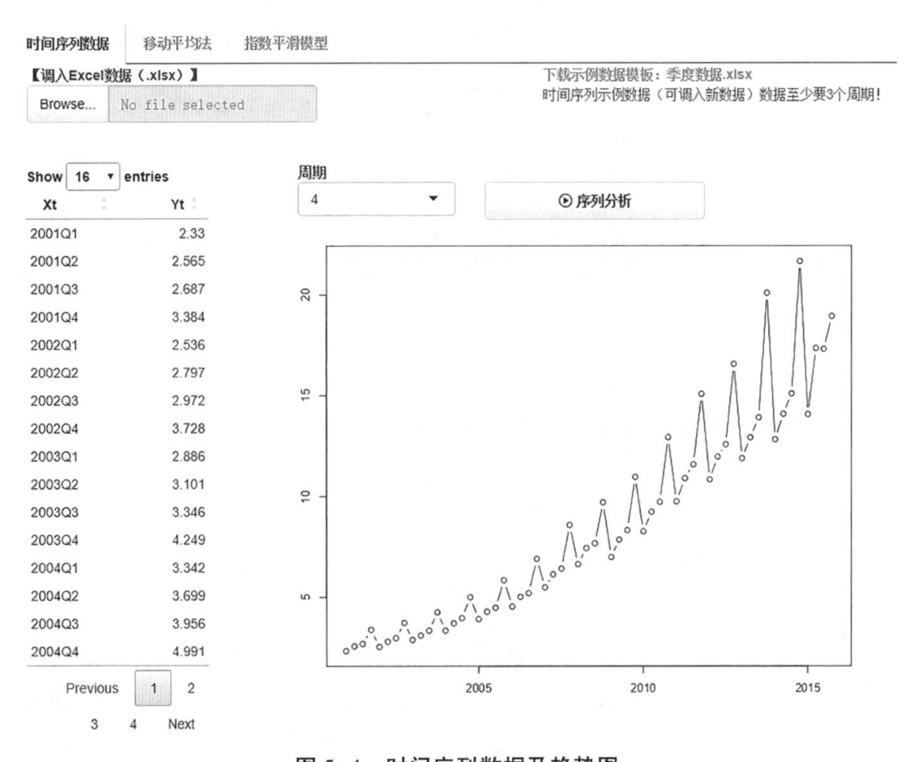

Xt	Yt
2001Q1	2.33
2001Q2	2.565
2001Q3	2.687
2001Q4	3.384
2002Q1	2.536
2002Q2	2.797
2002Q3	2.972
2002Q4	3.728
2003Q1	2.886
2003Q2	3.101
2003Q3	3.346
2003Q4	4.249
2004Q1	3.342
2004Q2	3.699
2004Q3	3.956
2004Q4	4.991

图 5-4　时间序列数据及趋势图

时间序列一般分为 4 种基本模式，无论我们采用哪种时间序列分析技术，都是检验这 4 种基本模式的一种或几种。这 4 种基本模式是水平、趋势、季节性和噪音。

时间序列的这 4 种模式，也称作时间序列的 4 个具体元素。对过去时间序列这些模式或元素的识别，就是时间序列分析。

时间序列 $Y=f$（水平 L，趋势 T，季节性 S，噪音 N）

（1）水平（level）。水平是历史数据的基准线（水平线），或者是在没有趋势、季节性和噪音的情况下，数据应该表现出来的模式和状态。

（2）趋势（trend）。趋势是指需求沿着时间的进度连续增加或连续减少的形态。这种连续增加或连续减少可以是直线的，也可以是曲线的，既有直线趋势，又有曲线趋势。

（3）季节性（seasonality）。季节性是指在一定的周期内（季节性也可称作周期性），需求增减重复出现的形态。即高需求出现在周期的某个时期，而低需求出现在另一个时期，并且每年不断重复出现相同的情况。比如饮料在夏天需求旺盛，巧克力在冬季需求较高等。

（4）噪音（noise）。噪音，又称随机性误差或非解释性差异（不可解释误差），是指需求的随机波动，或者是时间序列技术无法解释的波动，是时间序列的不规则构成部分。

从图 5-5 可以看出，该时间序列有一定的趋势和季节性变动，中间一段变异最小，最后几年变异较大。

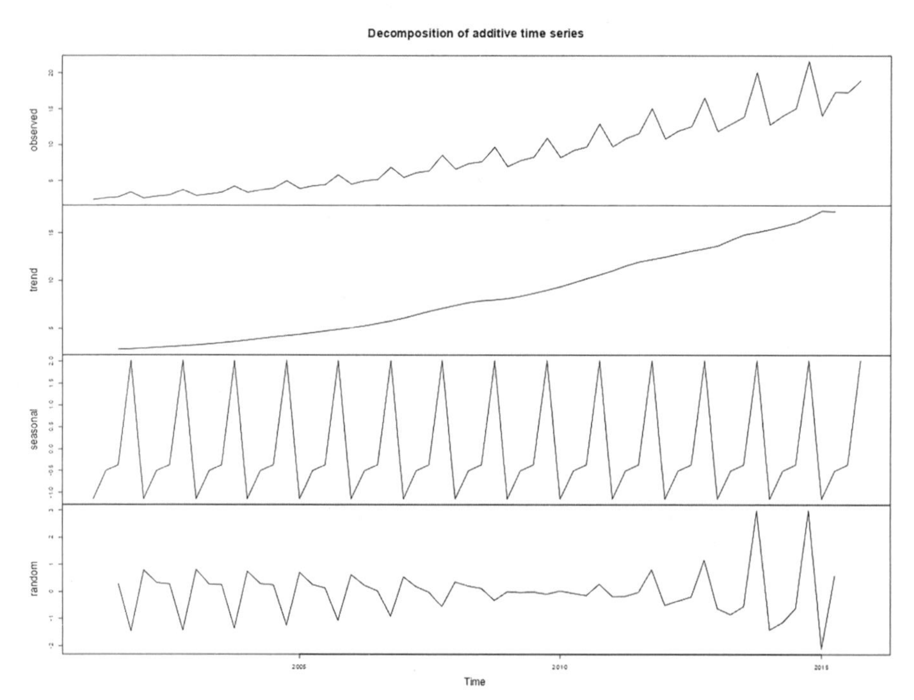

图 5-5　时间序列数据的分解图

5.2.1　移动平均法

5.2.1.1　简单移动平均法

移动平均法（Moving Average，MA）又称滑动平均法、滚动平均法。移动平均法是一种简单的时间序列平滑预测技术。它的基本思想是根据时间序列数据逐项推移，依次计算包含一定项数的序列平均值，以反映长期趋势。因此，当时间序列的数值受周期变动和随机波动的影响，起伏较大，不易显示出事件的发展趋势时，使用移动平均法可以消除这些因素的影响，显示出事件的发展方向与趋势（即趋势线），然后依趋势线分析预测序列长期趋势。

移动平均法是用一组最近的实际数值来预测未来一期或几期内公司产品的需求量、公司产能等的一种常用方法。移动平均法适用于即期预测。当产品需求既不快速增长也不快速下降，且不存在季节性因素时，移动平均法能有效地消除预测中的随机波动。移动平均法共三类：简单平均法、简单移动平均法以及加权移动平均法。

简单平均法非常简单，过去一定时期内数据序列的简单平均数就是对未来的预测数，但在时序数据预测中用处不大。

$$Y_t=(Y_1+Y_2+Y_3+\cdots+Y_n)/n$$

式中，Y_t 为对下一期的预测值，显然这对时间序列数据预测通常意义不大。

简单移动平均的各元素的权重都相等。简单移动平均法的计算公式如下：

$$Y_t=(Y_{t-1}+Y_{t-2}+Y_{t-3}+\cdots+Y_{t-k})/k$$

式中，Y_t 为对下一期的预测值；k 为移动平均的时期个数；Y_{t-1} 为前期实际值，Y_{t-2}、Y_{t-3} 和 Y_{t-k} 分别表示前两期、前三期直至前 k 期的实际值。

图 5-6 是移动阶数为 4 时的移动平均预测结果，用简单移动平均法显然是不行的。

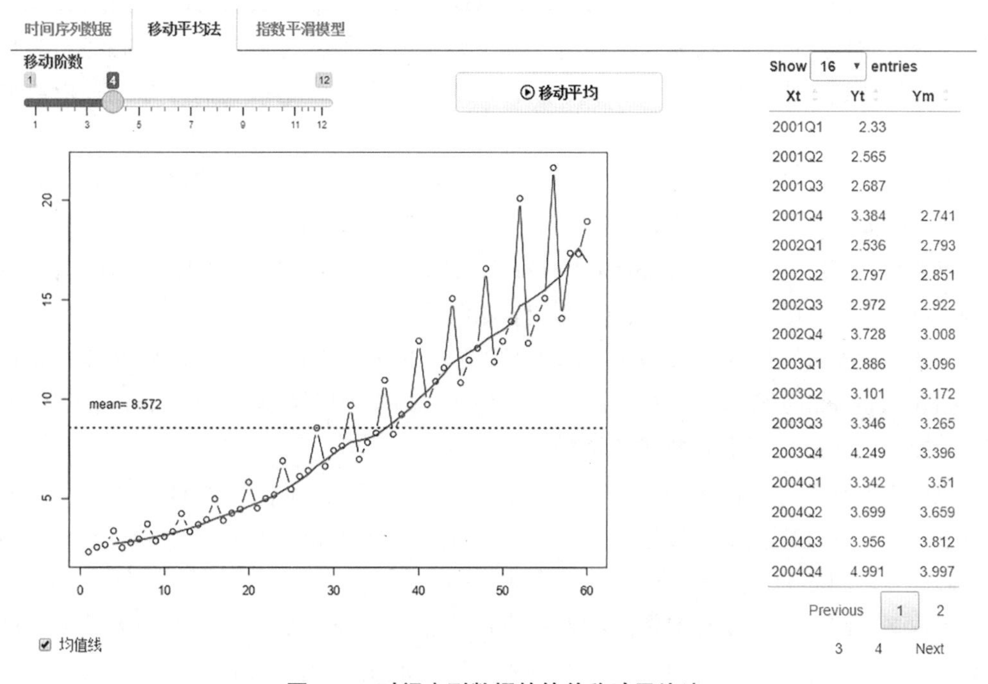

图 5-6　时间序列数据的简单移动平均法

5.2.1.2 加权移动平均法

加权移动平均法给固定跨越期限内的每个变量值以不相等的权重。其原理是，历史各期产品需求的数据信息对预测未来期内的需求量的作用是不一样的。除以 k 为周期的周期性变化外，远离目标期的变量值的影响力相对较低，故应给予较低的权重。加权移动平均法的计算公式如下：

$$Y_t = w_1 Y_{t-1} + w_2 Y_{t-2} + w_3 Y_{t-3} + \cdots + w_k Y_{t-k}$$

式中，w_i为第 $t-i$ 期实际值的权重；k 为预测的周期数。

$$w_1 + w_2 + w_3 + \cdots + w_k = 1$$

在运用加权平均法时，权重的选择是一个应该注意的问题。经验法和试算法是选择权重的最简单的方法。一般而言，最近期的数据最能预示未来的情况，因而权重应大些。实际应用中使用较多的是指数平滑预测，它可以被看成一种加权移动平均法。

5.2.2 指数平滑模型

做时间序列预测时，一个显然的思路是：认为离预测点越近的点，作用越大。比如小林这个月体重 100 斤，去年某个月 120 斤，显然对于预测下个月体重而言，这个月的数据影响力更大些。假设随着时间变化权重以指数方式下降——最近为 0.8，然后 0.8^2，0.8^3，…，最终年代久远的数据权重将接近于 0。将权重按照指数级进行衰减，这就是指数平滑法的基本思想。

指数平滑法（exponential smoothing）是布朗提出的，布朗认为时间序列的态势具有稳定性或规则性，因此时间序列可被合理地顺势推延。他认为最近的过去态势，在某种程度上会持续到未来，故将较大的权数放在最近的数据上。这里我们介绍三种指数平滑模型。

单指数模型（simple/single exponential model）拟合的是只有常数水平项和时间点处随机项的时间序列，这时认为时间序列不存在趋势项和季节效应。

双指数模型（double exponential model）也叫 Holt 指数平滑模型（Holt exponential smoothing model），拟合的是有水平项和趋势项的时间序列。

三指数模型（triple exponential model）也叫 Holt-Winters 指数平滑模型（Holt-Winters exponential smoothing model），拟合的是有水平项、趋势项以及季节效应的时间序列。

5.2.2.1 Brown 单参数指数平滑模型

简单指数平滑（Simple Exponential Smoothing，SES）技术使用所有的加权平均值来预测下一个值，其中权重从最近的历史值到最早的历史值按指数规律衰减。SES 做出了一个假设：时间序列的最新值比之前的值更重要。

指数平滑法是生产预测中常用的一种方法，也用于中短期经济发展趋势预测。所有预测方法中，指数平滑法是用得最多的一种。简单的全期平均法对时间数列的过去数据一个不漏地全部加以同等利用；移动平均法则不考虑较远期的数据；加权移动平均法中给予近期资料更大的权重；而指数平滑法则兼具全期平均法和移动平均法所长，不舍弃

过去的数据，但是仅给予逐渐减弱的影响程度，即随着数据的远离，赋予其逐渐收敛为零的权数。即指数平滑法是在移动平均法基础上发展起来的一种时间序列分析预测法，它通过计算指数平滑值，配合一定时间序列预测模型对现象的未来进行预测。其原理是任一期的指数平滑值是本期实际观察值与前一期指数平滑值的加权平均。

一次指数平滑法的基础公式：

$$F_{t+1}=\alpha Y_t+(1-\alpha)F_t=F_t+\alpha(Y_t-F_t)$$

式中，F_{t+1} 和 F_t 分别表示第 $t+1$ 和第 t 期的预测值，Y_t 表示第 t 期的实际值，α 为平滑系数，(1-α) 为阻尼系数。

将一次指数平滑公式用文字描述：

本期的需求预测=上期的预测值+平滑系数×(上期的实际值-上期的预测值)

指数平滑法实际上是一种特殊的加权平均法，本质上是对前一期的需求进行预测，然后对上期的预测误差进行调整，从而生成本期的预测结果。特殊的加权平均需要有加权权数，调整预测误差需要有调整系数，这个系数就是指数平滑法的平滑系数 α（见图 5-7）。

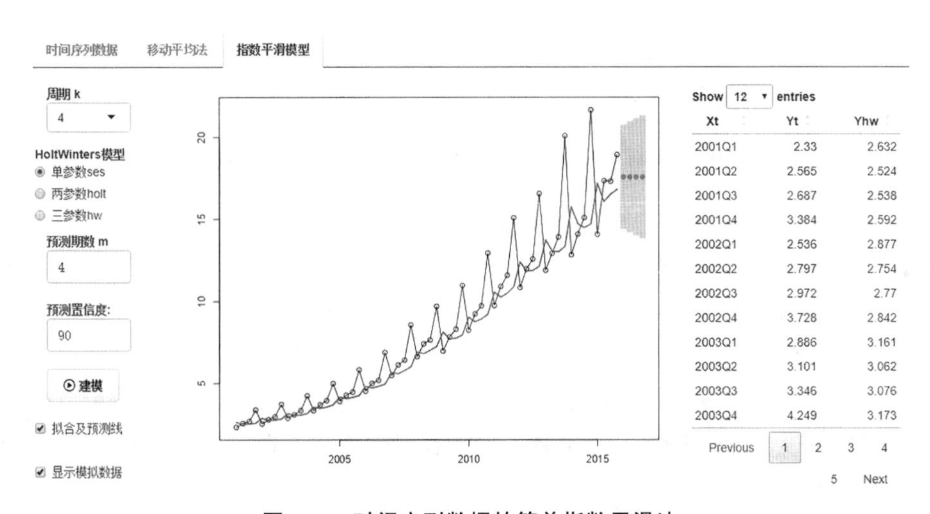

图 5-7　时间序列数据的简单指数平滑法

系数 α 代表着新旧数据的分配值，体现着当前预测对近期数据和远期数据的依赖程度。

（1）α 数值在 0~1 之间（即 $0<\alpha<1$）。

（2）α 越小，平滑作用越强，对预测结果的调整较小，对实际数据变动反应较迟缓。

（3）α 越大，对实际值的变化越敏感，即对预测结果的调整越大，也就是对近期数据依赖越大。

从图 5-8 的简单指数平滑模型的参数估计结果知，平滑系数 $\alpha=0.359\,6$，模型预测值为 17.578。由于该数据既有趋势又有季节变动，因此拟合效果并不好。

```
Forecast method: Simple exponential smoothing

Model Information:
Simple exponential smoothing

Call:
 ses(y = Yt, h = m, level = b)

  Smoothing parameters:
    alpha = 0.3596

  Initial states:
    l = 2.6322

  sigma:  1.9405

     AIC     AICc      BIC
329.1823 329.6108 335.4653

Error measures:
                    ME     RMSE      MAE      MPE
Training set 0.6926171 1.907919 1.198059 6.394294
                 MAPE     MASE       ACF1
Training set 12.33855 1.079628 -0.3507843

Forecasts:
        Point Forecast    Lo 90    Hi 90
2016 Q1       17.57801 14.38612 20.76991
2016 Q2       17.57801 14.18596 20.97006
2016 Q3       17.57801 13.99698 21.15905
2016 Q4       17.57801 13.81748 21.33855
```

图 5-8 时间序列数据的简单指数平滑模型拟合图

5.2.2.2 Holt 双参数指数平滑模型

指数平滑技术有两大缺点：当数据呈现趋势和/或季节性变化时无法使用。Holt-Winters 指数平滑法从不同侧面对指数平滑方法进行了修正。

Holt 双参数指数平滑：Holt 技术解决了 SES 技术的两个缺点之一。Holt 模型可用于预测具有趋势的时间序列数据。但是 Holt 模型在时间序列中存在季节性变化时会失败。

$$L_t=\alpha Y_t+(1-\alpha)(L_{t-1}+T_{t-1})$$

$$T_t=\beta(L_t-L_{t-1})+(1-\beta)T_{t-1}$$

$$F_{t+m}=L_t+mT_t$$

这里 Y 为实际值，L 表示水平，T 表示趋势。

α 为水平平滑系数，β 为趋势平滑系数，取值都在 0~1 之间。

F_{t+m}为预测值，m 为预测期数，即 F_{t+m}是需要预测当前之后的 m 期的预测值。

Holt 双参数指数平滑模型分析，如图 5-9 所示。

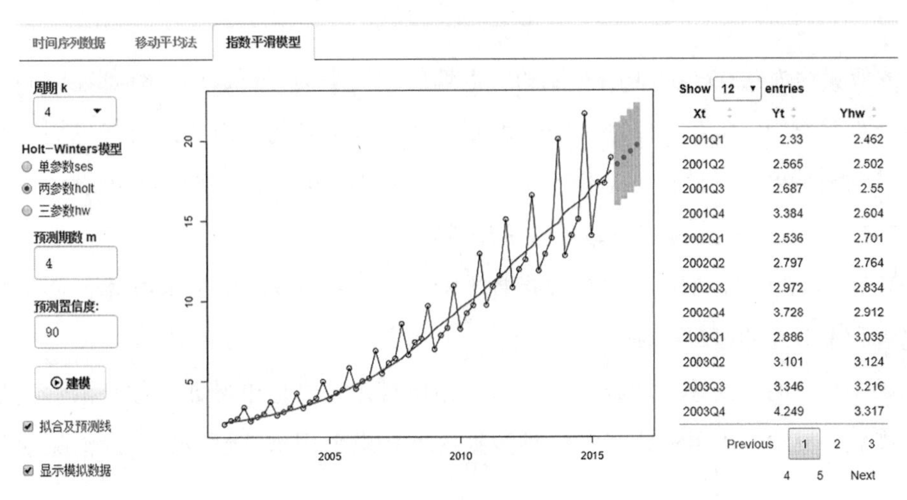

图 5-9　Holt 双参数指数平滑模型分析

从图 5-10 的 Holt 双参数指数平滑模型的参数估计结果知，平滑系数 α=0. 030 1，趋势平滑系数 β=0. 030 1，由于该模型考虑了数据的趋势，因此拟合效果要好于简单指数平滑法，模型给出了未来 4 期的点估计以及 80%和 95%的区间估计，拟合效果如图 5-10 所示。

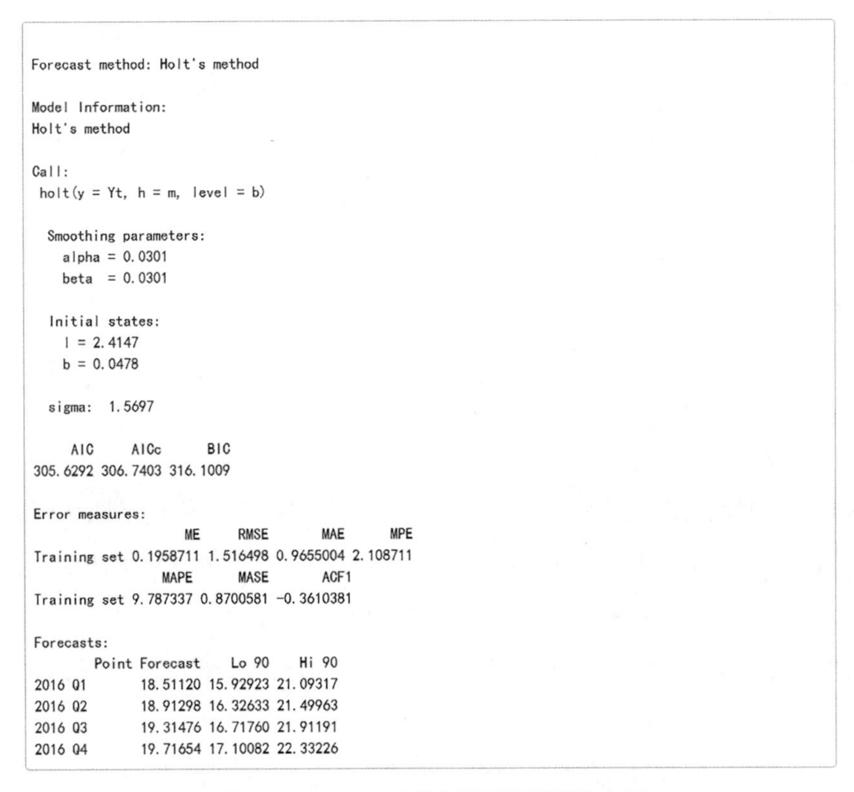

```
Forecast method: Holt's method

Model Information:
Holt's method

Call:
 holt(y = Yt, h = m, level = b)

  Smoothing parameters:
    alpha = 0.0301
    beta  = 0.0301

  Initial states:
    l = 2.4147
    b = 0.0478

  sigma:  1.5697

     AIC     AICc      BIC
305.6292 306.7403 316.1009

Error measures:
                    ME     RMSE       MAE      MPE
Training set 0.1958711 1.516498 0.9655004 2.108711
                 MAPE      MASE       ACF1
Training set 9.787337 0.8700581 -0.3610381

Forecasts:
        Point Forecast    Lo 90    Hi 90
2016 Q1       18.51120 15.92923 21.09317
2016 Q2       18.91298 16.32633 21.49963
2016 Q3       19.31476 16.71760 21.91191
2016 Q4       19.71654 17.10082 22.33226
```

图 5-10　Holt 双参数指数平滑模型拟合图

α 的值大约为 0.03，这表明短期的、近期的、历史的、更远的观察都在时间序列的趋势估计中起作用。β 值也约为 0.03，表明线性趋势是有的。由于没有考虑周期性因素的影响，预测结果也就没有考虑季节性因素，这时候的预测结果也近似为线性。

5.2.2.3 Holt-Winters 三参数指数平滑模型

Holt-Winters（简称 HW）三参数指数平滑：HW 模型修改了 Holt 技术，使其可以在存在趋势和季节性的情况下使用。

如果序列有明显的季节性或季节性确定存在时，无论是单参数指数平滑法还是 Holt 双参数指数平滑法都不再适用了。这种数据序列要求采用季节性方法，以消除季节性的影响。

在现实中，没有趋势、没有季节性的需求非常少，甚至往往是不存在的。因此，需要一种能将趋势和季节性都考虑到的预测技术。于是，HW 三参数指数平滑法应运而生。

HW 三参数指数平滑法是目前使用较多的季节性预测方法之一。该方法对含有线性趋势和周期波动的非平稳序列适用，HW 方法在 Holt 基础上引入了 Winters 周期项（也叫作季节项），可以用来处理月度数据（周期 12）、季度数据（周期 4）、星期数据（周期 7）等时间序列中的固定周期的波动行为。即 HW 三参数指数平滑法由温特斯（Winters）通过添加季节性构成（季节性指数），在 Holt 双参数指数平滑法基础上扩展而来。

HW 模型采用三个参数 alpha（α）、beta（β）和 gamma（γ），使用 3 个等式来涵盖水平、趋势和季节性构成，故被称为 HW 三参数指数平滑法。

下面是加法型 HW 建模：

$$L_t=\alpha(Y_{t-1}-C_{t-s})+(1-\alpha)(L_{t-1}+T_{t-1})$$

$$T_t=\beta(L_t-L_{t-1})+(1-\beta)T_{t-1}$$

$$C_t=\gamma(Y_t-L_t)+(1-\gamma)C_{t-s}$$

$$F_{t+m}=L_t+mT_t+C_{t-s+m}$$

加法是对季节性构成进行累加处理，而乘法则是对季节性构成采取相乘方式处理，即加法是加上或减掉季节因素，而乘法则是与季节因素相乘，默认用加法处理。

【例 2-4】的 HW 三参数指数平滑模型分析如图 5-11 所示。

从模型拟合结果中可以看出（见图 5-12），HW 的平滑是使用三个参数完成的：α、β 和 γ。α 估计趋势（或水平）分量，β 估计趋势分量的斜率，而 γ 估计季节性分量。这些估计值基于系列中的最新时间点，将用于预测。α、β 和 γ 的值为 0~1，其中接近 0 的值表示最近的观测值在估计中的权重很小。

拟合效果如图 5-12 所示。

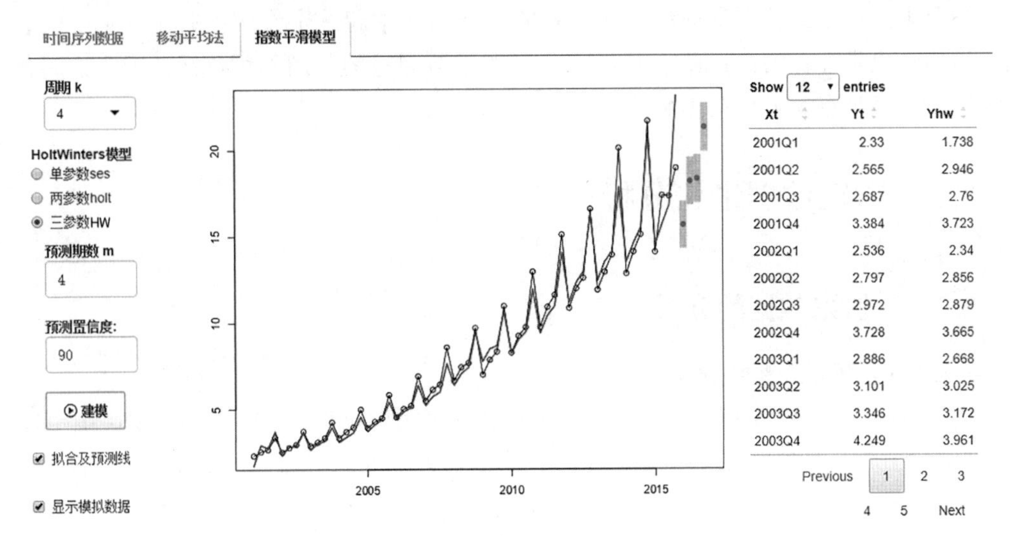

图 5-11　HW 三参数指数平滑模型分析

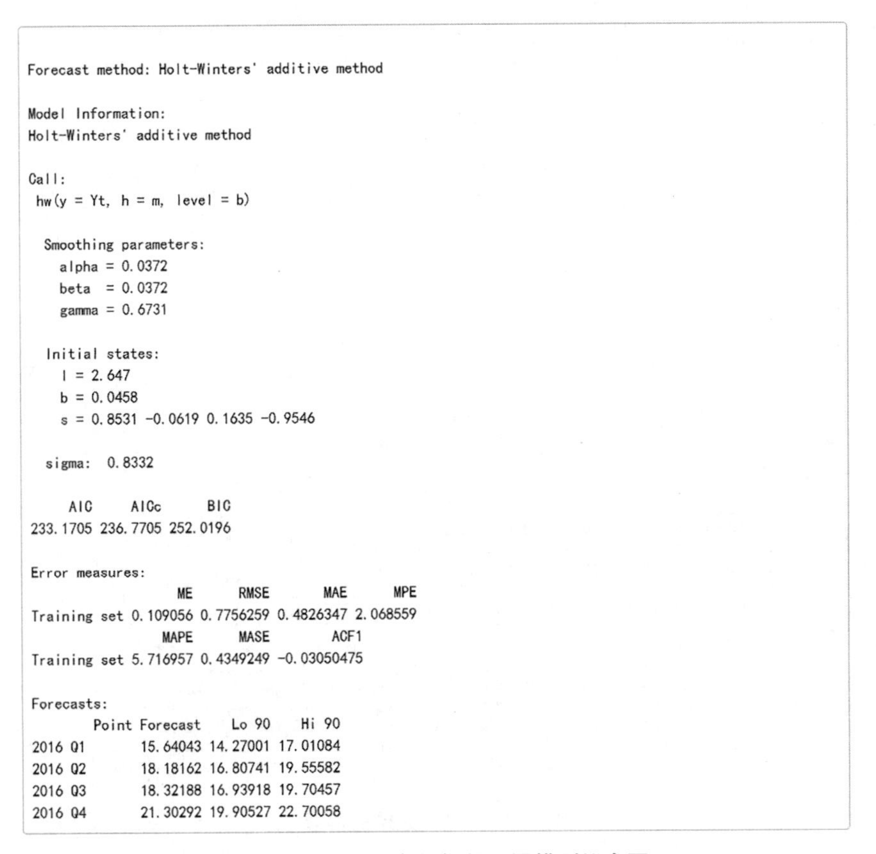

```
Forecast method: Holt-Winters' additive method

Model Information:
Holt-Winters' additive method

Call:
 hw(y = Yt, h = m, level = b)

  Smoothing parameters:
    alpha = 0.0372
    beta  = 0.0372
    gamma = 0.6731

  Initial states:
    l = 2.647
    b = 0.0458
    s = 0.8531 -0.0619 0.1635 -0.9546

  sigma:  0.8332

     AIC      AICc      BIC
233.1705 236.7705 252.0196

Error measures:
                    ME      RMSE       MAE      MPE
Training set 0.109056 0.7756259 0.4826347 2.068559
                 MAPE      MASE        ACF1
Training set 5.716957 0.4349249 -0.03050475

Forecasts:
        Point Forecast    Lo 90    Hi 90
2016 Q1       15.64043 14.27001 17.01084
2016 Q2       18.18162 16.80741 19.55582
2016 Q3       18.32188 16.93918 19.70457
2016 Q4       21.30292 19.90527 22.70058
```

图 5-12　HW 三参数指数平滑模型拟合图

从图 5-12 的结果中，我们可以看到 α 的平滑估计值为 0.037 2，趋势平滑系数 β 为 0.037 2，季节平滑系数 γ 估计值为 0.673 1。α 的值大约为 0.04，这表明短期的、近期的观察和历史的、更远的观察都在时间序列的趋势估计中起一定作用；β 值约为 0.04，表明线性趋势也是存在的；γ 值为 0.673 1，说明季节因素的作用不可忽视，因为这时候的预测结果也是带有季节因素影响的。

5.3 财经数据量化分析

5.3.1 股票数据的分析

5.3.1.1 获取股票数据

从证券网站（这类网站很多，也可从在线数据中下载）上收集了 2015-01-01 至 2017-12-30 苏宁易购（股票代码 002024）每个交易日的股票基本数据（包括开盘价 open、最高价 high、最低价 low、收盘价 close 及成交量 volume），这是一种典型的日期时间序列数据集，3 年共 732 组数据，该数据保存在【股票数据 . xlsx】中（见图 5-13）。

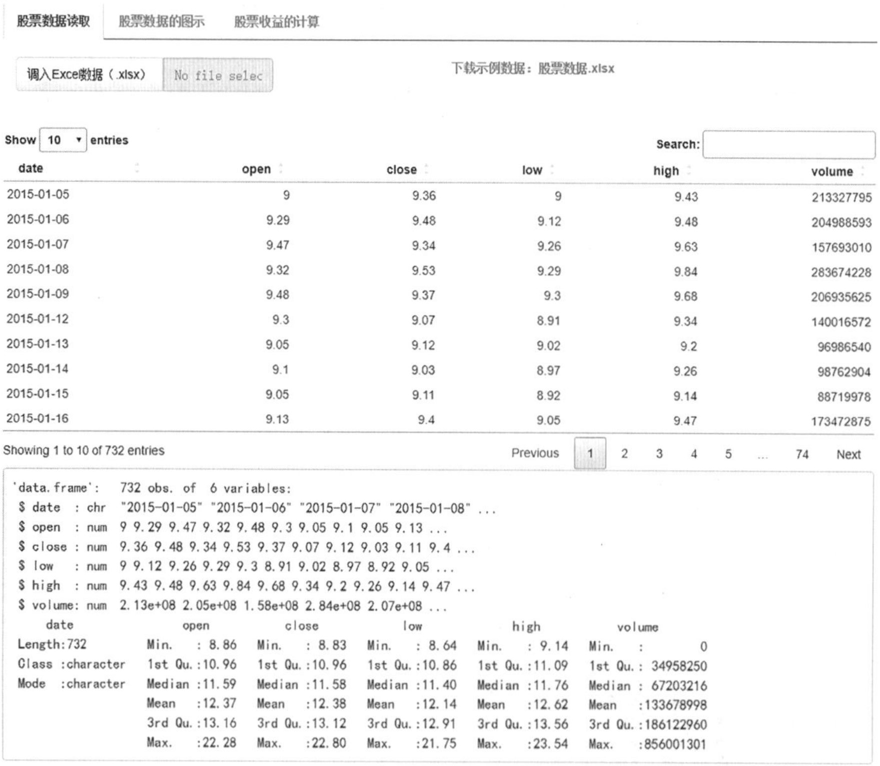

股票数据读取　股票数据的图示　股票收益的计算

调入Excel数据（.xlsx）　No file selec　　下载示例数据：股票数据.xlsx

Show 10 entries　　Search:

date	open	close	low	high	volume
2015-01-05	9	9.36	9	9.43	213327795
2015-01-06	9.29	9.48	9.12	9.48	204988593
2015-01-07	9.47	9.34	9.26	9.63	157693010
2015-01-08	9.32	9.53	9.29	9.84	283674228
2015-01-09	9.48	9.37	9.3	9.68	206935625
2015-01-12	9.3	9.07	8.91	9.34	140016572
2015-01-13	9.05	9.12	9.02	9.2	96986540
2015-01-14	9.1	9.03	8.97	9.26	98762904
2015-01-15	9.05	9.11	8.92	9.14	88719978
2015-01-16	9.13	9.4	9.05	9.47	173472875

Showing 1 to 10 of 732 entries　　Previous 1 2 3 4 5 … 74 Next

```
'data.frame':   732 obs. of  6 variables:
 $ date  : chr  "2015-01-05" "2015-01-06" "2015-01-07" "2015-01-08" ...
 $ open  : num  9 9.29 9.47 9.32 9.48 9.3 9.05 9.1 9.05 9.13 ...
 $ close : num  9.36 9.48 9.34 9.53 9.37 9.07 9.12 9.03 9.11 9.4 ...
 $ low   : num  9 9.12 9.26 9.29 9.3 8.91 9.02 8.97 8.92 9.05 ...
 $ high  : num  9.43 9.48 9.63 9.84 9.68 9.34 9.2 9.26 9.14 9.47 ...
 $ volume: num  2.13e+08 2.05e+08 1.58e+08 2.84e+08 2.07e+08 ...
     date                open            close            low             high            volume
 Length:732         Min.   : 8.86   Min.   : 8.83   Min.   : 8.64   Min.   : 9.14   Min.   :        0
 Class :character   1st Qu.:10.96   1st Qu.:10.96   1st Qu.:10.86   1st Qu.:11.09   1st Qu.: 34958250
 Mode  :character   Median :11.59   Median :11.58   Median :11.40   Median :11.76   Median : 67203216
                    Mean   :12.37   Mean   :12.38   Mean   :12.14   Mean   :12.62   Mean   :133678998
                    3rd Qu.:13.16   3rd Qu.:13.12   3rd Qu.:12.91   3rd Qu.:13.56   3rd Qu.:186122960
                    Max.   :22.28   Max.   :22.80   Max.   :21.75   Max.   :23.54   Max.   :856001301
```

图 5-13　股票数据的读取

5.3.1.2　股票分析图表

由于受到通货膨胀、银行利率、汇率、宏观经济因素、社会环境、企业经营状况等因素的影响，股票在买卖过程中不可避免地存在风险。如何在几千只股票中挑选有发展潜力的股票，在股市中争做赢家，这时可以利用股票分析技术去分析股票市场价格的发展趋势。很多股票软件都提供了多种专用于股票市场分析的图表，如 *K* 线图、移动平均线和 *KD* 线等。通过分析股票图表可以清楚地观察股票在一定时期内的涨跌和变化趋势，根据摸索出来的有一定规律的事实，大致可以判断未来的股市行情。

（1）*K* 线图概述。*K* 线图，起源于日本的 18 世纪，被日本商人用来记录米市的行情和价格波动。由于这种方法绘制出来的图表形状类似于一根根的蜡烛，因此又被称为“蜡烛图”，但又因有黑白之分，也叫阴阳线。*K* 线图是研究股市行情中最常用的工具，它能够全面地分析市场的真正变化，既可以看到股价趋势的强弱、买卖双方力量平衡的变化，同时也能够较准确地预测后市走向。

（2）*K* 线图的基本画法。[①] 以时间为横坐标，价格为纵坐标，将每日的价格连续绘出即成 *K* 线图（见图 5-14）。若是以每个分析周期的开盘价、最高价、最低价和收盘价绘制而成，则为典型的“单日 *K* 线图”。在 *K* 线图中，矩形有阳线和阴线之分，一般情况下用红色矩形表示阳线，黑色矩形表示阴线。

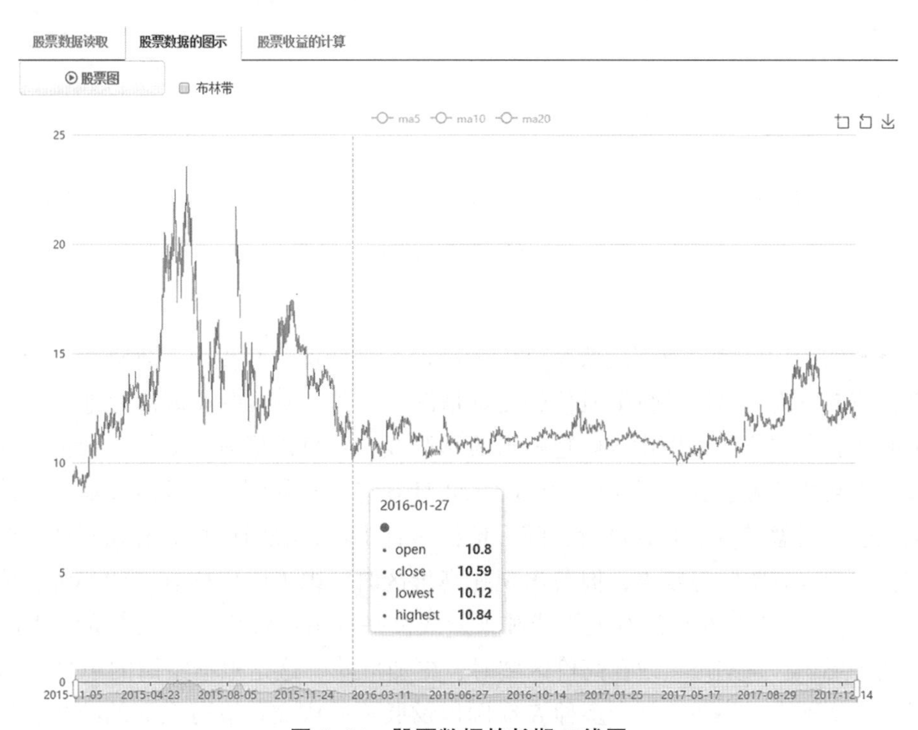

图 5-14　股票数据的长期 *K* 线图

① 因本书为黑白印刷，无法显示红色和绿色，建议读者从平台去了解。

目前很多软件都可以用彩色实体来表示阴线和阳线，在国内股票和期货市场中，往往使用红色表示阳线，绿色表示阴线。但同时应注意的是，在欧美股票以及外汇市场中，采用的习惯恰好和国内相反。在这些市场上，通常用绿色代表阳线，红色代表阴线。

图 5-15 是苏宁易购股票数据的短期 *K* 线图。

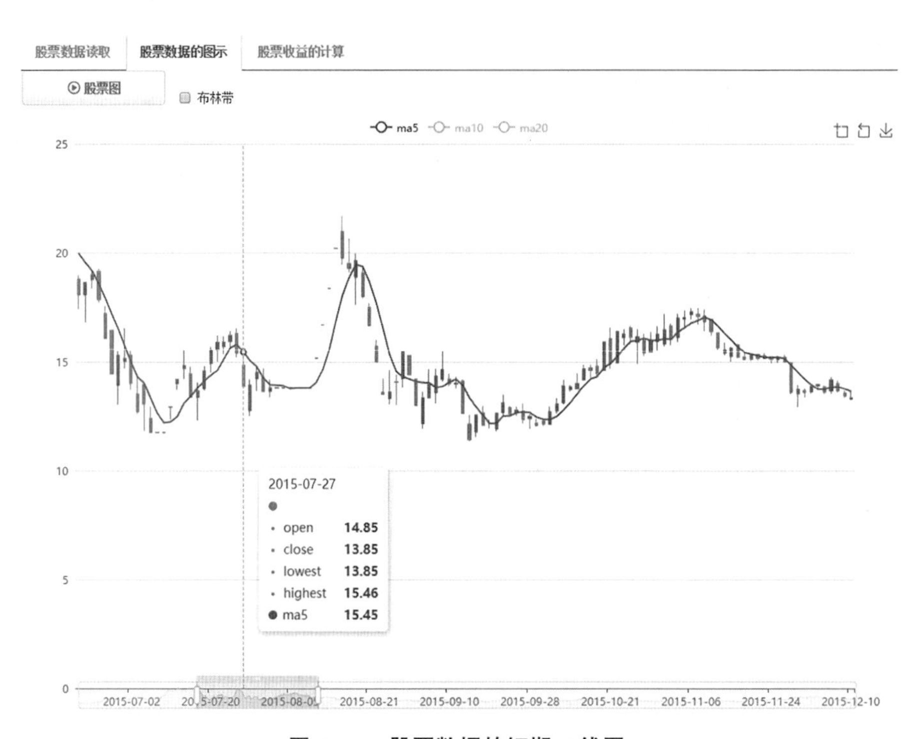

图 5-15 股票数据的短期 *K* 线图

从该 *K* 线图中，可以看到股票每日的最高价、最低价、开盘价、收盘价以及成交量等信息，该图较为全面地反映了股价的变动情况。另外，*K* 线图还能清楚地反映买卖双方力量的强弱。在该 *K* 线图中，红色矩形表示阳线，绿色矩形表示阴线。根据前面介绍的 *K* 线形态可以判断，在 5 月 19 日和 5 月 20 日具有较长的阴线，并且没有上影线，为“下影阴线”，开盘价为该日最高价，随后价格一直下跌，表明市场具有强烈的跌势。下影线较长的阴线表明跌势较虚，但若出现在高价区时，则表明价格有回调趋势，应注意及时将股票卖出。7 月 6 日没有上影线和下影线，并且阴线较长，可视之为“大阴线”，为强烈跌势形态，特别是出现在高价区域时，更加危险。这是根据绘制的单日 *K* 线图进行研判，在实际中，往往会结合多种 *K* 线图以及股票的成交量进行全面的分析，这样才能够更全面、准确地根据股市的变动情况来判断股票的未来走势。

（3）成交量分布情况如图 5-16 所示。可以看出，成交量的变动与股票价格表现基本一致。

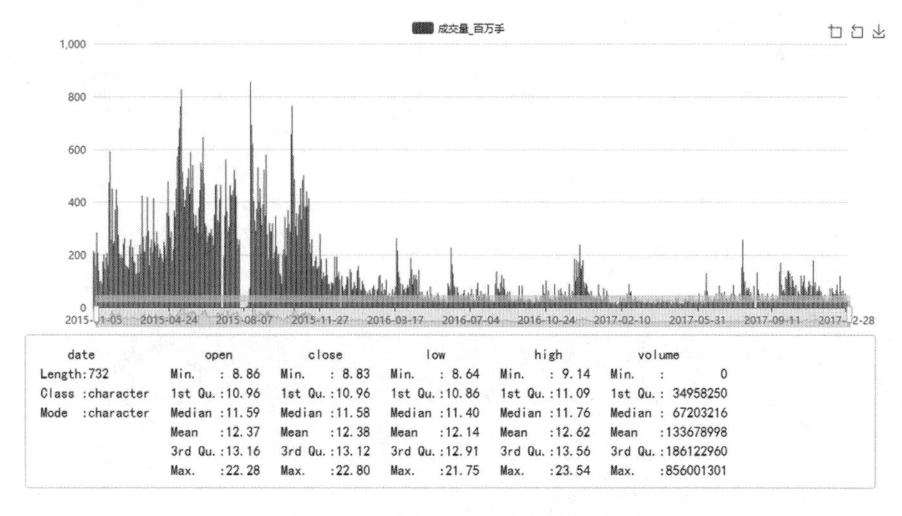

date	open	close	low	high	volume
Length:732	Min. : 8.86	Min. : 8.83	Min. : 8.64	Min. : 9.14	Min. : 0
Class :character	1st Qu.:10.96	1st Qu.:10.96	1st Qu.:10.86	1st Qu.:11.09	1st Qu.: 34958250
Mode :character	Median :11.59	Median :11.58	Median :11.40	Median :11.76	Median : 67203216
	Mean :12.37	Mean :12.38	Mean :12.14	Mean :12.62	Mean :133678998
	3rd Qu.:13.16	3rd Qu.:13.12	3rd Qu.:12.91	3rd Qu.:13.56	3rd Qu.:186122960
	Max. :22.28	Max. :22.80	Max. :21.75	Max. :23.54	Max. :856001301

图 5-16　股票数据的成交量分布图

5.3.1.3　股票趋势分析线

（1）股票移动平均线。股票移动平均线是以道·琼斯的“平均成本概念”为理论基础，采用我们前面介绍的移动平均原理，将某段时间内股票价格平均值画在坐标图上形成的曲线，用来显示股价的历史波动情况。由于它受短期股价变动的影响较小，稳定性较高，因此可以较为准确地反映股价指数未来发展趋势，是一种以统计技术为基础的技术分析方法。

①基本定义。“移动平均线”中的“平均”指的是一段时间内（n 天）股票收市价格的算术平均线；“移动”是指在计算中始终采用最近几天（称之为“步长”）的价格数据，可以根据具体情况选择固定的步长。被平均的价格数组始终随着日期的更迭，逐日向前推进。当把最新的收市价格纳入价格数组中，离当前最远的那一天的数据将从价格数组中删除，即得到了最新一天的平均值。

②计算公式和分类。根据计算周期的长短，移动平均线可分为短期移动平均线（如 5 日、10 日）、中期移动平均线（如 20 日、30 日）和长期移动平均线（如 60 日、120 日）。其中，短期移动平均线通常对股价的波动更为敏感，因此也称作快速移动平均线。同样地，长期移动平均线被称为慢速移动平均线（见图 5-17）。

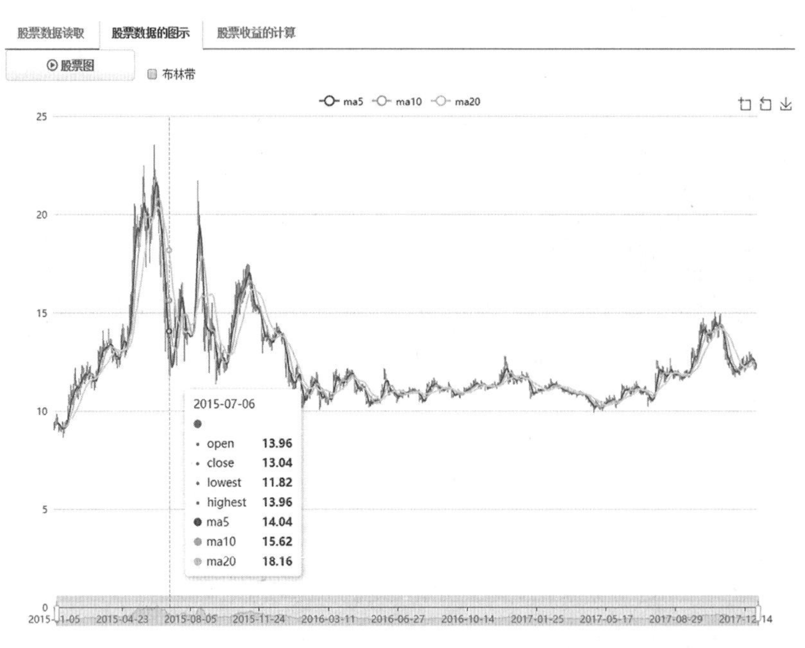

图 5-17 股票数据的移动平均线

（2）布林带。布林带（Bollinger Band）是股票交易分析中常用的指标之一，又被称为“保利加通道”。通过布林带分析可看出行情趋势、进出场时机等，故其备受投资者喜爱。布林带是一种趋势指标，该指标用于衡量波动性和预测当前趋势是翻转还是继续（见图 5-18）。

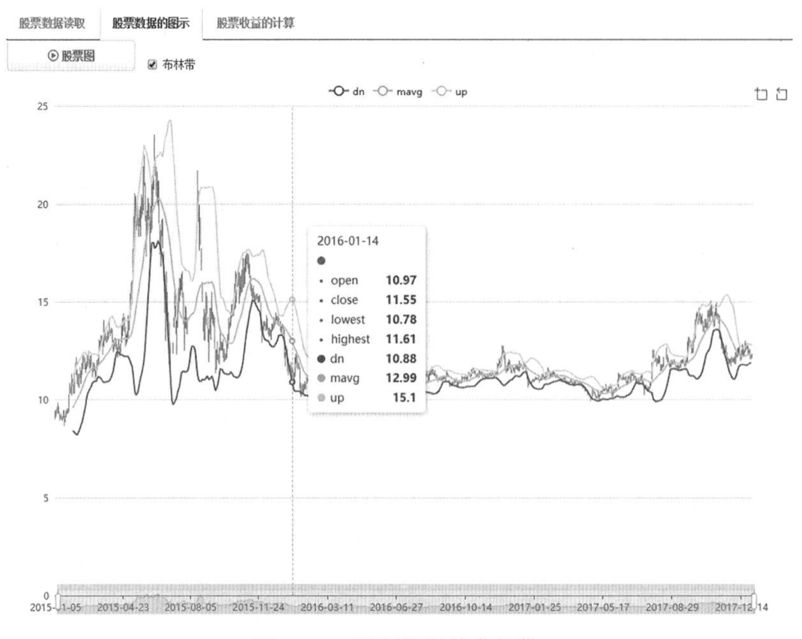

图 5-18 股票数据的布林带

布林带又称布林线，由 John Bollinger 发明，可以用来比较一段时间内价格的水平与波动性。

布林线包括三条，中线是典型价格的 20 天简单移动平均，这里的典型价格指最高—最低—收盘，上下两条线分别是移动平均加上或减去标准差的倍数（一般为 2 倍）。这里 dn 表示下线，mavg 表示移动平均线（中线），up 表示上线 。

5. 3. 2　股票收益计算

股票收益率是反映股票收益水平的指标，是投资于股票所获得的收益总额与原始投资额的比率。股票的绝对收益就是股息，相对收益就是股票收益率。即股票收益率 = 收益额/原始投资额，计算公式如下：

$$R_t = (Y_t - Y_{t-1}) / Y_{t-1} = Y_t / Y_{t-1} - 1$$

式中，Y_t 代表当期股价。

对数收益率是两个时期资产价值取对数后的差额，即资产多个时期的对数收益率等于其各时期对数收益率之和。我们研究股票市场价格时，通常认为股票价格模型服从布朗运动，即对数收益率是正态分布的。

5. 3. 2. 1　每日收益率计算

从日期数据中分解出年份和月份，并根据收盘价计算每日收益率（见图 5-19）。

股票数据读取　股票数据的图示　股票收益的计算

Show 20 entries　Copy　CSV　Excel　　Search:

日期	年份	月份	最高价	最低价	收盘价	收益率
2015-01-05	2015	01	9.43	9	9.36	
2015-01-06	2015	01	9.48	9.12	9.48	1.2821
2015-01-07	2015	01	9.63	9.26	9.34	-1.4768
2015-01-08	2015	01	9.84	9.29	9.53	2.0343
2015-01-09	2015	01	9.68	9.3	9.37	-1.6789
2015-01-12	2015	01	9.34	8.91	9.07	-3.2017
2015-01-13	2015	01	9.2	9.02	9.12	0.5513
2015-01-14	2015	01	9.26	8.97	9.03	-0.9868
2015-01-15	2015	01	9.14	8.92	9.11	0.8859
2015-01-16	2015	01	9.47	9.05	9.4	3.1833
2015-01-19	2015	01	9.43	8.64	8.83	-6.0638
2015-01-20	2015	01	9.18	8.86	9.09	2.9445
2015-01-21	2015	01	9.43	9.1	9.38	3.1903
2015-01-22	2015	01	9.54	9.28	9.52	1.4925
2015-01-23	2015	01	9.54	9.28	9.33	-1.9958
2015-01-26	2015	01	10.26	9.36	10.26	9.9678
2015-01-27	2015	01	10.82	10.3	10.57	3.0214
2015-01-28	2015	01	10.67	10.3	10.39	-1.7029
2015-01-29	2015	01	11.31	10.19	10.9	4.9086
2015-01-30	2015	01	11.04	10.7	10.7	-1.8349

Showing 1 to 20 of 732 entries　　Previous　1　2　3　4　5　…　37　Next

图 5-19　每日收益率的计算

5.3.2.2 年度收益率计算

根据年度指标算出的每年股票平均收益率，如图 5-20 所示。

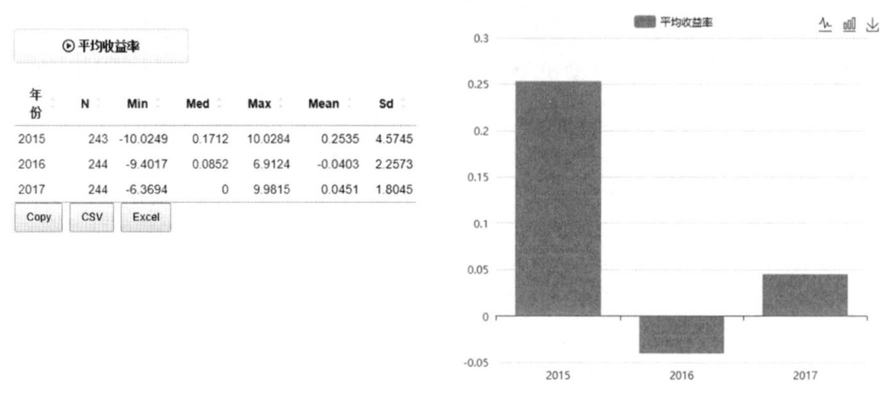

年份	N	Min	Med	Max	Mean	Sd
2015	243	-10.0249	0.1712	10.0284	0.2535	4.5745
2016	244	-9.4017	0.0852	6.9124	-0.0403	2.2573
2017	244	-6.3694	0	9.9815	0.0451	1.8045

图 5-20　股票的年收益率

5.3.2.3 月度收益率计算

根据年度和月度指标算出的每年每月的股票平均收益率，如图 5-21 和图 5-22 所示，可以看出 2015 年每月的平均收益率变化较大。

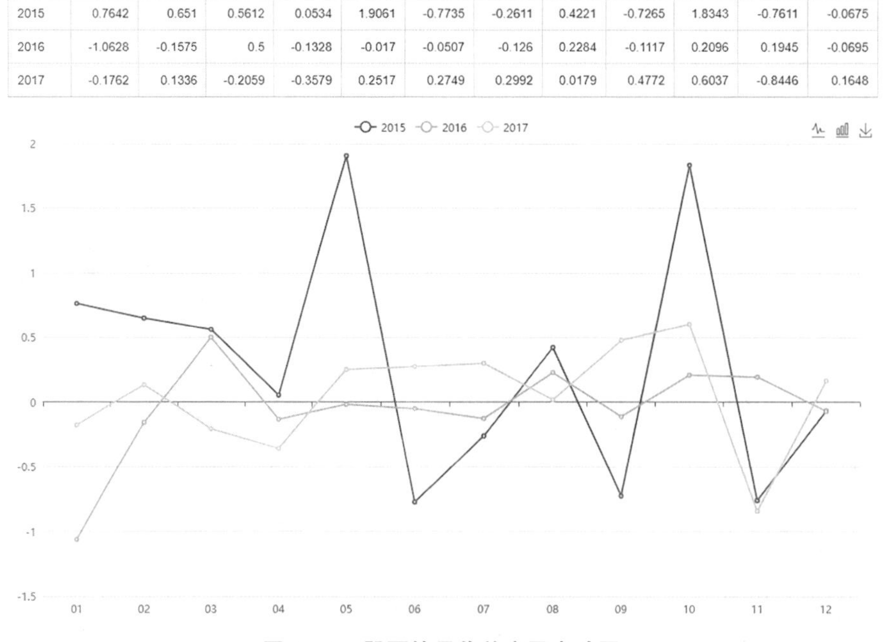

年份	01	02	03	04	05	06	07	08	09	10	11	12
2015	0.7642	0.651	0.5612	0.0534	1.9061	-0.7735	-0.2611	0.4221	-0.7265	1.8343	-0.7611	-0.0675
2016	-1.0628	-0.1575	0.5	-0.1328	-0.017	-0.0507	-0.126	0.2284	-0.1117	0.2096	0.1945	-0.0695
2017	-0.1762	0.1336	-0.2059	-0.3579	0.2517	0.2749	0.2992	0.0179	0.4772	0.6037	-0.8446	0.1648

图 5-21　股票的月收益率及变动图

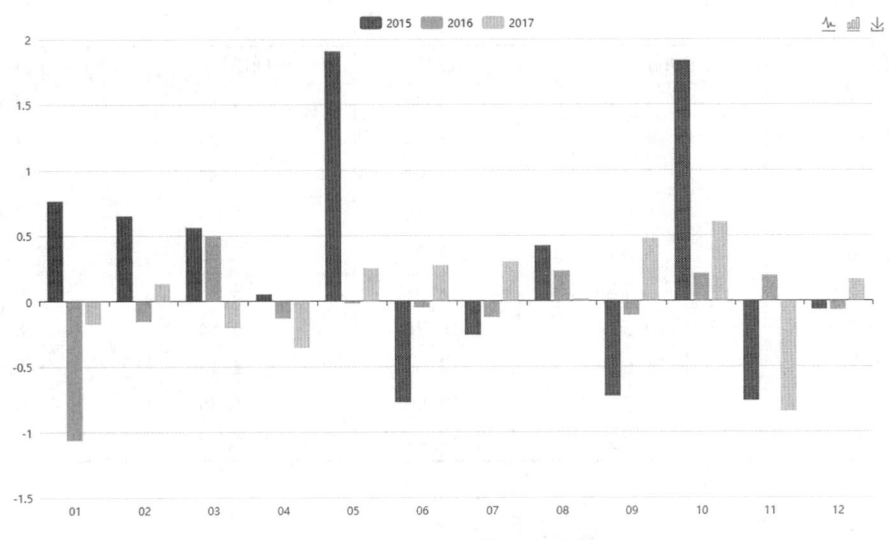

图 5-22　股票的月收益率比较图

案例与练习

1. 下表是 2010—2020 年某地区主要年份旅游收入统计数据。试运用动态数列分析法测定整个地区旅游发展情况，并给出发展的趋势线、动态变动图和平均发展速度。

年份（年）	2010	2011	2012	2013	2014	2015	2016	2017	2018	2019	2020
收入（万元）	14 352	16 024	18 426	14 500	21 090	25 652	30 312	37 303	39 246	23 323	20 610

2. 下面数据集是某公司 2000—2020 年的季度收入，该数据是时间序列格式。

年度	Qtr1	Qtr2	Qtr3	Qtr4
2000	0. 71	0. 63	0. 85	0. 44
2001	0. 61	0. 69	0. 92	0. 55
2002	0. 72	0. 77	0. 92	0. 60
2003	0. 83	0. 80	1. 00	0. 77
2004	0. 92	1. 00	1. 24	1. 00
2005	1. 16	1. 30	1. 45	1. 25
2006	1. 26	1. 38	1. 86	1. 56
2007	1. 53	1. 59	1. 83	1. 86
2008	1. 53	2. 07	2. 34	2. 25
2009	2. 16	2. 43	2. 70	2. 25
2010	2. 79	3. 42	3. 69	3. 60

(续上表)

年度	Qtr1	Qtr2	Qtr3	Qtr4
2011	3. 60	4. 32	4. 32	4. 05
2012	4. 86	5. 04	5. 04	4. 41
2013	5. 58	5. 85	6. 57	5. 31
2014	6. 03	6. 39	6. 93	5. 85
2015	6. 93	7. 74	7. 83	6. 12
2016	7. 74	8. 91	8. 28	6. 84
2017	9. 54	10. 26	9. 54	8. 73
2018	11. 88	12. 06	12. 15	8. 91
2019	14. 04	12. 96	14. 85	9. 99
2020	16. 20	14. 67	16. 02	11. 61

（1）进行年度数据的动态数列分析。

（2）请画出年度数据的折线图和动态变动图。

（3）分别用移动平均法、指数平滑法和 Holt-Winters 方法对季度数据进行预测分析。

3. 股票收益率的研究。请读者从 Tushare(http://tushare. pro/) 等网站选日期数据股票指数作为样本数据，对我国证券市场股票指数收益率的变动和趋势进行分析。

第 6 章　多元决策分析方法

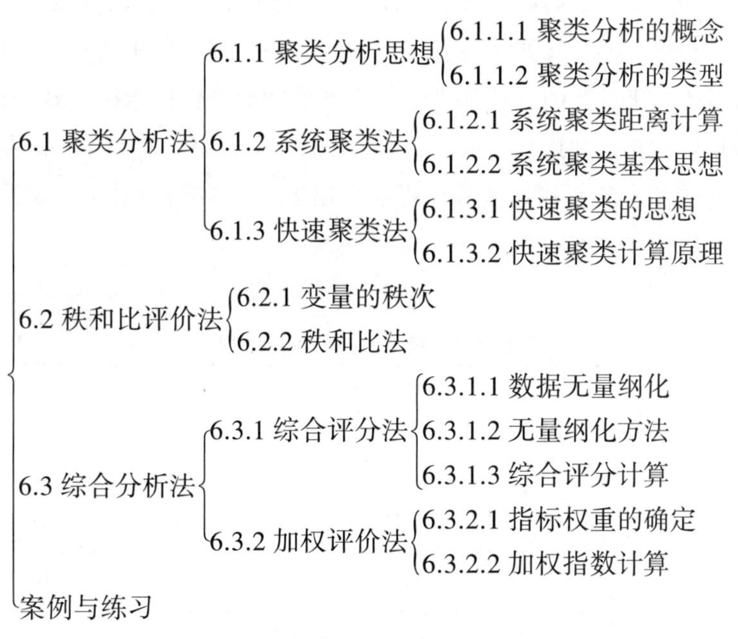

本章思维导图

6.1　聚类分析法

6.1.1　聚类分析思想

6.1.1.1　聚类分析的概念

聚类分析法（cluster analysis）是研究“物以类聚”的一种统计分析方法。在社会生活中的众多领域，都需要采用聚类分析做分类研究。过去人们主要靠经验做定性分类处理，很少利用数学方法，导致许多分类带有主观性和任意性。为了克服定性分类的不足，多元统计分析逐渐被引进数值分类学，形成了聚类分析这个分支。

聚类分析方法近十年来发展迅速，并且在经济、管理、地质勘探、天气预报、生物分类、考古、医学、心理学以及制定国家标准和区域标准等许多方面都取得了成效，因而使其成为目前国外较为流行的多变量统计分析方法之一。

聚类分析的目的是把分类对象按一定规则分成若干类，这些类不是事先给定的，而是根据数据的特征确定的。在同一类中这些对象在某种意义上趋向于彼此相似，而在不同类中趋向于不相似。

在实际问题中经常要将一些东西进行分类，例如在古生物研究中，通过挖掘出来的一些骨骼的形状和大小对它们进行科学的分类；在地质勘探中，要通过矿石标本的物探、化探指标将标本进行分类；又如在经济区域的划分中，根据各主要经济指标将全国各省区分成几个区域。这里骨骼的形状和大小，标本的物探、化探指标以及经济指标是我们用来分类的依据，称它们为指标（或变量），用 X_1，X_2，…，X_m 表示，m 是变量的个数；需要进行分类的骨骼、矿石和地区称作样品，用 1，2，3…，n 表示，n 是样品的个数。聚类分析的数据结构如表 6-1 所示。

表 6-1　聚类分析的数据结构

样品	变量			
	X_1	X_2	…	X_m
1	x_{11}	x_{12}	…	x_{1m}
2	x_{21}	x_{22}	…	x_{2m}
⋮	⋮	⋮		⋮
n	x_{n1}	x_{n2}	…	x_{nm}

6.1.1.2　聚类分析的类型

在聚类分析中，基本的思想是认为所研究的样品或指标（变量）之间存在着不同程度的相似性（亲疏关系）。于是根据一批样品的多个观测指标，具体找出一些能够度量样品（或指标）之间相似程度的统计量，将这些统计量作为划分类型的依据，把一些相似程度较大的样品（或指标）聚合为一类，把另外一些彼此之间相似程度较大的样品（或指标）又聚合为另一类，关系密切的聚合到一个小的分类单位，关系疏远的聚合到一个大的分类单位，直到把所有样品（或指标）都聚合完毕，把不同的类型一一划分出来，形成一个由小到大的分类系统。最后再把整个分类系统画成一张聚类图，用它来表示所有样品间的亲疏关系。

聚类方法通常根据分类对象的不同分为两类：一类是对样品进行分类处理，叫 Q 型；一类是对变量进行分类处理，叫 R 型。Q 型聚类又叫样品分类，就是对观测对象进行聚类，根据被观测的对象的各种特征进行分类。在经济管理中多用 Q 型聚类方法。

6.1.2　系统聚类法

6.1.2.1　系统聚类距离计算

对样品进行聚类时，我们用某种距离来刻画样品间的“靠近”程度。对指标的聚类，往往用某种相关系数来刻画。

当选用 n 个样品、p 个指标时，就可以得到一个 $n×p$ 的数据矩阵 $X=(x_{ij})_{n×p}$。该矩阵的元素 x_{ij} 表示第 i 个样品的第 j 个变量值。

设 x_{ij}（$i=1$，2，…，n；$j=1$，2，…，p）为第 i 个样品的第 j 个指标的观测数据，即每个样品有 p 个变量，则每个样品都可以看成 p 维空间中的一个点，n 个样品就是 p 维空间中的 n 个点，定义 d_{ij} 为样品 x_i 与 x_j 的距离，于是得到 $n×n$ 的距离矩阵：

$$\boldsymbol{D}=(d_{ij})_{n×n}=\begin{bmatrix} d_{11} & d_{12} & \cdots & d_{1n} \\ d_{21} & d_{22} & \cdots & d_{2n} \\ \vdots & \vdots & & \vdots \\ d_{n1} & d_{n2} & \cdots & d_{nn} \end{bmatrix}$$

为了计算各点之间的距离 d_{ij}，在聚类分析中对连续变量常用的距离主要是欧式距离（Euclidean distance），通常是一种数学意义上的距离（见图 6-2）。

$$d_{ij}(2)=\left[\sum_{k=1}^{p}(x_{ik}-x_{jk})^2\right]^{\frac{1}{2}}$$

下面以两个变量、九个样品数据为例说明距离的计算和聚类分析过程（见图 6-1）。

i	x_1	x_2
1	2.5	2.1
2	3.0	2.5
3	6.0	2.5
4	6.6	1.5
5	7.2	3.0
6	4.0	6.4
7	4.7	5.6
8	4.5	7.6
9	5.5	6.9

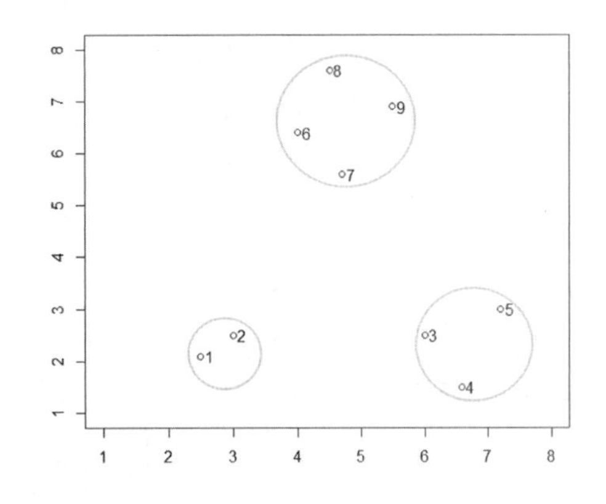

图 6-1　距离的计算和聚类分析

6.1.2.2　系统聚类基本思想

确定了距离后就要进行分类，分类有许多种方法。最常用的一种方法是在样品距离的基础上定义类与类之间的距离，首先将 n 个样品分成 n 类，每个样品自成一类，然后每次将具有最小距离的两类合并，合并后重新计算类与类之间的距离，这个过程一直持续到所有的样品归为一类为止，并把这个过程作成一张聚类图，通过聚类图可方便地进行分类。因为聚类图类似于一张系统图，所以这类方法就称为系统聚类法（hierarchical clustering method)。系统聚类法是目前在实际中使用最多的一类方法。

下面是系统聚类的基本步骤：

(1) 计算 n 个样品两两间的距离阵，记作 $\boldsymbol{D}=(d_{ij})_{n\times n}$；

(2) 构造 n 个类，每个类只包含一个样品；

(3) 合并距离最近的两类为一个新类；

(4) 计算新类与当前各类的距离，若类个数为 1，则转到步骤 (5)，否则回到步骤 (3)；

(5) 绘制系统聚类图；

(6) 根据系统聚类图确定类的个数和类的内容。

【例 6-1】为了研究我国 31 个省、自治区、直辖市 2019 年城镇居民生活消费的分布规律，根据调查资料做区域消费类型划分。指标名称如下，此例样品数 $n=31$，变量个数 $p=8$。原始数据见表 6-2，数据来自《2020 中国统计年鉴》①。

食品：人均食品支出（元/人）。

衣着：人均衣着商品支出（元/人）。

设备：人均家庭设备用品及服务支出（元/人）。

医疗：人均医疗保健支出（元/人）。

交通：人均交通和通讯支出（元/人）。

教育：人均娱乐教育文化服务支出（元/人）。

居住：人均居住支出（元/人）。

杂项：人均杂项商品和服务支出（元/人）。

表 6-2 城镇居民家庭平均每人全年消费性支出

单位：元

地区	食品	衣着	设备	医疗	交通	教育	居住	杂项
北京	8 488.5	2 229.5	2 387.3	3 739.7	4 979.0	4 310.9	15 751.4	1 151.9
天津	8 983.7	1 999.5	1 956.7	2 991.9	4 236.4	3 584.4	6 946.1	1 154.9
河北	4 675.7	1 304.8	1 170.4	1 699.0	2 415.7	1 984.1	4 301.6	435.8
山西	3 997.2	1 289.9	910.7	1 820.7	1 979.7	2 136.2	3 331.6	396.5
内蒙古	5 517.3	1 765.4	1 185.8	2 108.0	3 218.4	2 407.7	3 943.7	597.1
辽宁	5 956.5	1 586.1	1 275.3	2 434.2	2 848.5	2 929.3	4 417.0	756.0
吉林	4 675.4	1 406.8	948.3	2 174.0	2 518.1	2 436.6	3 351.5	564.7

① 可直接到国家统计局网站 http://www.stats.gov.cn/sj/ndsj/2020/indexch.htm 下载该数据。

(续上表)

地区	食品	衣着	设备	医疗	交通	教育	居住	杂项
黑龙江	4 781.1	1 437.6	884.8	2 457.1	2 317.4	2 444.9	3 314.2	514.4
上海	10 952.6	2 071.8	2 122.8	3 204.8	5 355.7	5 495.1	15 046.4	1 355.9
江苏	6 847.0	1 573.4	1 496.4	2 166.5	3 732.2	2 946.4	7 247.3	688.1
浙江	8 928.9	1 877.1	1 715.9	2 122.6	4 552.8	3 624.0	8 403.2	801.3
安徽	6 080.8	1 300.6	1 154.3	1 489.9	2 286.6	2 132.8	4 281.3	411.2
福建	8 095.6	1 319.6	1 269.7	1 506.8	3 019.4	2 509.0	6 974.9	619.3
江西	5 215.2	1 077.6	1 128.6	1 264.5	2 104.3	2 094.2	4 398.8	367.3
山东	5 416.8	1 443.1	1 538.9	1 816.5	2 991.5	2 409.7	4 370.1	440.8
河南	4 186.8	1 226.5	1 101.5	1 746.1	1 976.0	2 016.8	3 723.1	354.9
湖北	5 946.8	1 422.4	1 418.5	2 230.9	2 822.2	2 459.6	4 769.1	497.5
湖南	5 771.0	1 262.2	1 226.2	1 961.6	2 538.5	3 017.4	4 306.1	395.8
广东	9 369.2	1 192.2	1 560.2	1 770.4	3 833.6	3 244.4	7 329.1	695.5
广西	5 031.2	648.0	944.1	1 616.0	2 384.7	2 007.0	3 493.2	294.2
海南	7 122.3	697.7	932.7	1 294.0	2 578.2	2 413.4	4 110.4	406.2
重庆	6 666.7	1 491.9	1 392.5	1 925.4	2 632.8	2 312.2	3 851.2	501.3
四川	6 466.8	1 213.0	1 201.3	1 934.9	2 576.4	1 813.5	3 678.8	453.7
贵州	4 110.2	984.0	873.8	1 274.8	2 405.6	1 865.6	2 941.7	324.3
云南	4 558.4	822.7	926.6	1 401.4	2 439.0	1 950.0	3 370.6	311.2
西藏	4 792.5	1 446.3	847.7	519.2	2 015.2	690.3	2 320.6	397.4
陕西	4 671.9	1 227.5	1 151.1	1 977.4	2 154.8	2 243.4	3 625.3	413.3
甘肃	4 574.0	1 125.3	945.3	1 619.3	1 972.7	1 843.5	3 440.4	358.6
青海	5 130.9	1 359.8	953.2	1 995.6	2 587.6	1 731.8	3 304.0	481.8
宁夏	4 605.2	1 476.6	1 144.5	1 929.3	3 018.1	2 352.4	3 245.1	525.5
新疆	5 042.7	1 472.1	1 159.5	1 725.4	2 408.1	1 876.1	3 270.9	441.7

聚类数据及简单相关分析如图 6-2 至图 6-4 所示。

多元数据描述　系统聚类法　快速聚类法

调入Excel数据（.xlsx）　No file selec

下载【系统聚类】数据模板：系统聚类.xlsx

Show 10 entries　　Search:

地区	食品	衣着	设备	医疗	交通	教育	居住	杂项
北京	8488.5	2229.5	2387.3	3739.7	4979	4310.9	15751.4	1151.9
天津	8983.7	1999.5	1956.7	2991.9	4236.4	3584.4	6946.1	1154.9
河北	4675.7	1304.8	1170.4	1699	2415.7	1984.1	4301.6	435.8
山西	3997.2	1289.9	910.7	1820.7	1979.7	2136.2	3331.6	396.5
内蒙古	5517.3	1765.4	1185.8	2108	3218.4	2407.7	3943.7	597.1
辽宁	5956.5	1586.1	1275.3	2434.2	2848.5	2929.3	4417	756
吉林	4675.4	1406.8	948.3	2174	2518.1	2436.6	3351.5	564.7
黑龙江	4781.1	1437.6	884.8	2457.1	2317.4	2444.9	3314.2	514.4
上海	10952.6	2071.8	2122.8	3204.8	5355.7	5495.1	15046.4	1355.9
江苏	6847	1573.4	1496.4	2166.5	3732.2	2946.4	7247.3	688.1

Showing 1 to 10 of 31 entries　　Previous 1 2 3 4 Next

	例数	均值	标准差	最小值	中位值	最大值
食品	31	6021.25	1784.91	3997.2	5416.8	10952.6
衣着	31	1379.06	359.5	648	1359.8	2229.5
设备	31	1255.63	377.36	847.7	1159.5	2387.3
医疗	31	1932.84	609.25	519.2	1925.4	3739.7
交通	31	2867.72	887.87	1972.7	2576.4	5355.7
教育	31	2492.99	877.21	690.3	2352.4	5495.1
居住	31	5059.96	3127.02	2320.6	3943.7	15751.4
杂项	31	551.87	258.13	294.2	453.7	1355.9

Copy　Excel

	食品	衣着	设备	医疗	交通	教育	居住	杂项
食品	1.000	3.50**	7.61***	3.41**	9.62***	7.60***	7.60***	7.93***
衣着	0.545	1.000	6.63***	6.17***	5.94***	4.63***	4.83***	8.09***
设备	0.816	0.776	1.000	6.59***	11.52***	8.88***	10.76***	9.81***
医疗	0.535	0.754	0.774	1.000	5.82***	7.51***	5.69***	7.72***
交通	0.873	0.741	0.906	0.734	1.000	10.86***	10.89***	12.59***
教育	0.816	0.652	0.855	0.813	0.896	1.000	10.43***	10.25***
居住	0.816	0.668	0.894	0.726	0.896	0.889	1.000	9.42***
杂项	0.827	0.832	0.877	0.82	0.919	0.885	0.868	1.000

下三角为Pearson相关系数，上三角为检验的t值和p值 * p<0.05 ** p<0.01 *** p<0.001

Copy　CSV　Excel

图 6-2　系统聚类数据的读取及简单相关分析

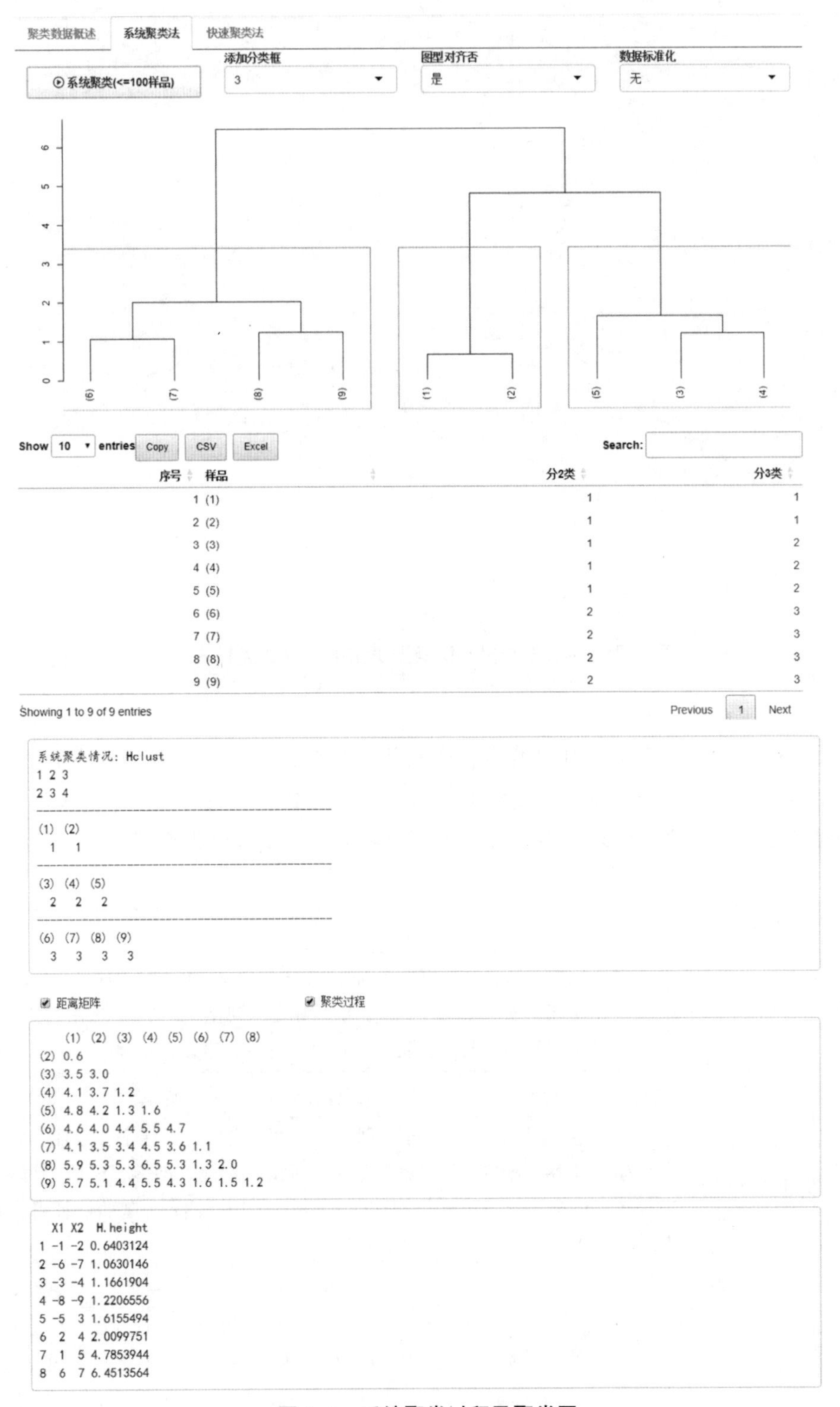

图 6-3　系统聚类过程及聚类图

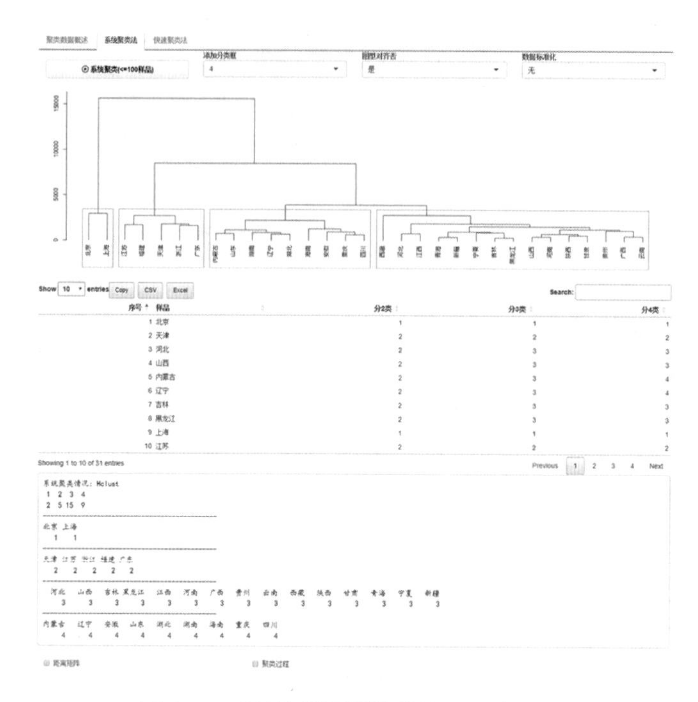

图 6-4　系统聚类图及聚类结果（分四类）

从图 6-2 中的相关系数表可以看出，变量间有很强的相关性，单独去分析它们显然是不科学的。从图 6-4 的系统聚类分析结果可以看出，当分两类时，北京、上海为一类，是为高消费地区，其他地区为一类，可看作消费较低的地区（见图 6-5）。

<table>
<tr><td>分类</td><td>第一类</td><td colspan="3">第二类</td></tr>
<tr><td>分二类</td><td>北京、上海</td><td colspan="3">天津、江苏、浙江、福建、广东、山东、河北、山西、内蒙古、辽宁、吉林、黑龙江、安徽、江西、河南、湖北、湖南、广西、海南、重庆、四川、贵州、云南、西藏、陕西、甘肃、青海、宁夏、新疆</td></tr>
<tr><td rowspan="2">分三类</td><td>第一类</td><td>第二类</td><td colspan="2">第三类</td></tr>
<tr><td>北京、上海</td><td>天津、江苏、浙江、福建、广东</td><td colspan="2">山东、河北、山西、内蒙古、辽宁、吉林、黑龙江、安徽、江西、河南、湖北、湖南、广西、海南、重庆、四川、贵州、云南、西藏、陕西、甘肃、青海、宁夏、新疆</td></tr>
<tr><td rowspan="2">分四类</td><td>第一类</td><td>第二类</td><td>第三类</td><td>第四类</td></tr>
<tr><td>北京、上海</td><td>天津、江苏、浙江、福建、广东</td><td>河北、山西、吉林、黑龙江、河南、江西、广西、陕西、甘肃、青海、宁夏、新疆、贵州、云南、西藏</td><td>内蒙古、辽宁 、安徽、山东、湖北、湖南、海南、重庆、四川</td></tr>
</table>

图 6-5　系统聚类分析结果（分二、三、四类）

当分成四类时，北京、上海仍为一类，为高消费地区；天津、江苏、浙江、福建和广东为一类，为较高消费地区；内蒙古、辽宁等 9 个地区为一类，可看作中等消费地区；河北、山西等 15 个地区为一类，为低消费区。

有时为了聚类的效果，我们需将数据标准化，即令 $z=\frac{x-\bar{x}}{s}$，当然这是要根据实际的聚类效果确定要不要进行标准化。因为聚类分析方法是一种探索性分析，没有一个标准答案。

6.1.3　快速聚类法

6.1.3.1　快速聚类的思想

系统聚类法需要计算出不同样品或变量的距离，还要在聚类的每一步都计算“类间距离”来保存距离矩阵，相应的计算量自然比较大；特别是当样本的容量很大时，需要占据非常大的计算机内存空间，这给应用带来一定的困难。而 Kmeans 法是一种快速聚类法，采用该方法得到的结果比较简单易懂，对计算机的性能要求不高，因此应用也比较广泛。

Kmeans 法（K 均值法）是麦奎因（MacQueen）提出的，这种算法的基本思想是将每一个样品分配给最近中心（均值）的类中，具体的算法至少包括以下三个步骤：

（1）将所有的样品分成 k 个初始类；

（2）通过距离将某个样品划入离中心最近的类中，并对获得样品与失去样品的类，重新计算中心坐标；

（3）重复步骤（2），直到所有的样品都不能再分配时为止。

Kmeans 法和系统聚类法一样，都是以距离的远近亲疏为标准进行聚类的，但是两者的不同之处也是明显的：系统聚类对不同的类数产生一系列的聚类结果，而 Kmeans 法只能产生指定类数的聚类结果。具体类数的确定，离不开实践经验的积累；有时也可借助系统聚类法以一部分样品为对象进行聚类，其结果作为 Kmeans 法确定类数的参考。

6.1.3.2　快速聚类计算原理

Kmeans 算法以 k 为参数，把 n 个对象分为 k 个聚类，以使聚类内具有较高的相似度，而聚类间的相似度较低。相似度的计算是根据一个聚类中对象的均值来进行的。Kmeans 算法的处理流程如下：首先，随机地选择 k 个对象，每个对象初始地代表了一个簇的平均值或中心。对剩余的每个对象，根据其与各个聚类中心的距离将它赋给最近的簇。然后重新计算每个簇的平均值作为聚类中心进行聚类。这个过程不断重复，直到准则函数收敛。通常采用平方误差准则，其定义如下：

$$E=\sum_{i=1}^{k}\sum_{p=C_i}(p-m_i)^2$$

其中，E 为数据中所有对象与相应聚类中心的均方差之和，p 为代表对象空间中的一个点，m_i为类C_i的均值（p和m_i均是多维的）。该式所示聚类标准旨在使所有获得的聚类有以下特点：各类本身尽可能紧凑，而各类之间尽可能分开，有些类似系统聚类的Ward法。

下面给出了Kmeans过程的步骤，根据聚类中的均值进行聚类划分的Kmeans算法。

输入：聚类个数k，以及包含n个数据对象的数据。

输出：满足平方误差准则最小的k个聚类处理。

流程：

（1）从n个数据对象任意挑选k个样品作为计算初始类的中心；

（2）根据每个类中对象的均值（中心），计算每个对象与这些中心对象的距离，并根据最小距离重新对相应对象进行划分；

（3）重新计算每个（有变化）簇的均值；

（4）循环流程（2）到（3），直到每个聚类不再发生变化为止。

【例6-2】下面我们收集某年中国上市公司前200家企业的15个指标，对其进行快速聚类，数据见图6-6。

（1）name，名称；

（2）outstanding，流通股本；

（3）totals，总股本；

（4）totalAssets，总资产；

（5）liquidAssets，流动资产；

（6）fixedAssets，固定资产；

（7）reserved，公积金；

（8）esp，每股收益；

（9）bvps，每股净资产；

（10）pb，市净率；

（11）rev，收入同比（%）；

（12）profit，利润同比（%）；

（13）gpr，毛利率（%）；

（14）npr，净利润率（%）；

（15）holders，股东人数。

数据来自：http://tushare.org/fundamental.html#id2，保存在【快速聚类.xlsx】。

快速聚4类的结果如图6-7所示。

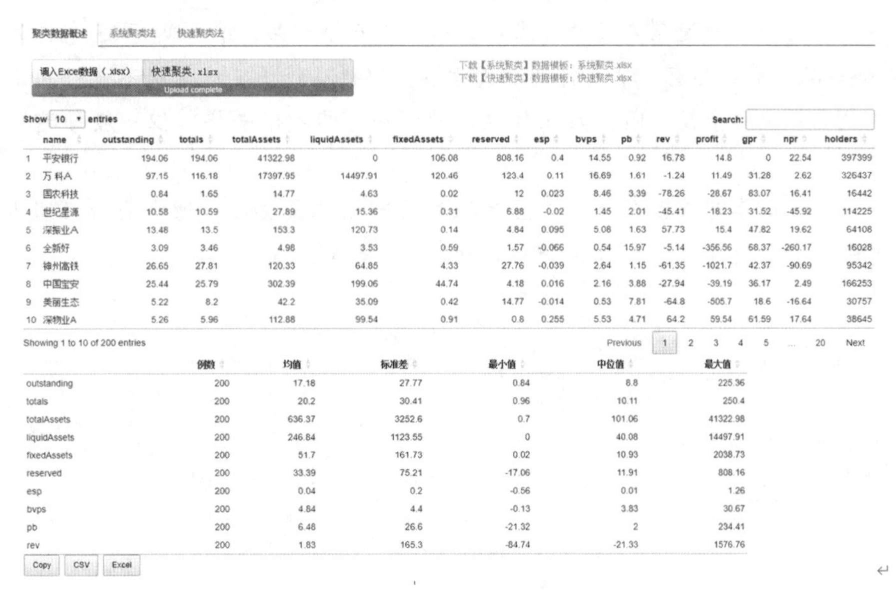

聚类数据概述　系统聚类法　快速聚类法

调入Excel数据（.xlsx）　快速聚类.xlsx　Upload complete

下载【系统聚类】数据模板：系统聚类.xlsx
下载【快速聚类】数据模板：快速聚类.xlsx

Show 10 entries　Search:

	name	outstanding	totals	totalAssets	liquidAssets	fixedAssets	reserved	esp	bvps	pb	rev	profit	gpr	npr	holders
1	平安银行	194.06	194.06	41322.98	0	106.08	808.16	0.4	14.55	0.92	16.78	14.8	0	22.54	397399
2	万科A	97.15	116.18	17397.95	14497.91	120.46	123.4	0.11	16.69	1.61	-1.24	11.49	31.28	2.62	326437
3	国农科技	0.84	1.65	14.77	4.63	0.02	12	0.023	8.46	3.39	-78.26	-28.67	83.07	16.41	16442
4	世纪星源	10.58	10.59	27.89	15.36	0.31	6.88	-0.02	1.45	2.01	-45.41	-18.23	31.52	-45.92	114225
5	深振业A	13.48	13.5	153.3	120.73	0.14	4.84	0.095	5.08	1.63	57.73	15.4	47.82	19.62	64108
6	全新好	3.09	3.46	4.98	3.53	0.59	1.57	-0.066	0.54	15.97	-5.14	-356.56	68.37	-260.17	16028
7	神州高铁	26.65	27.81	120.33	64.85	4.33	27.76	-0.039	2.64	1.15	-61.35	-1021.7	42.37	-90.69	95342
8	中国宝安	25.44	25.79	302.39	199.06	44.74	4.18	0.016	2.16	3.88	-27.94	-39.19	36.17	2.49	166253
9	美丽生态	5.22	8.2	42.2	35.09	0.42	14.77	-0.014	0.53	7.81	-64.8	-505.7	18.6	-16.64	30757
10	深物业A	5.26	5.96	112.88	99.54	0.91	0.8	0.255	5.53	4.71	64.2	59.54	61.59	17.64	38645

Showing 1 to 10 of 200 entries　Previous 1 2 3 4 5 … 20 Next

	例数	均值	标准差	最小值	中位值	最大值
outstanding	200	17.18	27.77	0.84	8.8	225.36
totals	200	20.2	30.41	0.96	10.11	250.4
totalAssets	200	636.37	3252.6	0.7	101.06	41322.98
liquidAssets	200	246.84	1123.55	0	40.08	14497.91
fixedAssets	200	51.7	161.73	0.02	10.93	2038.73
reserved	200	33.39	75.21	-17.06	11.91	808.16
esp	200	0.04	0.2	-0.56	0.01	1.26
bvps	200	4.84	4.4	-0.13	3.83	30.67
pb	200	6.48	26.6	-21.32	2	234.41
rev	200	1.83	165.3	-84.74	-21.33	1576.76

Copy　CSV　Excel

图 6-6　快速聚类数据的读取

聚类数据概述　系统聚类法　快速聚类法

快速聚类(样品数可>100)　聚类个数 4　数据标准化 无

聚类中心（均值）

```
  outstanding totals totalAssets liquidAssets fixedAssets reserved  esp bvps   pb    rev  profit   gpr    npr   holders
1      101.08 109.02    10516.81      2801.96      171.40   244.01 0.11 8.25 1.92 -21.13  -47.88 16.51  -0.03 410599.83
2       17.03  21.27      398.59       179.60       98.88    38.91 0.03 5.42 2.95   7.64  -98.70 19.89 -14.50  85923.11
3       57.40  68.07     1212.98       594.93       89.83    60.75 0.11 4.58 2.47 -12.76  -68.04 24.54   4.32 203104.43
4        8.15   9.34      188.72       110.36       15.59    16.34 0.04 4.38 9.10   1.62 -137.75 23.17  -8.43  35708.25
```

```
快速聚类情况: Kmeans
  1   2   3   4
  6  63  14 117

-----------------------------------------------
平安银行   万 科A 中兴通讯  TCL科技 东旭光电 铜陵有色
       1        1        1        1        1        1
-----------------------------------------------
世纪星源 深振业A 神州高铁 深康佳A 深粮控股   深科技 深圳能源 深深房A 华联控股 中集集团 东旭蓝天 深天马A 方大集团 深 赛 格 华锦股份 农 产 品
       2        2        2        2        2        2        2        2        2        2        2        2        2        2        2        2
华侨城A 特发信息 盐 田 港 深圳机场 常山北明 国际实业 东方盛虹 许继电气 冀东水泥 金 融 街 *ST沈机 渤海租赁 吉林化纤 东阿阿胶 晨鸣纸业 国新健康
       2        2        2        2        2        2        2        2        2        2        2        2        2        2        2        2
  珠海港 国际医学 四环生物 中兵红箭 长航凤凰 长虹美菱   柳 工 *ST华映 云南白药 粤电力A 佛山照明 皖能电力 金浦钛业 航天发展 神州信息 莱茵体育
       2        2        2        2        2        2        2        2        2        2        2        2        2        2        2        2
万向钱潮 陕国投A 供销大集 泸州老窖   ST海马  *ST金洲   太阳能 平潭发展 兴蓉环境 建投能源 韶能股份 焦作万方 海航投资 吉林敖东 天茂集团
       2        2        2        2        2        2        2        2        2        2        2        2        2        2        2
-----------------------------------------------
中国宝安   南 玻A   大悦城 中金岭南 中国长城 海王生物 中联重科 申万宏源 美的集团 潍柴动力 徐工机械 中天金融 长安汽车 攀钢钒钛
       3        3        3        3        3        3        3        3        3        3        3        3        3        3
-----------------------------------------------
国农科技   全新好 美丽生态 深物业A 沙河股份 *ST中华A 深华发A 深天地A   特 力A   飞亚达 国药一致 富奥股份 深桑达A 神州数码 中国天楹 深南电A
       4        4        4        4        4        4        4        4        4        4        4        4        4        4        4        4
  深大通 中洲控股 深纺织A 泛海控股 京基智农 德赛电池 皇庭国际 深圳华强 北方国际 华控赛格 天健集团 广聚能源 中信海直 宜华健康 中成股份 丰原药业
       4        4        4        4        4        4        4        4        4        4        4        4        4        4        4        4
川能动力 华数传媒 双林生物 长虹华意 胜利股份  *ST藏格   ST地矿 英特集团 民生控股 合肥百货 通程控股 南京公用   ST宜化 兴业矿业 华天酒店 粤高速A
       4        4        4        4        4        4        4        4        4        4        4        4        4        4        4        4
  张家界 山东路桥 鄂武商A 绿景控股   ST生物 京粮控股 中润资源  *ST华塑   新金路 丽珠集团 渝 开 发 荣安地产 广州浪奇 岭南控股 红 太 阳 紫光学大
       4        4        4        4        4        4        4        4        4        4        4        4        4        4        4        4
广弘控股 冰山冷热 穗恒运A 华金资本 顺钠股份 万泽股份 广宇发展 中原环保 金圆股份 湖南投资 江铃汽车 创元科技 靖远煤电  安道麦A 泰山石油 西部创业
       4        4        4        4        4        4        4        4        4        4        4        4        4        4        4        4
我爱我家 烽火电子 渝三峡A 海南海药 海德股份 苏常柴A  *ST大洲 粤宏远A 广东甘化 威孚高科 北部湾港 哈工智能  *ST东电 汇源通信 贵州轮胎 启迪古汉
       4        4        4        4        4        4        4        4        4        4        4        4        4        4        4        4
大通燃气  *ST宝实 古井贡酒 东北制药 青岛双星 盛达资源 渤海股份   顺利办 华媒控股 阳光股份 中迪投资 西安旅游   ST天首  大东海A 京汉股份 中油资本
       4        4        4        4        4        4        4        4        4        4        4        4        4        4        4        4
海螺型材   新华联 恒立实业 远大控股 高新发展
       4        4        4        4        4
```

相关系数可视图

图 6-7　快速聚类结果（分四类）

从图 6-7 可知，快速聚 4 类的结果：第一类有 6 个样品，第二类有 63 个样品，第三类有 14 个样品，第四类有 117 个样品。由于各类中样品较多，这里就不一一列出。注意由于快速聚类每次种子数不同，因此每次类的顺序可能都不一样，但一般每类的样本数是一样的。

由于这组数据集有 200 个样品，显然很难绘制系统聚类图。通常当样品数超过 100 个时，需进行快速聚类。图 6-8 为分四类时的快速聚类结果。

图 6-8 标准化数据的快速聚类结果（分四类）

6.2 秩和比评价法

6.2.1 变量的秩次

如要对数据进行单变量综合分析，可对各指标进行编秩排名。由于这时是秩次（排序后数据所处的位置次序），故可直接对其进行比较评价。

这里的秩次等同于非参数检验里的秩次，是一组数据排序后对应的位置次序。

图 6-9 中显示了各个变量进行编秩后的样品（地区）的秩次。这时可根据秩次大小分析各指标的多少。从图 6-9 中可以看出，广东在对外贸易竞争中各项指标都比较大，而西藏所有指标都最小。而且此时纵向和横向都可以进行比较。

评价数据　秩和比法　无量纲数据　景气分析法　定量评价法　定性评价法

秩和比

Show 50 entries　Copy　CSV　Excel　　Search:

	生产总值	从业人员	固定资产	进出口额	利用外资	新品出口	市场占有	对外依存
北京	19	7	9	28	27	24	25	31
天津	12	5	11	24	10	25	23	26
河北	26	24	26	22	25	20	21	16
山西	11	13	12	9	19	16	9	8
内蒙古	17	9	20	6	8	10	7	3
辽宁	25	17	28	23	23	23	24	22
吉林	10	10	13	12	9	13	8	14
黑龙江	16	15	15	20	15	9	16	20
上海	21	8	8	29	26	27	28	30
江苏	30	27	30	30	30	30	30	28
浙江	28	23	24	27	29	29	29	27
安徽	18	26	22	16	18	21	15	14
福建	20	18	19	25	16	26	26	25
江西	13	19	17	17	14	15	20	18
山东	29	31	31	26	28	28	27	24
河南	27	30	29	18	22	19	17	8
湖北	22	22	23	19	21	17	18	10.5
湖南	23	25	21	11	20	18	12	4.5
广东	31	29	27	31	31	31	31	29
广西	14	21	16	14	11	12	13	14
海南	4	4	4	7	4	4	5	23
重庆	9	12	14	15	13	22	19	19
四川	24	28	25	21	24	14	22	17
贵州	6	14	6	4	5	8	6	4.5
云南	8	20	10	10	12	6	11	12
西藏	1	1	1	1	1	1	1	1
陕西	15	16	18	8	17	11	10	8
甘肃	5	11	5	5	6	7	4	10.5
青海	2	2	2	2	2	2	2	2
宁夏	3	3	3	3	3	5	3	6
新疆	7	6	7	13	7	3	14	21

Showing 1 to 31 of 31 entries　　Previous　1　Next

图 6-9　多变量数据的秩次与比较分析

6.2.2　秩和比法

秩和比法（Rank-sum Ratio，RSR），是原中国预防医学科学院田凤调教授于 1988 年提出的集古典参数统计与近代非参数统计优点于一体的统计分析方法。它不仅适用于四格表资料的综合评价，也适用于行列表资料的综合评价，同时还适用于计量资料和分类资料的综合评价。

秩和比指在多指标综合评价中，表中各评价对象秩次的相对平均值，是一个非参数计量，具有 0~1 区间连续变量的特征。

其基本思想是在一个 n 行（n 评价对象）p 列（p 个评价指标）矩阵中，通过秩转换，获得无量纲的统计量 RSR，以 RSR 值对评价对象的优劣进行排序或分档排序。

在综合评价中，秩和比的值能够包含所有评价指标的信息，显示出这些评价指标的综合水平，*RSR* 值越大表明综合评价越优。

RSR 的计算公式为：

$$RSR_i = \frac{1}{n \times p} \sum_{j=1}^{p} R_{ij}$$

式中，$i = 1, 2, \cdots, n$；$j = 1, 2, \cdots, p$；R_{ij}表示第 i 行第 j 列元素的秩和。

计算秩和比并绘制雷达图，如图 6-10 所示。

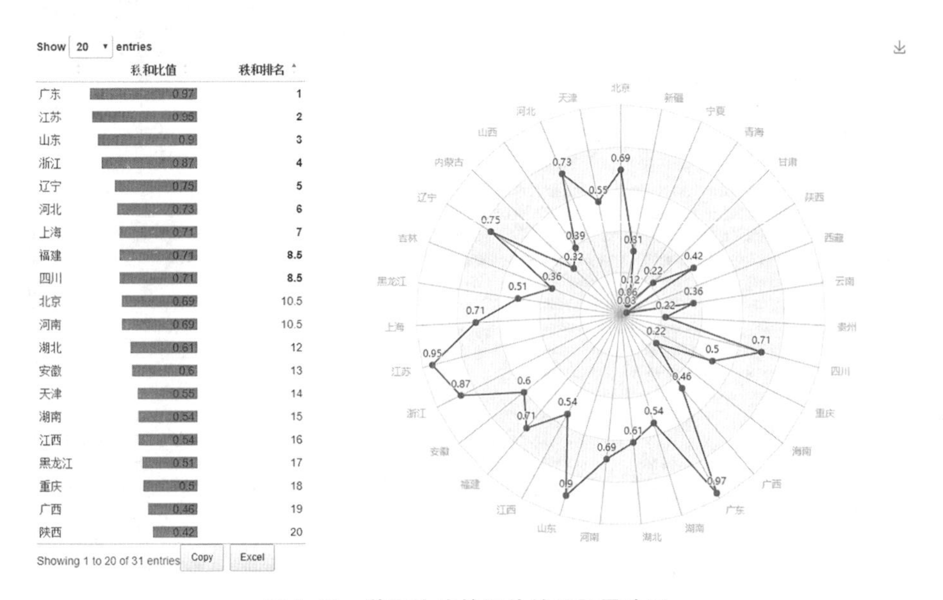

Show 20 entries

	秩和比值	秩和排名
广东	0.97	1
江苏	0.95	2
山东	0.9	3
浙江	0.87	4
辽宁	0.75	5
河北	0.73	6
上海	0.71	7
福建	0.71	8.5
四川	0.71	8.5
北京	0.69	10.5
河南	0.69	10.5
湖北	0.61	12
安徽	0.6	13
天津	0.55	14
湖南	0.54	15
江西	0.54	16
黑龙江	0.51	17
重庆	0.5	18
广西	0.46	19
陕西	0.42	20

Showing 1 to 20 of 31 entries Copy Excel

图 6-10 秩和比法的评价结果及雷达图

从图 6-10 中秩和比结果可知，广东的秩和比得分最高（0.97），排名第 1，说明广东省的对外贸易综合竞争力水平最高，其次为江苏、山东、浙江、辽宁和河北等。但北京排第 10 位，也许不是很合理，需参照下面的综合评分法和加权评价法。

优点：因为 *RSR* 只使用了数据的相对大小关系（秩次），而未真正运用数值本身，所以此方法综合性强，可以显示微小变动，对离群值不敏感；能够对各个评价对象进行排序分档，找出优劣，是做比较、找关系的有效手段；能够找出评价指标是否有独立性。

缺点：通过秩替代原指标值，会损失部分信息；不容易对各个指标进行恰当的编秩。

6.3 综合分析法

综合评价是按照确定的目标，在对被评对象进行系统分析的基础上，测定被评对象的有关属性并将其转变为主观效用的过程，即明确价值的过程。在现实的生活中，对一个事物的评价常常要涉及多个因素或者多个指标，评价是在多个因素相互作用下的一种综合判断。比如要判断哪个企业的绩效好，就得从若干个企业的财务管理、销售管理、生产管理、人力资源管理、研究与开发能力等多个方面进行综合比较。因此，几乎所有的综合性活动都可以进行综合评价，但不能只考虑被评价对象的某一个方面，必须从整体的角度全面地对被评价对象进行评价。

多指标综合评价方法具有以下特点：包含若干个指标，分别说明被评价对象的不同方面；评价方法最终要对被评价对象做出一个整体性的评判，用一个总指标来说明被评价对象的一般水平。

【例 6-3】下面我们使用【例 2-2】中我国 31 个省、自治区、直辖市的 8 个竞争力指标，试对对外贸易国际竞争力进行综合评价（见图 6-11）。

评价数据　秩和比法　无量纲数据　景气分析法　定量评价法　定性评价法

调入Excel数据（.xlsx） No file selec　　下载示例数据模板：综合评价.xlsx

Show 10 entries　　Search:

地区	生产总值	从业人员	固定资产	进出口额	利用外资	新品出口	市场占有	对外依存
北京	162.519	1069.7	55.789	3894.9	196.906	6470.51	2.635	1.55
天津	113.073	763.16	70.677	1033.9	61.947	7490.32	1.986	0.59
河北	245.158	3962.42	163.893	536	178.782	2288.19	1.276	0.14
山西	112.376	1738.9	70.731	147.6	104.945	1522.79	0.242	0.08
内蒙古	143.599	1249.3	103.652	119.4	54.426	342.36	0.209	0.05
辽宁	222.267	2364.9	177.263	959.6	155.296	4150.24	2.278	0.28
吉林	105.688	1337.8	74.417	220.5	58.843	746.94	0.223	0.13
黑龙江	125.82	1977.8	74.754	385.1	81.979	318.89	0.789	0.2
上海	191.957	1104.33	49.621	4373.1	179.582	10326.44	9.359	1.47
江苏	491.103	4758.23	266.926	5397.6	261.118	43928.94	13.953	0.71

Showing 1 to 10 of 31 entries　　Previous 1 2 3 4 Next

	例数	均值	标准差	最小值	中位值	最大值
生产总值	31	168.33	132.01	9.86	125.82	532.1
从业人员	31	2557.73	1790.78	265.88	2059.02	6485.6
固定资产	31	98.77	66.25	8.69	79.91	267.5
进出口额	31	1174.6	2039.31	5.6	313.4	9134.8
利用外资	31	111.75	88.4	6.96	92.16	410.62
新品出口	31	6523.58	13073.15	0.2	1522.79	56849.07
市场占有	31	2.73	5.1	0.02	0.79	23.74
对外依存	31	0.32	0.4	0.03	0.14	1.55

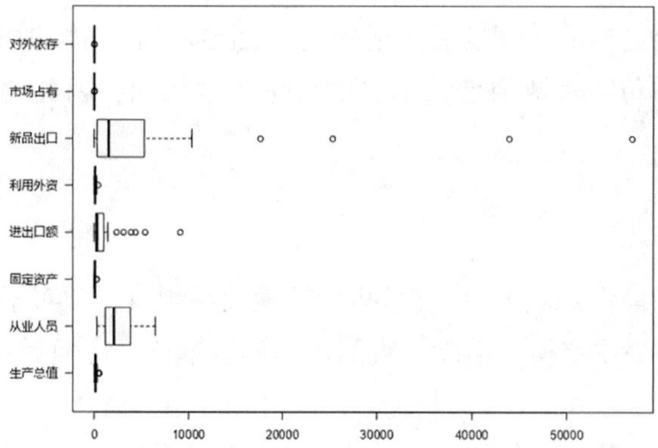

图 6-11　综合评价数据的读取及基本统计分析

从图 6-11 的基本统计分析结果可以看出，变量间的差异较大，无法直接相加进行综合评价，需对数据进行秩变换或无量纲化变换。

6.3.1 综合评分法

由于秩和比方法是用数据的秩次代替原始数据，导致损失一些信息，下面我们对原始数据进行综合评价。

6.3.1.1 数据无量纲化

虽然【例 6-3】的所有变量都是数值数据，但显然这些变量的单位和量纲是不同的，通常需要将它们进行无量纲化转换。由于数据之间单位和量纲可能不同，无法直接相加，故而也就无法进行综合评价。要对指标进行综合评价，需对数据进行无量纲化。

从对单指标数据计算的基本统计量中可以看到，由于指标的单位和数量级不同，它们之间不具有可比性。

观测指标的无量纲化指通过某种变换方式消除各个观测指标的计量单位，使其统一、可比的变换过程。把数据无量纲化之后，在纵向上数据对比清晰，便于理解分析。

对于正向指标（越大越好），数据的无量纲化一般方法是：$z=\frac{x}{x_0}$。其中 x 是观测值，x_0是评价标准值。经过这种变换，既可以消除评价指标的计量单位，又可以统一其数量级。

对于负向指标（越小越好），通常是先对数据取倒数 $1/x$，再进行无量纲化。但这种变换并不能消除各个指标内部取值之间的差异程度，因此常用下面两种无量纲化处理方法对数据进行变换。

6.3.1.2 无量纲化方法

常用的无量纲化处理方法有以下两种：标准化法和规格化法。

（1）标准化法：$z=\frac{x-\bar{x}}{s}$。

式中，x 是观测值，$\bar{x}$ 是均值，s 是标准差。该方法是标准正态变换的统计表述，即若 $x\sim N(\mu,\sigma^2)$，则 $z\sim N(0,1)$。即经过标准化变换后的指标 z，其全部 n 个个体的均值为 0，标准差为 1。由于标准差的计量单位与观测值变量本身的计量单位相同，因此变换后的指标不再具有计量单位。

（2）规格化法：$z=\frac{x-x_{\min}}{x_{\max}-x_{\min}}$。

式中，x 是观测值，$x_{\min}$是指标的最小观测值，$x_{\max}$是指标的最大观测值。常对不是正态分布数据进行规格化变换，经过规格化变换，消除了观测值的计量单位，变换后指标 z 值都在 0~1 之间。

在实际变换中，人们习惯于按百分制来进行评价，故常将上述变换公式乘以 100。有时为使综合评价指标不出现 0 和负值，常在变换公式后加一个常数项，改进的无量纲变换方法如下：

$$z=\frac{x-x_{min}}{x_{max}-x_{min}}\cdot b+a$$

通过这种变换，可使数据限定在［a,b］之间变化，使得数值可比，如取 $a=0$，$b=100$ 可使数据变为［0,100］的数值。

这种无量纲方法不仅在纵向上消除了不同指标的不同数量级的影响，还在横向上使得各地区的得分处于［0,100］（见图 6-12），易于比较。

评价数据　秩和比法　无量纲数据　景气分析法　定量评价法　定性评价法

规范化

Show 50 entries　Copy　CSV　Excel　　Search:

	生产总值	从业人员	固定资产	进出口额	利用外资	新品出口	市场占有	对外依存
北京	29.23	12.92	18.2	42.6	47.06	11.38	11.02	100
天津	19.76	8	23.95	11.26	13.62	13.18	8.28	36.84
河北	45.06	59.43	59.97	5.81	42.57	4.02	5.29	7.24
山西	19.63	23.68	23.97	1.56	24.27	2.68	0.93	3.29
内蒙古	25.61	15.81	36.69	1.25	11.76	0.6	0.79	1.32
辽宁	40.67	33.75	65.13	10.45	36.75	7.3	9.51	16.45
吉林	18.35	17.23	25.4	2.35	12.85	1.31	0.85	6.58
黑龙江	22.2	27.52	25.53	4.16	18.59	0.56	3.24	11.18
上海	34.87	13.48	15.82	47.84	42.77	18.16	39.37	94.74
江苏	92.15	72.23	99.78	59.06	62.96	77.27	58.73	44.74
浙江	60	54.89	51.45	33.83	57.6	44.6	40.62	38.82
安徽	27.41	61.98	44.77	3.37	21.22	4.12	3.12	6.58
福建	31.74	35.28	34.94	15.66	21.11	14	17.38	32.89
江西	20.52	36.44	31.76	3.4	16	2.29	4.03	9.21
山东	84.97	100	100	25.79	53.54	31.11	23.58	20.39
河南	49.68	95.38	65.3	3.51	34.7	3.83	3.53	3.29
湖北	35.7	54.76	45.16	3.61	26.38	2.84	3.59	5.26
湖南	35.78	60.12	42.55	2.02	24.59	3.19	1.77	1.97
广东	100	91.56	62.6	100	100	100	100	71.05
广西	20.56	42.93	27.52	2.5	14.83	1.13	2.26	6.58
海南	2.94	3.11	3.05	1.34	2.95	0.33	0.39	19.74
重庆	17.28	21.29	25.52	3.14	15.65	6.91	3.65	10.53
四川	38.37	72.67	51.6	5.17	38.41	2.17	5.38	7.89
贵州	9.03	24.55	13.01	0.47	8.05	0.54	0.48	1.97
云南	15.14	41.66	20.56	1.7	14.84	0.45	1.69	5.92
西藏	0	0	0	0	0	0	0	0
陕西	22.07	28.83	33.08	1.54	21.12	0.72	1.23	3.29
甘肃	7.73	19.85	11.97	0.9	8.81	0.53	0.32	5.26
青海	1.31	0.7	2.19	0.04	0.87	0	0.04	0.66
宁夏	2.14	1.19	3	0.19	1.64	0.35	0.21	2.63
新疆	10.77	11.05	14.54	2.44	9.28	0.15	3.08	12.5

Showing 1 to 31 of 31 entries　　Previous　1　Next

图 6-12　多变量数据的无量纲化结果与比较分析

从图 6-13 中可以看出，规范化后的数据在［0,100］之间，不论纵向或横向都可以进行比较分析。

由于标准化方法通常要求数据服从正态分布，这在经济管理中通常是很难满足的，因此经济管理类数据通常做规范化变换。

	例数	均值	标准差	最小值	中位值	最大值
生产总值	31	30.34	25.28	0	22.2	100
从业人员	31	36.85	28.79	0	28.83	100
固定资产	31	34.81	25.6	0	27.52	100
进出口额	31	12.81	22.34	0	3.37	100
利用外资	31	25.96	21.9	0	21.11	100
新品出口	31	11.47	23	0	2.68	100
市场占有	31	11.43	21.52	0	3.24	100
对外依存	31	18.99	26.28	0	7.24	100

Copy Excel

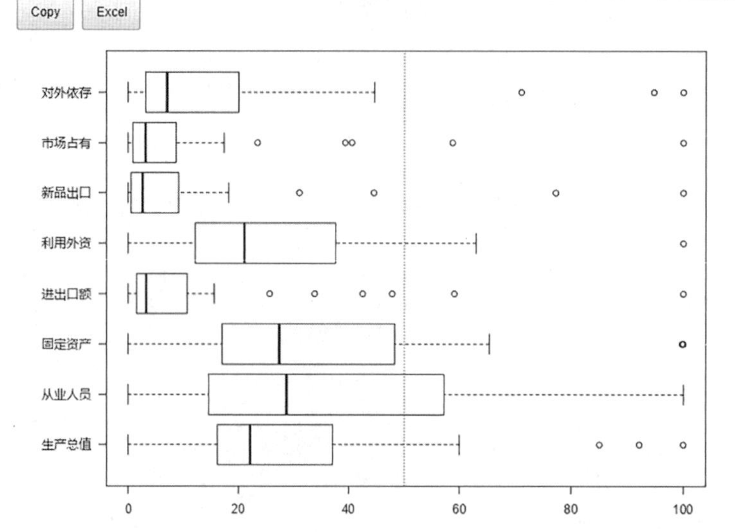

图 6-13　无量纲化的基本统计分析及箱式图

为了能可视化地对无量纲化数据进行直观分析，我们从地区和变量两个角度对无量纲化数据绘制热图（见图 6-14）。

6.3.1.3　综合评分计算

下面我们使用综合评分法来计算【例 6-3】的综合指数，该方法计算简单，使用方便。实际上就是算每个地区 8 个规范化数据的均值，即把各指标的规范化数据直接相加，得到一个总分，然后除以指标个数，最后根据这个平均得分的高低来评价地区经济发展的状况。

$$S_i = \frac{1}{m}\sum_{j=1}^{m} z_{ij} = \sum_{j=1}^{m} w_j z_{ij}$$

式中，S_i是评价中第 i 个观察单位的综合值，z_{ij}是按列计算的规范化数据，m 是被选指标的个数，这里 $1/m$ 为权重 w_j。

综合得分及其雷达如图 6-15 所示。

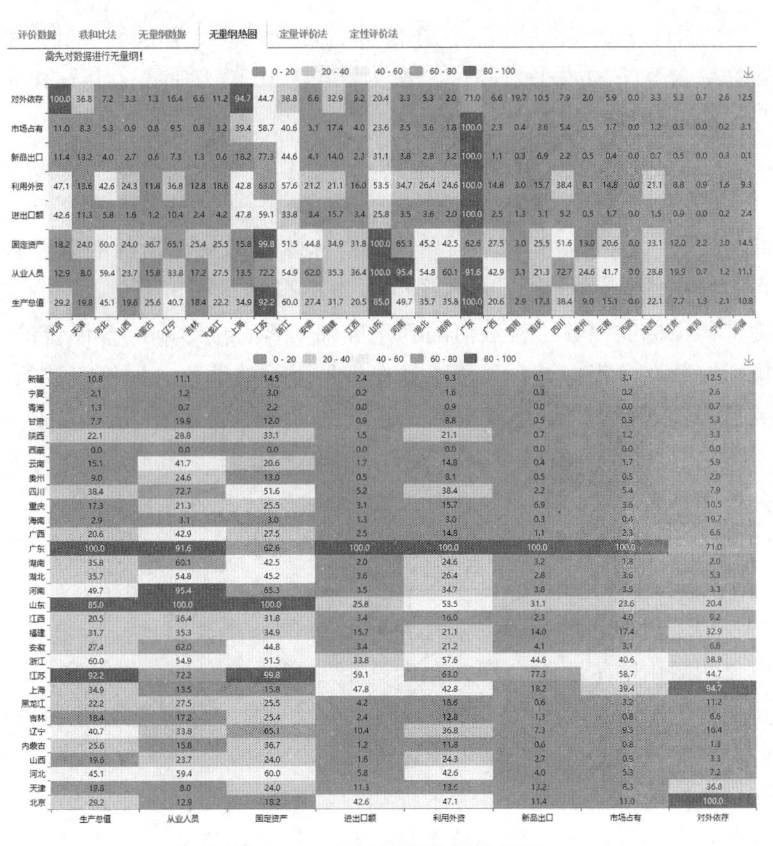

图 6–14　无量纲化数据的热图

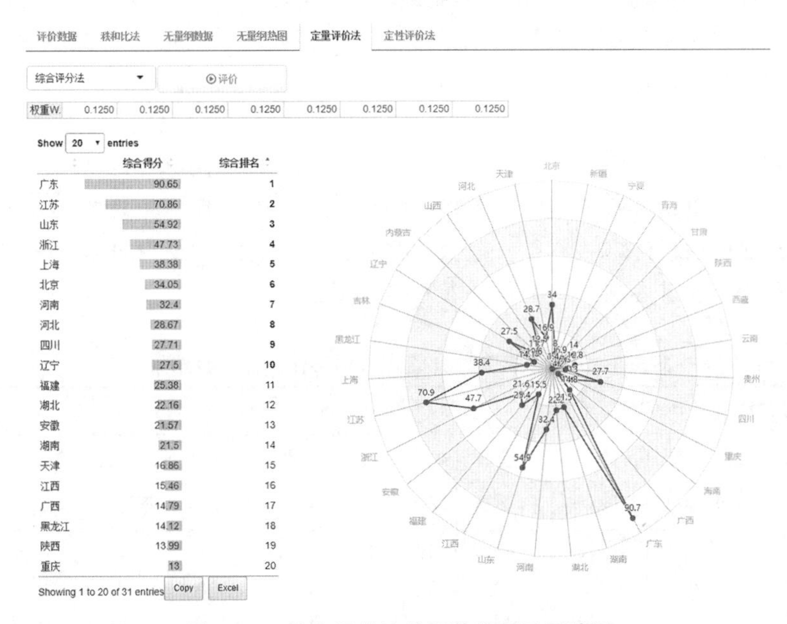

	综合得分	综合排名
广东	90.65	1
江苏	70.86	2
山东	54.92	3
浙江	47.73	4
上海	38.38	5
北京	34.05	6
河南	32.4	7
河北	28.67	8
四川	27.71	9
辽宁	27.5	10
福建	25.38	11
湖北	22.16	12
安徽	21.57	13
湖南	21.5	14
天津	16.86	15
江西	15.46	16
广西	14.79	17
黑龙江	14.12	18
陕西	13.99	19
重庆	13	20

图 6–15　综合评分法的评价结果及雷达图

从图 6-15 的综合评分结果可知，广东的综合得分最高（90.65），排名第 1，说明广东省的对外贸易综合竞争力水平最高。其次为江苏、山东、浙江、上海和北京等。该结果相对于秩和比法要合理一些。

6.3.2 加权评价法

评价指标的权数（也称权重）是指在评价指标体系中每个指标的重要程度占该指标群的比重。在多指标综合评价中，因各指标在指标群中的重要性不同，不能等量齐观，必须客观地确定各指标的权数。权数值的确定准确与否直接影响综合评价的结果，因而，科学地确定指标权数在多指标综合评价中具有举足轻重的地位。评价权数的确定方法有：德尔菲法（又称专家评估法）、层次分析法、变异系数法、熵值法、主成分法、因子分析法等。其中德尔菲法是主观法，层次分析法是半客观法，变异系数法、熵值法、主成分法、因子分析法是客观法。

6.3.2.1 指标权重的确定

6.3.2.1.1 德尔菲（Deiphi）法确定权重

传说阿波罗是太阳神和预言神，众神每年到德尔菲集会以预言未来。20 世纪 40 年代，美国兰德公司运用德尔菲集会形式，向一组专家征询意见，将专家们对过去历史资料的解释和对未来的分析判断汇总整理，经过多次反馈，尽可能取得统一意见。因此，德尔菲法也称为专家评估法，是一种主观评价法。

在综合评价指标的权数确定中，为了提高权数的准确性，往往需要聘请评价对象所属领域内专家对各个评价指标的重要程度进行评定，给出权数。一般程序是先由各个专家单独对各个评价指标的重要程度进行评定，然后由综合评价人员对各个专家的评定结果进行综合，计算出平均数，然后反馈给各位专家，如此反复进行几次，使各位专家的意见趋于一致，从而确定各评价指标的权数。

【例 6-4】某公司对所属企业的管理人员工作质量的评判项目包括：组织能力、管理水平、业务知识和廉洁奉公精神（简记廉洁奉公）四个项目，并规定各项目的评分标准：很好（5 分）；较好（4 分）；一般（3 分）；较差（2 分）。现组织 100 名职工对 H 管理人员进行评分，其各项目的票数如表 6-3 所示。

表 6-3 100 名职工对 H 管理人员工作质量评分结果表

评判项目	评分标准								得分
	很好（5 分）		较好（4 分）		一般（3 分）		较差（2 分）		
	得票数	得票率	得票数	得票率	得票数	得票率	得票数	得票率	
组织能力	45	0.45	40	0.40	10	0.10	5	0.05	4.25
管理水平	20	0.20	50	0.50	20	0.20	10	0.10	3.8
业务知识	20	0.20	30	0.30	30	0.30	20	0.20	3.5
廉洁奉公	30	0.30	30	0.30	25	0.25	15	0.15	3.75

如 H 管理人员在组织能力得分：0. 45×5+0. 40×4+0. 10×3+0. 05×2＝4. 25 分。

如用专家评估法，得出组织能力、管理水平、业务知识和廉洁奉公四个项目的权数分别为：0. 25、0. 25、0. 25 和 0. 25。H 管理人员工作质量平均得分：（4. 25+3. 8+3. 5+3. 75）/4＝3. 825 分。

如用专家评估法，得出组织能力、管理水平、业务知识和廉洁奉公四个项目的权数分别为：0. 25、0. 30、0. 25 和 0. 20。则 H 管理人员工作质量的综合得分：4. 25×0. 25+3. 8×0. 30+3. 5×0. 25+3. 75×0. 20＝ 3. 8275 分（见图 6-16）。

评价数据　秩和比法　无量纲数据　无量纲热图　定量评价法　定性评价法

Delphi综合法（请按数据格式整理数据）

调入Excel数据（.xlsx）　No file selec　　下载示例数据模板：德尔菲法.xlsx

德尔菲矩阵	权重_打分	很好	较好	一般	差
项目名称		5	4	3	2
组织能力	0.25	45	40	10	5
管理水平	0.30	20	50	20	10
业务知识	0.25	20	30	30	20
廉洁奉公	0.20	30	30	25	15

Delphi

项目得分：　4.25 3.8 3.5 3.75

综合评分：　3.8275

图 6-16　基于德尔菲法的综合评分结果

6. 3. 2. 1. 2　*层次分析法确定权重*

层次分析法（Analytic Hierarchy Process，AHP）是一种主客观结合的多指标综合评价方法，即定性分析与定量分析结合的半定量分析方法。它是美国运筹学家 T. L. Saaty 于 20 世纪 70 年代提出来的，是一种对较为模糊或较为复杂的决策问题使用定性与定量分析相结合的手段做出决策的简易方法。特别是将决策者的经验判断给予量化，它将人们的思维过程层次化，逐层比较相关因素，逐层检验比较结果的合理性，由此提供较有说服力的依据。很多决策问题通常表现为一组方案的排序问题，这类问题就可以用 AHP 法解决。近几年来，此法在国内外得到了广泛的应用，已遍及经济、管理、政策、行为科学、军事指挥、运输、农业、教育、人才、医疗和环境等领域。

层次分析法计算过程的核心问题是权重的构造。其思路为：建立评价对象的综合评价指标体系，通过指标之间的两两比较确定出各自的相对重要程度，然后通过特征值法、最小二乘法等的客观运算来确定各评价指标权数，其中特征值法是层次分析法中最早提出、使用最广泛的权数构造方法。

（1）构造判断矩阵。通过对指标之间两两重要程度进行比较和分析判断，构造判断矩阵。层次分析法在对指标的相对重要程度进行测量时，引入了九分位的相对重要的比例标度，令 $\boldsymbol{A}$ 为判断矩阵，用以表示同一层次各个指标的相对重要性的判断值，它由若干位专家来判定。则有：$A=(a_{ij})_{m\times m}$。矩阵 A 中各元素 a_{ij} 表示横行指标 Z_i 对各列指标 Z_j 的相对重要程度的两两比较值。考虑到专家对若干指标直接评价权重的困难性，根据心理学家提出的“人区分信息等级的极限能力为 7±2”的研究结论，形成如表 6-4 所示的评分规则：

表 6-4 权重的评分规则

甲指标与乙指标比较	极端重要	强烈重要	明显重要	比较重要	重要	较不重要	不重要	很不重要	极不重要
甲指标评价值	9	7	5	3	1	1/3	1/5	1/7	1/9

注：取 8，6，4，2，1/2，1/4，1/6，1/8 为上述评价值的中间值。

（2）判断标准。

根据判断矩阵 A 中指标两两比较的特点，把甲对乙的相对重要性记为 a_{ij}，有 $a_{ij}>0$，$a_{ii}=1$，$a_{ij}=1/a_{ji}$，$i=1, 2, \cdots, m$。因此，判断矩阵 A 是一个正交矩阵，每次判断时，只需要作 $m(m-1)/2$ 次比较即可（见表 6-5）。

表 6-5 判断矩阵

A	A_1	A_2	$\cdots$	A_m
A_1	a_{11}	a_{12}	$\cdots$	a_{1m}
A_2	a_{21}	a_{22}	$\cdots$	a_{2m}
$\vdots$	$\vdots$	$\vdots$		$\vdots$
A_m	a_{m1}	a_{m2}	$\cdots$	a_{mm}

（3）对各指标权数进行计算。层次分析法的信息基础是判断矩阵，利用排序原理，求得各行的几何均数，然后计算各评价指标的重要性权数：

$$\bar{a}_i=\sqrt[m]{a_{i1}\times a_{i2}\times\cdots\times a_{im}}=\sqrt[m]{\prod_{j=1}^{m}a_{ij}}$$

$$w_i=\frac{\bar{a}_i}{\sum_{i=1}^{m}\bar{a}_i},\ i=1, 2, \cdots, m$$

将各个评价指标的重要性权数用一个向量来表示，即为 $W=(w_1, w_2, \cdots, w_m)$，该向量又称判断矩阵的特征向量。

（4）对判断矩阵进行一致性检验。与其他确定指标权重系数的方法相比，层次分析法的最大优点是可以通过一致性检验，保持专家思想逻辑上判断的一致性。其计算步骤为：

①计算判断矩阵的最大特征根 λ_{max}。

②计算判断矩阵的一致性指标：

$$CI=\frac{\lambda_{max}-m}{m-1}$$

③计算判断矩阵的随机一致性比率。由一致性指标 CI，可以计算出检验用的随机一致性比率 CR，该检验指标的计算公式为：

$$CR=\frac{CI}{RI}$$

上式中 RI 称为判断矩阵的平均随机一致性指标，其值的大小取决于判断矩阵中评价指标个数的多少。表 6-6 列出了 m 在 3～10 之间的 RI 值。

表 6-6　平均随机一致性指标判断标准

m	3	4	5	6	7	8	9	10
RI	0. 52	0. 89	1. 12	1. 25	1. 35	1. 42	1. 46	1. 49

当随机一致性比率小于 0. 10 时，可以认为上述判断矩阵满足一致性要求，所求出的综合评价指标权数是合适的。

对【例 6-4】中四个评判项目给出判断矩阵并计算其权重，如表 6-7 和图 6-17 所示。

表 6-7　四个评判项目的判断矩阵 A

A	A1（组织能力）	A2（管理水平）	A3（业务知识）	A4（廉洁奉公）
A1（组织能力）	1	2	2	2
A2（管理水平）	1/2	1	3	2
A3（业务知识）	1/2	1/3	1	2
A4（廉洁奉公）	1/2	1/2	1/2	1

从图 6-17 可知，$\lambda_{max}=4.2148$，$CI=0.0716$，$CR=0.0796$，$CR\leqslant 0.1$，通过一致性检验！

各指标权重依次为：$W=$（0. 386 4，0. 302 4，0. 174 6，0. 136 6）。

由于 $a_{ij}=1/a_{ji}$，因此我们设计了一套简便打分方法，即在打分时可只打正向分值 a_{ij}，反向值 $1/a_{ji}$ 由计算机自动计算，一来打分简便，不容易出错，一致性也容易满足。如在判断矩阵中正向打分为 1～9，反向打为空或 0，计算机自动算为 1/（1～9）。

AHP法确定权重：请在判断矩阵中正向打分1~9，反向打为空或0，将自动计算为1/(1~9)

调入Excel数据（.xlsx） No file selected 下载示例数据模板：判断矩阵.xlsx

判断矩阵	组织能力	管理水平	业务知识	廉洁奉公
组织能力	1	2	2	2
管理水平		1	3	2
业务知识			1	2
廉洁奉公				1

AHP权重

	组织能力	管理水平	业务知识	廉洁奉公
组织能力	1.0	2.0000	2.0	2
管理水平	0.5	1.0000	3.0	2
业务知识	0.5	0.3333	1.0	2
廉洁奉公	0.5	0.5000	0.5	1

L_max= 4.2148
CI= 0.0716 CR= 0.0796
CR<=0.1，判断矩阵通过一致性检验！

指标权重W:

组织能力	管理水平	业务知识	廉洁奉公
0.3864	0.3024	0.1746	0.1366

图 6-17 层次分析法确定权重

6.3.2.1.3 变异系数法确定权重

对定量数据，可采用客观的方法计算其权重，即根据数值自身来确定权重。这类方法有变异系数法、熵值法、主成分法和因子分析法等。下面介绍最为简单的变异系数法。

变异系数又称“标准差率”，是衡量资料中各观测值变异程度的一种统计量。当进行两个或多个资料变异程度的比较时，如果度量单位与数量级相同，可以直接利用标准差来比较；如果单位或数量级不同，比较其变异程度就不能采用标准差，而要采用标准差与均数的比值（相对值）来比较。

变异系数法确定权重，直接利用各项指标所包含的信息，通过计算得到指标的权重，是一种客观赋权的方法。此方法的基本做法是，在评价指标体系中指标取值差异越大的指标，也就是越难以实现的指标，这样的指标更能反映被评价单位的差距。标准差 s 与均数 $\bar{x}$ 的比值称为变异系数，记为 CV。变异系数可以消除单位或数量级不同对两个或多个资料变异程度比较结果的影响，显然这个方法只对计量数据有效，对计数数据通常用层次分析法确定权重。

$$CV=\frac{s}{\bar{x}}$$

我们可对【例 6-3】计算权重并进行综合评价。由于这里的数据全是定量的，因此权重的计算采用变异系数法。

6.3.2.2 **加权指数计算**

由变异系数法计算各地区经济指标权重后，运用综合评价模型，对综合得分（也称综合指数）进行测算，综合评价模型为：

$$S_i = \sum_{j=1}^{m} w_j z_{ij}$$

式中，S_i是评价中第 i 个观察单位的综合得分，z_{ij}是按列计算的规范化数据，m 是被选指标的个数，这里 w_j为每个指标的变异系数计算的权重。

【例 6-3】由变异系数法计算的权重如图 6-18 所示。

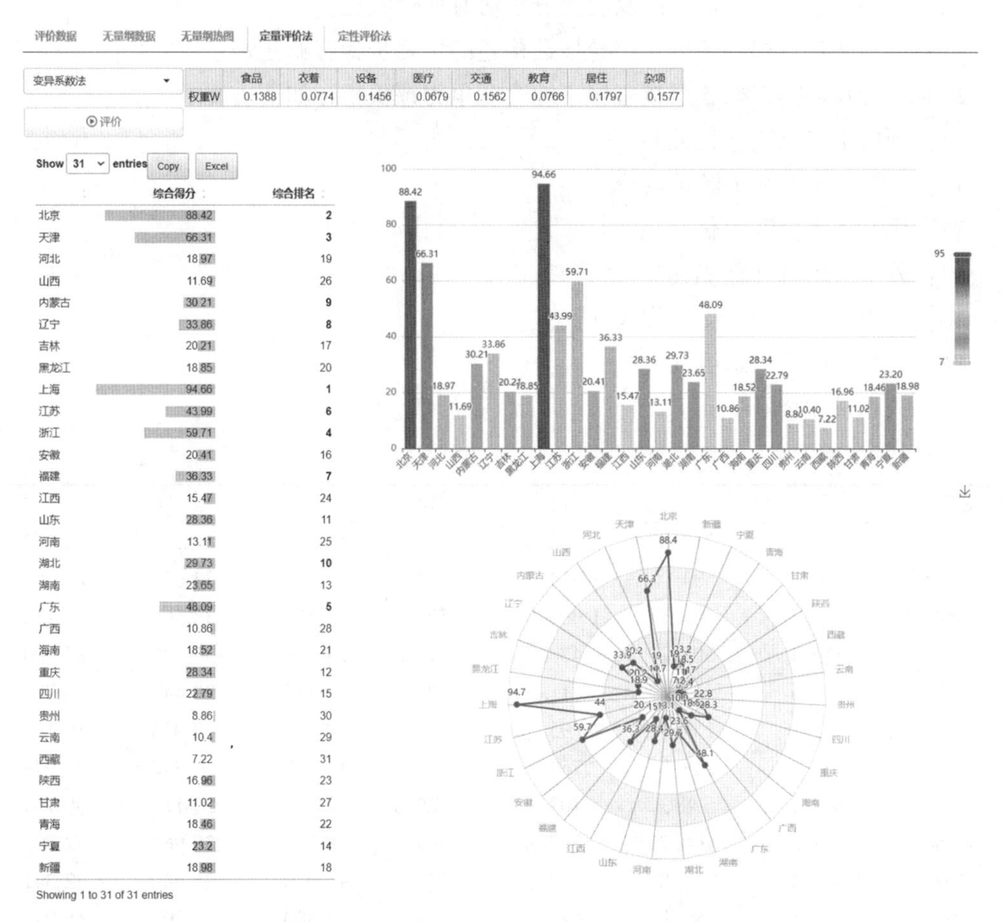

	食品	衣着	设备	医疗	交通	教育	居住	杂项
权重W	0.1388	0.0774	0.1456	0.0679	0.1562	0.0766	0.1797	0.1577

	综合得分	综合排名
北京	88.42	2
天津	66.31	3
河北	18.97	19
山西	11.69	26
内蒙古	30.21	9
辽宁	33.86	8
吉林	20.21	17
黑龙江	18.85	20
上海	94.66	1
江苏	43.99	6
浙江	59.71	4
安徽	20.41	16
福建	36.33	7
江西	15.47	24
山东	28.36	11
河南	13.11	25
湖北	29.73	10
湖南	23.65	13
广东	48.09	5
广西	10.86	28
海南	18.52	21
重庆	28.34	12
四川	22.79	15
贵州	8.86	30
云南	10.4	29
西藏	7.22	31
陕西	16.96	23
甘肃	11.02	27
青海	18.46	22
宁夏	23.2	14
新疆	18.98	18

图 6-18　基于变异系数法的综合评分结果

从图 6-18 的权重计算结果可知，新品出口在对外贸易中所占比重最大，其次是市场占有、进出口额和对外依存。

从变异系数法计算的综合指数结果可知，广东的综合指数得分最高（92. 74），排名第 1，说明广东省的对外贸易综合竞争力水平最高，其次为江苏、浙江、山东、上海和北京等。该结果相对于秩和比法和综合评分法更合理一些。

案例与练习

1. 简答题：

（1）为何要对综合评价数据进行无量纲化处理？

（2）秩和比法、综合评分法及层次分析法有何优缺点？

（3）为何要进行综合评价？综合指数构建的主要步骤有哪些？

2. 假定 20××年我国 35 个核心城市综合竞争力评价指标如下表所示：

*X*1：国内生产总值（亿元）；

*X*2：一般预算收入（亿元）；

*X*3：固定资产投资（亿元）；

*X*4：外贸进出口（亿美元）；

*X*5：城市居民人均可支配收入（元）；

*X*6：人均国内生产总值（元）；

*X*7：人均贷款余额（元）。

城市	X1	X2	X3	X4	X5	X6	X7
上海	5 408. 8	717. 8	2 158. 4	726. 6	13 250	36 206	52 645
北京	3 130	534	1 814. 3	872. 3	12 464	24 077	61 369
广州	3 001. 7	245. 9	1 001. 5	525. 1	13 381	38 568	67 116
深圳	2 239. 4	303. 3	478. 3	279. 3	24 940	136 071	187 300
天津	2 022. 6	171. 8	811. 6	228. 3	9 338	20 443	25 784
重庆	1 971. 1	157. 9	995. 7	17. 9	7 238	9 038	10 113
杭州	1 780	118. 3	769. 4	131. 1	11 778	38 247	73 948
成都	1 663. 2	78. 3	702. 1	20. 8	8 972	20 111	35 764
青岛	1 518. 2	100. 7	367. 8	169. 3	8 721	26 961	32 722
宁波	1 500. 3	111. 8	747. 2	122. 7	12 970	35 446	42 341
武汉	1 493. 1	85. 8	570. 4	22	7 820	16 206	18 033
大连	1 406	98. 7	601. 3	146	8 200	29 706	38 514
沈阳	1 400	92. 5	402	28. 6	7 050	19 407	26 598
南京	1 295	144. 1	602. 9	10. 1	9 157	27 128	55 325
哈尔滨	1 232. 1	67. 7	361. 1	17. 1	7 004	18 244	25 825
济南	1 200	66. 3	404. 7	14. 9	8 982	25 192	36 975
石家庄	1 184	44. 5	412. 3	11. 4	7 230	25 476	42 322
福州	1 160. 2	60. 2	284	61	9 191	31 582	49 941
长春	1 150	37. 8	320. 5	28. 9	6 900	21 336	35 233
郑州	926. 8	54. 2	340	10. 4	7 772	16 028	32 598
西安	823. 5	60. 1	338. 2	18. 7	7 184	15 493	23 596
长沙	810. 9	46. 1	362. 6	16. 6	9 021	23 942	29 313

(续上表)

城市	X1	X2	X3	X4	X5	X6	X7
昆明	730	54.7	290	13.4	7 381	24 109	33 445
厦门	648.3	64.3	211.7	151.9	11 768	38 567	34 799
南昌	552	25.7	137	9.1	7 021	18 388	22 288
太原	432.2	26.8	147.6	15.1	7 376	12 821	26 118
合肥	412.4	29.1	168.6	23	7 144	17 770	40 956
兰州	386.8	21.1	194.5	5.1	6 555	15 051	31 075
南宁	356	26.2	122.9	5.5	8 796	16 121	31 689
乌鲁木齐	354	37.3	147.9	6.4	8 653	17 655	3 772
贵阳	336.4	33	187.4	5.7	7 306	11 728	20 768
呼和浩特	300	16.6	131.3	3.4	6 996	11 789	23 439
海口	157.9	8.5	82.6	11.3	8 004	23 920	69 733
银川	133	11.1	73	2.3	6 848	11 975	28 367
西宁	121.3	7.2	77.4	1	6 444	6 676	17 114

数据来源：《2003 年中国统计年鉴》。

对这 35 个核心城市综合竞争力进行：

(1) 系统聚类法（分二类、三类和四类）。

(2) 快速聚类法（分二类、三类和四类）。

(3) 秩和比法综合评价。

(4) 数据的无量纲及热图。

(5) 应用综合评分法和层次分析法进行综合评价。

3. 从下列给定的题目出发，按内容提要、指标选取、数据搜集、计算过程、结果分析与评价等方面进行案例分析。

(1) 研究世界上部分发达国家经济和社会发展水平。

(2) 按照城乡居民消费水平，对 2022 年我国 31 个省、直治区、直辖市分类。

(3) 横向比较 31 个省、自治区、直辖市 2022 年工业的经济效益和科技水平。

(4) 从科技研究与发展状况角度对我国 31 个省、直治区、直辖市进行分类。

(5) 聚类分析在研究各国国际竞争力中的应用。

(6) 我国各地区经济效益状况的层次分析研究。

(7) 考察我国各省、自治区、直辖市社会发展综合状况（以 2020 年以后的数据为据）。

(8) 世界主要国家综合竞争力分析与评价。

第 7 章　大数据分析进阶

- 7.1 简单文本挖掘及可视化
  - 7.1.1 文本数据收集与预处理
    - 7.1.1.1 文本数据收集
    - 7.1.1.2 文本词频词云分析
    - 7.1.1.3 文本数据的网络图
  - 7.1.2 网络数据的爬取
    - 7.1.2.1 网络爬虫的基本知识
    - 7.1.2.2 简单网络爬虫系统
- 7.2 综合案例分析及云计算平台
  - 7.2.1 综合案例的组成
    - 7.2.1.1 案例研究的目的意义
    - 7.2.1.2 案例的分析平台
  - 7.2.2 数据收集与处理
    - 7.2.2.1 指标体系构建
    - 7.2.2.2 指标数据收集
    - 7.2.2.3 数据的规范化
  - 7.2.3 经济预警与监测
    - 7.2.3.1 指数的变动分析
    - 7.2.3.2 经济景气监测图
    - 7.2.3.3 指数的差异分析
- 7.3 简单人工智能及编程运算
  - 7.3.1 基于 R 语言的统计建模云计算平台
  - 7.3.2 基于 Python 的可视化分析云计算平台
  - 7.3.3 大数据分析与预测决策云计算平台
- 案例与练习

本章思维导图

7.1　简单文本挖掘及可视化

7.1.1　文本数据收集与预处理

7.1.1.1　文本数据收集

文本挖掘是从数据挖掘发展而来的，但并不意味着简单地将数据挖掘技术运用到大量文本的集合上就可以实现文本挖掘，还需要做很多准备工作。文本挖掘的准备工作主要由文本收集、文本解析和特征修剪三个步骤组成。

需要挖掘的文本数据可能具有不同的类型，且分散在很多地方。需要寻找和检索所有被认为可能与当前工作相关的文本。一般地，系统用户都可以定义文本集，但是仍需要一个用来过滤相关文本的系统。

与数据库中的结构化数据相比，文本具有分散的结构，或者根本就没有结构；此外文档的内容是人类所使用的自然语言，计算机很难处理其语义。文本数据源的这些特殊性使得现有的数据挖掘技术无法直接应用于其上，需要对文本进行分析，抽取代表其特征的元数据，这些特征可以用结构化的形式保存，作为文档的中间表示形式。在此对《粤港澳大湾区发展规划纲要》进行文本挖掘与分析（见图 7-1 至图 7-3）。

图 7-1　百度搜索《粤港澳大湾区发展规划纲要》

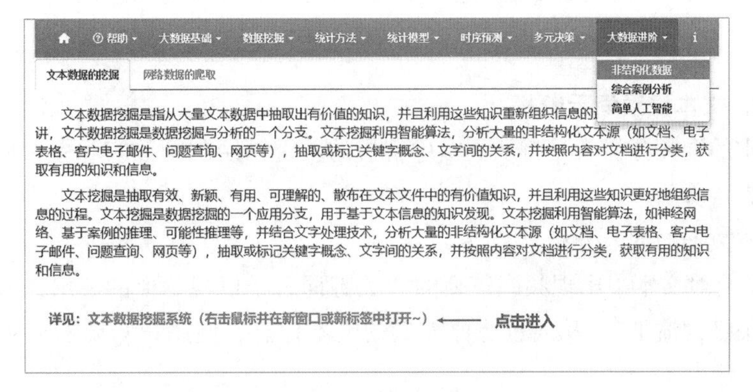

图 7-2　文本数据挖掘系统

请找到相关文献，将需要挖掘的文本保存在文本文档中，如将收集到的《粤港澳大湾区发展规划纲要》文字复制并保存到文本文档“文本示例模板 . txt”。注意，如文档中有中文，文档需保存为 utf-8 格式。

【文本挖掘与知识图谱】 文本数据 词频分析 词云分析 知识图谱

* 请将需要挖掘的数据保存在文本文档中，如示例模板数据，如文档中有中文，文档需存为utf-8格式

打开文本文档… 文本示例模板.txt

Upload complete

下载示例数据：文本示例模板.txt

[1] "《粤港澳大湾区发展规划纲要》"
[2] "前言"
[3] "粤港澳大湾区包括香港特别行政区、澳门特别行政区和广东省广州市、深圳市、珠海市、佛山市、惠州市、东莞市、中山市、江门市、肇庆市（以下称珠三角九市）
[4] "本规划是指导粤港澳大湾区当前和今后一个时期合作发展的纲领性文件。规划近期至2022年，远期展望到2035年。"
[5] "第一章　规划背景"
[6] "改革开放以来，特别是香港、澳门回归祖国后，粤港澳合作不断深化实化，粤港澳大湾区经济实力、区域竞争力显著增强，已具备建成国际一流湾区和世界级城市群
[7] "第一节　发展基础"
[8] "区位优势明显。粤港澳大湾区地处我国沿海开放前沿，以泛珠三角区域为广阔发展腹地，在"一带一路"建设中具有重要地位。交通条件便利，拥有香港国际航运中
[9] "经济实力雄厚。经济发展水平全国领先，产业体系完备，集群优势明显，经济互补性强，香港、澳门服务业高度发达，珠三角九市已初步形成以战略性新兴产业为先
[10] "创新要素集聚。创新驱动发展战略深入实施，广东全面创新改革试验稳步推进，国家自主创新示范区加快建设。粤港澳三地科技研发、转化能力突出，拥有一批在全
[11] "国际化水平领先。香港作为国际金融、航运、贸易中心和国际航空枢纽，拥有高度国际化、法治化的营商环境以及遍布全球的商业网络，是全球最自由经济体之一。
[12] "合作基础良好。香港、澳门与珠三角九市文化同源、人缘相亲、民俗相近、优势互补。近年来，粤港澳合作不断深化，基础设施、投资贸易、金融服务、科技教育、
[13] "第二节　机遇挑战"
[14] "当前，世界多极化、经济全球化、社会信息化、文化多样化深入发展，全球治理体系和国际秩序变革加速推进，各国相互联系和依存日益加深，和平发展大势不可逆
[15] "同时，粤港澳大湾区发展也面临诸多挑战。当前，世界经济不确定不稳定因素增多，保护主义倾向抬头，大湾区经济运行仍存在产能过剩、供给与需求结构不平衡不
[16] "第三节　重大意义"
[17] "打造粤港澳大湾区，建设世界级城市群，有利于丰富"一国两制"实践内涵，进一步密切内地与港澳交流合作，为港澳经济社会发展以及港澳同胞到内地发展提供更
[18] "第二章　总体要求"
[19] "第一节　指导思想"
[20] "深入贯彻习近平新时代中国特色社会主义思想和党的十九大精神，统筹推进"五位一体"总体布局和协调推进"四个全面"战略布局，全面准确贯彻"一国两制"、
[21] "第二节　基本原则"
[22] "创新驱动，改革引领。实施创新驱动发展战略，完善区域协同创新体系，集聚国际创新资源，建设具有国际竞争力的创新发展区域。全面深化改革，推动重点领域和
[23] "协调发展，统筹兼顾。实施区域协调发展战略，充分发挥各地区比较优势，加强政策协调和规划衔接，优化区域功能布局，推动区域城乡协调发展，不断增强发展的
[24] "绿色发展，保护生态。大力推进生态文明建设，树立绿色发展理念，坚持节约资源和保护环境的基本国策，实行最严格的生态环境保护制度，坚持最严格的耕地保护
[25] "开放合作，互利共赢。以"一带一路"建设为重点，构建开放型经济新体制，打造高水平开放平台，对接高标准贸易投资规则，加快培育国际合作和竞争新优势。充
[26] "共享发展，改善民生。坚持以人民为中心的发展思想，让改革发展成果更多更公平惠及全体人民。提高保障和改善民生水平，加大优质公共产品和服务供给，不断促
[27] ""一国两制"，依法办事。把坚持"一国"原则和尊重"两制"差异有机结合起来，坚守"一国"之本，善用"两制"之利。把维护中央的全面管治权和保障特别行
[28] "第三节　战略定位"
[29] "充满活力的世界级城市群。依托香港、澳门作为自由开放经济体和广东作为改革开放排头兵的优势，继续深化改革、扩大开放，在构建经济高质量发展的体制机制方
[30] "具有全球影响力的国际科技创新中心。瞄准世界科技和产业发展前沿，加强创新平台建设，大力发展新技术、新产业、新业态、新模式，加快形成以创新为主要动力
[31] ""一带一路"建设的重要支撑。更好发挥港澳在国家对外开放中的功能和作用，提高珠三角九市开放型经济发展水平，促进国际国内两个市场、两种资源有效对接，
[32] "内地与港澳深度合作示范区。依托粤港澳良好合作基础，充分发挥深圳前海、广州南沙、珠海横琴等重大合作平台作用，探索协调协同发展新模式，深化珠三角九市
[33] "宜居宜业宜游的优质生活圈。坚持以人民为中心的发展思想，践行生态文明理念，充分利用现代信息技术，实现城市群智能管理，优先发展民生工程，提高大湾区民
[34] "第四节　发展目标"
[35] "到2022年，粤港澳大湾区综合实力显著增强，粤港澳合作更加深入广泛，区域内生发展动力进一步提升，发展活力充沛、创新能力突出、产业结构优化、要素流动顺
[36] "——区域发展更加协调，分工合理、功能互补、错位发展的城市群发展格局基本确立；"
[37] "——协同创新环境更加优化，创新要素加快集聚，新兴技术原创能力和科技成果转化能力显著提升；"
[38] "——供给侧结构性改革进一步深化，传统产业加快转型升级，新兴产业和制造业核心竞争力不断提升，数字经济迅速增长，金融等现代服务业加快发展；"
[39] "——交通、能源、信息、水利等基础设施支撑保障能力进一步增强，城市发展及运营能力进一步提升；"
[40] "——绿色智慧节能低碳的生产生活方式和城市建设运营模式初步确立，居民生活更加便利、更加幸福；"
…………………………………………
@文档共有 169 段， 26624 个文字

图 7-3　读取《粤港澳大湾区发展规划纲要》文本数据到平台

7.1.1.2　文本词频词云分析

（1）文本的词频分析就是将从文本中解析的关键词绘制频数表和做相应的条图和圆图等，如图 7-4 所示。

（2）文本数据的词云分析。

字符云就是对文本中出现频率较高的"关键词"予以视觉上的突出，形成"关键词云层"或"关键词渲染"，从而过滤掉大量的文本信息，使用户只要看一下文本就可以领略文本的主旨。

词云分析的作用：

①提供用户在业务中的转化程度。

②揭示了各种业务在网站中受欢迎的程度。

③发现业务流程中存在的问题以及改进的效果。

词云分析如图 7-5 所示。

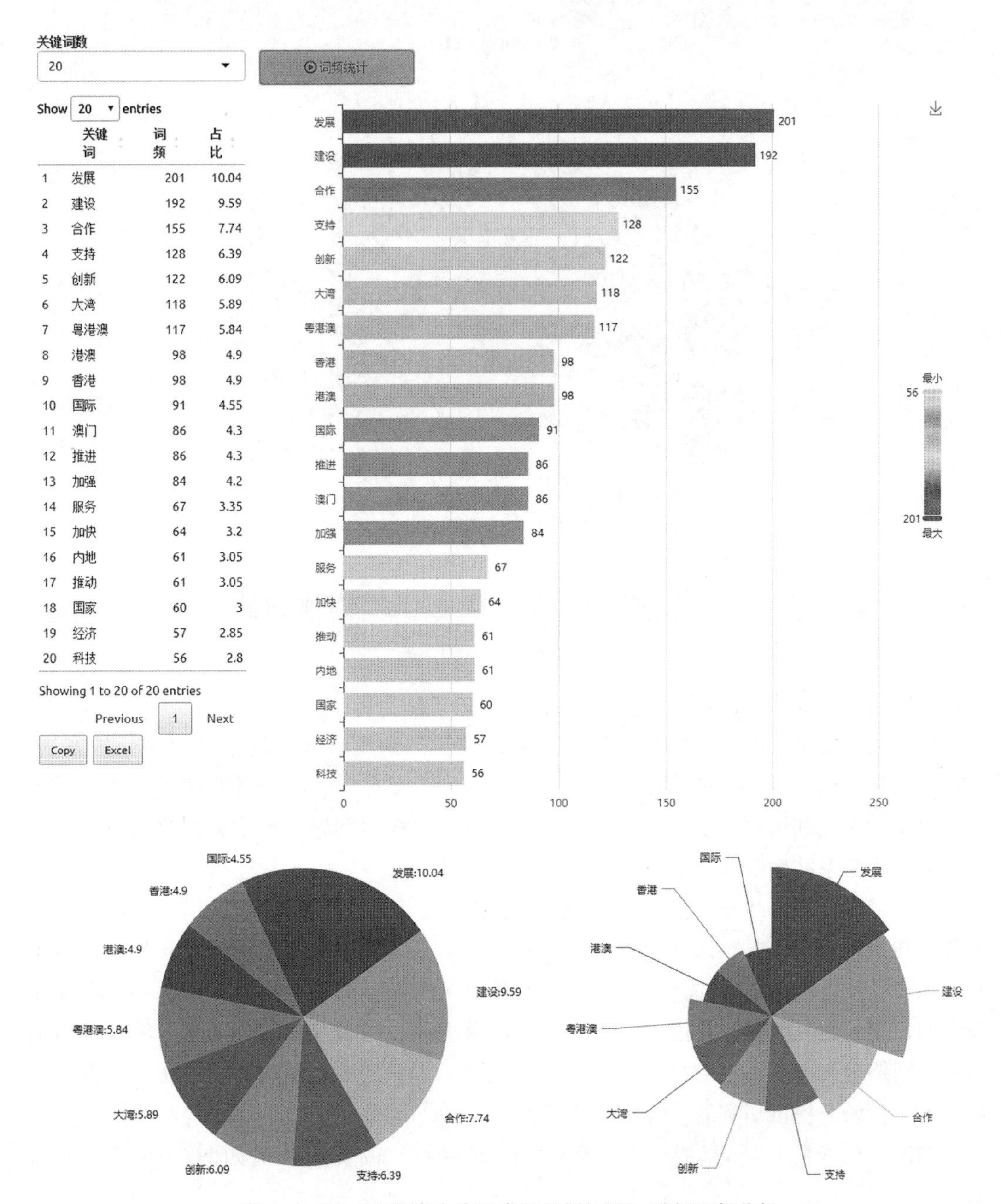

图 7-4　对《粤港澳大湾区发展规划纲要》进行词频分析

图 7-5　对《粤港澳大湾区发展规划纲要》进行词云分析

7.1.1.3　**文本数据的网络图**

社会网络最早是由社会学家根据图论和统计学知识发展起来的定量数据分析方法。近年来，该方法在经济管理、社会科学、农业科学、地理学、政治学等学科中发挥了重要作用，学者们利用它可以得心应手地解释一些社会科学问题。定量数据分析方法是对社会网络的关系结构及属性加以分析的一套规范和方法。

将文献计量分析结果可视化可以构建知识图谱，又称为科学知识图谱。在图书情报界称为知识域可视化或知识领域映射地图，是显示知识发展进程与结构关系的一系列不同的图形，用可视化技术描述知识资源及其载体，挖掘、分析、构建、绘制和显示知识及它们之间的相互联系。它可以将文献关键词数据通过共现分析获得共现矩阵，然后通过社会网络分析方法，用可视化的图谱形象地展示学科的核心结构、发展历史、前沿领域，为学科研究提供切实的、有价值的参考。

知识产权资料与《粤港澳大湾区发展规划纲要》的知识图谱如图 7-6 和图 7-7 所示。

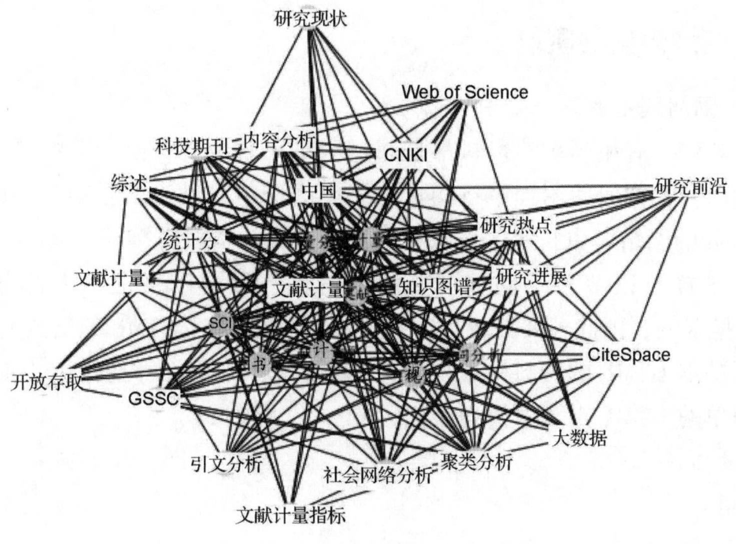

图 7-6　知识产权资料知识图谱

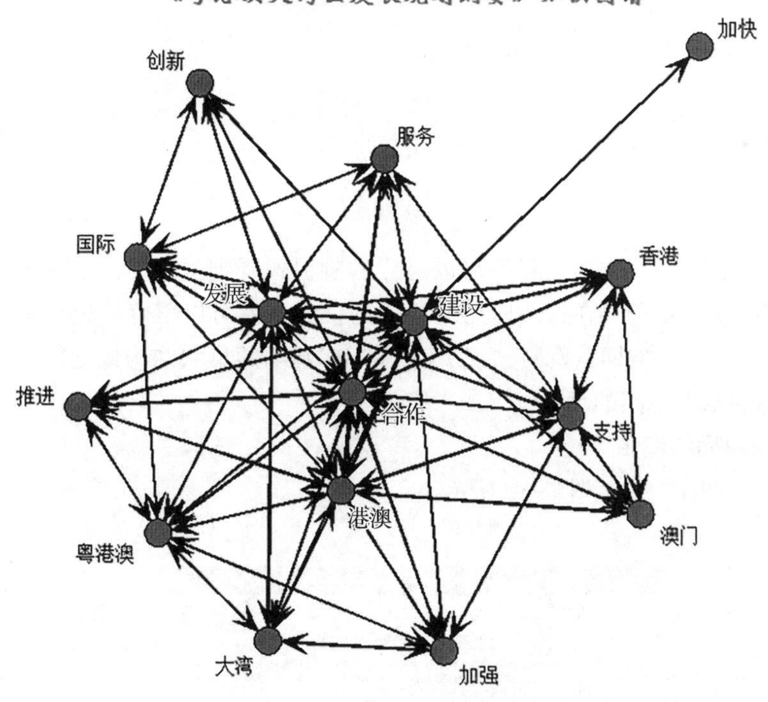

图 7-7　《粤港澳大湾区发展规划纲要》知识图谱

7.1.2 网络数据的爬取

7.1.2.1 网络爬虫的基本知识

在大数据时代，有相当多的资料都是通过网络来获取的，由于资料量日益增加，对于资料分析者而言，如何使用程序将网页中大量的资料自动汇入是很重要的事情。通过R语言和Python的网络爬虫技术，可以将大量结构化的资料直接导入R语言和Python中做数据分析，这样可以节省手动整理资料的时间。目前网络上绝大部分网页都是以HTML格式来呈现的，因此若要抓取其中的资料，就必须对HTML的格式有初步的了解，这里简单介绍基本HTML的资料格式与概念，有了基本的概念才能做进一步的资料抓取。以下是一个简单的HTML网页原始程序代码。

```
<html>
<head>
<title>网页标题</title>
</head>
<body>
<div class="container">
<p>网页内容</p>
<p>
<ul> <li>foo</li> <li>bar</li> </ul>
</p>
</div>
</body>
</html>
```

基本上每个HTML网页中的资料都是以这样的阶层式规则呈现的，当要抓取网页中的资料时，只要明确得知资料在这个阶层结构中的位置，就可以很容易地将资料以编程方式自动抓取。若只是抓取网页资料，仅了解HTML基本的巢状结构概念即可，网页中的每个HTML标签都有不同的意义。

7.1.2.2 简单网络爬虫系统

简单网络爬虫如图7-8至图7-10所示。

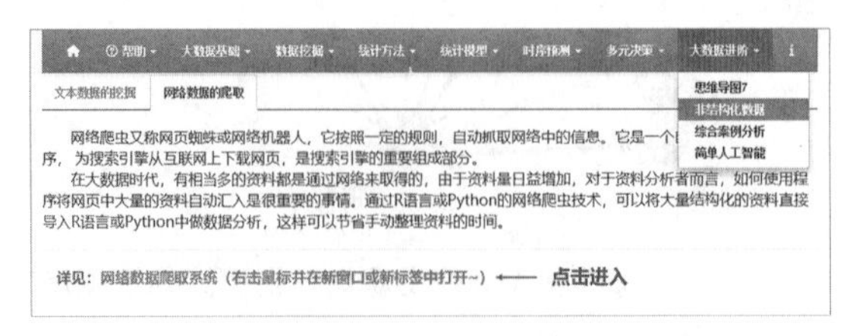

图7-8 网络数据的爬虫系统

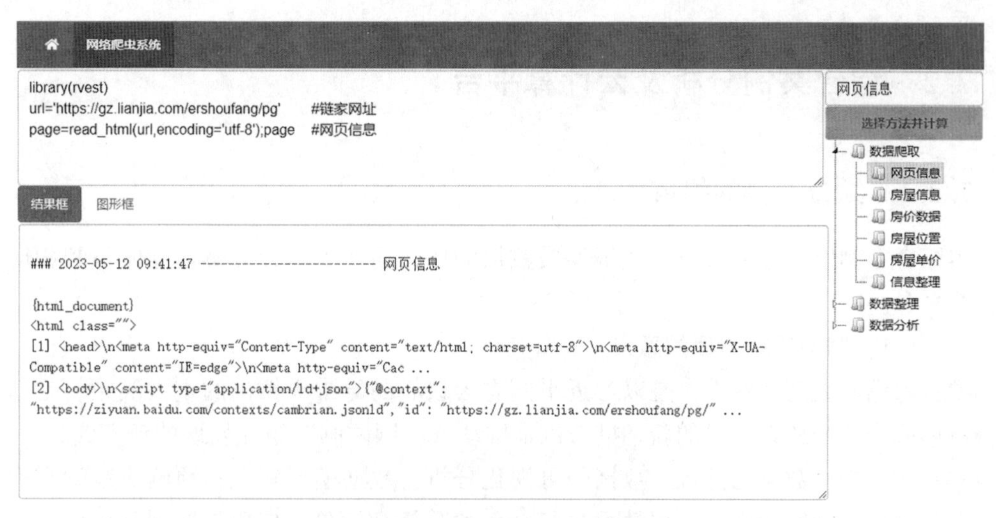

图 7-9　爬取网页基本信息

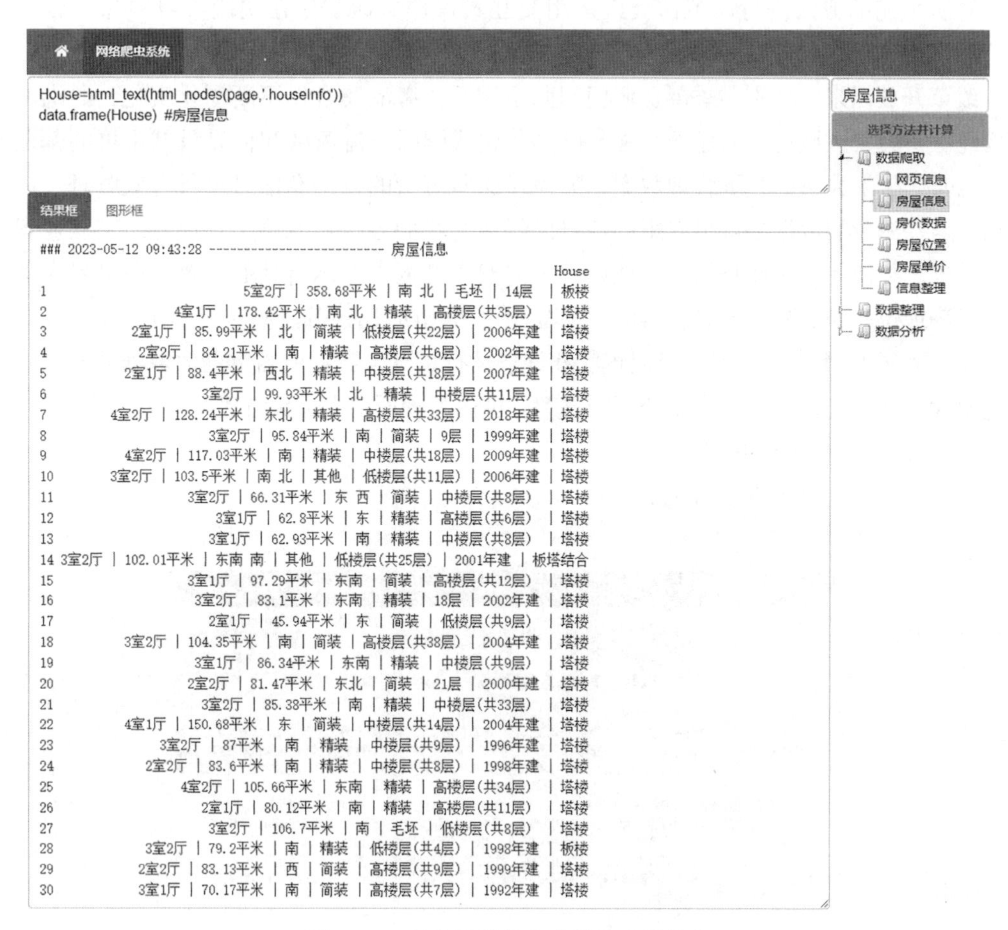

图 7-10　从爬取的信息中抽取房屋信息

7.2 综合案例分析及云计算平台

7.2.1 综合案例的组成

本综合案例以粤港澳大湾区经济发展数据为例，构建了综合分析指标体系和相应的云计算平台。

7.2.1.1 案例研究的目的意义

推进粤港澳大湾区建设，是以习近平同志为核心的党中央做出的重大决策，是新时代推动形成全面开放新格局的新举措，也是推动“一国两制”事业发展的新实践。

本案例从文本数据的挖掘、数据的可视化分析、数据模型建立和预测决策管理四个维度对粤港澳大湾区的经济发展情况进行全面的分析和评价，应用大数据和云计算等技术，对所采用的方法进行模拟仿真，运用交互式操作，让学生在实验实习中深入分析和评价粤港澳大湾区经济发展状况。

改革开放以来，特别是香港、澳门回归祖国后，粤港澳合作不断深化实化，粤港澳大湾区经济实力、区域竞争力显著增强，已具备建成国际一流湾区和世界级城市群的基础条件。同时产生了大量的经济管理数据，如何对这些海量的数据和信息进行有效管理，以及如何从这些海量的数据中得出有用的信息已经成为我们各行业无论是管理者还是从业者的迫切需求。如何使学生能身临其境地认识粤港澳大湾区在全球所处的位置，在世界大湾区中的经济地位，如面积、人口、GDP、人均 GDP 和 GDP 增速等。同时为了让学生全面了解粤港澳大湾区 11 个地区的经济发展现状和经济运行情况，我们就需借助大数据分析技术对粤港澳大湾区经济数据进行全面分析和评判，进而为管理者提供决策建议。

7.2.1.2 案例的分析平台

综合案例分析平台见图 7-11。

图 7-11 综合案例分析云计算平台入口

7.2.2　数据收集与处理

7.2.2.1　指标体系构建

指标体系通常由一组指标组成。在多个变量分析中，指标体系的构建是最重要的问题，是综合评价能否准确反映全面情况的前提。构建指标体系应遵循以下四项原则（见图 7-12）。

指标体系　收集方式　存储方式

指标体系的构建原则

数据集通常由一个或多个指标组成。在现实生活中，对一些事物的分析和评价常常涉及多个指标，评价是在多个指标相互作用下的一种综合判断。在多个变量分析中，指标体系的构建是最重要的问题，是综合评价能否准确反映全面情况的前提。构建多变量指标体系应遵循以下几项原则：

（1）系统全面性原则

例如，在经济社会发展水平的评价中，综合评价指标体系必须能够较全面地反映经济社会发展的综合水平，指标体系应包括经济水平、科技进步、社会发展等各个主要方面的内容。

（2）稳定可比性原则

评价指标体系中选用的指标既要有稳定的数据来源，又要适应实际状况，指标体系的统计口径(包括指标的时长、单位、含义)必须一致可比，才能保证评估结果的真实、客观和合理。

（3）简明科学性原则

在系统全面性的基础上，尽量选择具有代表性的综合指标，要避免选择含义相近的指标。指标体系中指标的多少须适宜，指标体系的设置应具有一定的科学性，既简明又科学。

（4）灵活可操作性原则

评价指标体系在实际应用中应具有一定的灵活性，以方便各地区不同发展水平、不同层次评价对象的操作使用。各个指标的数据来源渠道要畅通，具有较强的操作性。

粤港澳大湾区经济运行指标体系

		指标名称	指标说明	指标单位	指标性质
辅助指标	1	时间	2001-2020共20年	年度	定性
	2	地区	粤港澳大湾区11个地区	区域	定性
分析指标	3	GDP	区域国内生产总值	亿元	定量
	4	从业人员	区域从业人员数	万人	定量
	5	进出口额	区域进出口总值	亿美元	定量
	6	财政收入	区域财政收入	亿元	定量
	7	财政支出	区域财政支出	亿元	定量
	8	专利授权	区域专利授权数量	件	定量
	9	人均GDP	区域人均国内生产总值	万元	定量
	10	人均消费	区域人均社会消费品零售总额	万元	定量
	11	二产占比	区域第二产业占GDP的比重	%	定量
	12	三产占比	区域第三产业占GDP比重	%	定量

图 7-12　指标体系的构建原则及示例

7.2.2.2 指标数据收集

本项目的研究区域是粤港澳大湾区 11 个城市，时间跨度为 2001—2020 年。以 2001 年作为时间的起始点，是考虑到澳门特别行政区 1999 年回归祖国，且考虑到数据具有一定的时滞性，故选择 2001 年作为研究的起点。本文的数据主要从《广东省统计年鉴》、《香港统计年刊》、《澳门统计年鉴》、澳门统计暨普查局数据库、香港政府统计处网站等获取。由于香港、澳门的统计数据独立于其他九个城市，部分绝对指标的计量单位为当地货币，在收集数据时采用《统计年鉴》中的平均年度汇率进行折算，以确保同一指标计量单位一致（见图 7-13）。

指标体系　收集方式　存储方式

传统数据通常以结构化形式保存，本系统以开放式电子表格形式保存数据（如Excel），比关系数据库操作容易。

	A	B	C	D	E	F	G	H	I	J	K	L
1	时间	地区	GDP	从业人员	进出口额	财政收入	财政支出	专利授权	人均GDP	人均消费	二产占比	三产占比
2	2001	广州	2841.65	510.07	230.35	246.19	292.63	3553	2.85	1.25	39.14	57.44
3	2001	深圳	2482.49	332.80	685.96	262.49	253.70	3649	3.48	1.15	49.50	49.80
4	2001	珠海	368.34	81.80	98.02	31.56	37.35	458	2.92	1.05	51.30	44.10
5	2001	佛山	1189.19	190.44	110.68	83.31	94.67	2147	2.20	0.68	52.70	42.00
6	2001	惠州	478.95	196.84	88.29	18.28	25.89	283	1.46	0.42	57.80	28.50
7	2001	东莞	991.89	100.13	344.52	45.02	47.86	1753	1.53	0.42	54.50	42.90
8	2001	中山	404.38	124.28	71.47	25.55	26.78	1216	1.70	0.67	54.67	39.37
9	2001	江门	534.60	206.80	43.88	24.96	31.42	577	1.34	0.49	46.10	40.60
10	2001	肇庆	267.96	203.94	11.44	12.29	22.64	83	0.78	0.25	21.30	42.30
11	2001	香港	14019.95	342.70	3909.70	1863.03	2535.10	1026	20.88	2.91	12.46	87.46
12	2001	澳门	563.75	21.70	46.85	161.15	156.82	10	12.99	1.14	12.90	87.10
205	2019	东莞	9482.50	672.92	2000.68	673.27	863.01	60421	11.25	4.73	56.54	43.16
206	2019	中山	3101.10	211.61	346.05	283.42	411.74	33395	9.27	4.78	49.07	48.91
207	2019	江门	3146.64	240.02	206.62	256.83	421.24	13282	6.82	2.61	42.98	48.94
208	2019	肇庆	2248.80	221.16	58.62	114.21	351.65	4524	5.39	2.65	41.14	41.68
209	2019	香港	28656.79	385.17	10725.02	5997.59	5318.10	3021	38.17	5.73	6.16	87.47
210	2019	澳门	4346.70	38.78	127.54	1335.06	821.01	168	64.54	11.36	4.30	95.70
211	2020	广州	25019.11	1158.00	1376.12	1722.79	2952.65	155835	13.40	4.14	26.34	72.51
212	2020	深圳	27670.24	1292.29	4409.01	3857.46	4178.42	222412	15.76	4.06	37.78	62.13
213	2020	珠海	3481.94	177.14	394.98	379.13	677.62	24434	14.27	3.64	43.39	54.88
214	2020	佛山	10816.47	533.85	732.39	753.56	1003.04	73870	11.39	3.70	56.35	42.13
215	2020	惠州	4221.79	320.88	359.81	412.25	637.37	19059	6.99	2.62	50.56	44.25
216	2020	东莞	9650.19	714.59	1921.00	694.75	840.32	74303	9.22	3.43	53.81	45.87
217	2020	中山	3151.59	243.14	318.99	287.54	375.63	39698	7.13	3.27	49.40	48.33
218	2020	江门	3200.95	273.03	206.48	264.00	442.37	16891	6.67	2.19	41.60	49.80
219	2020	肇庆	2311.65	232.98	59.87	124.51	430.58	6326	5.62	1.68	39.03	42.10
220	2020	香港	26885.36	388.82	10459.71	5835.34	8160.75	8387	35.93	11.61	6.46	93.45
221	2020	澳门	1899.20	39.51	1029.30	1016.70	961.30	173	28.50	13.18	8.69	91.31

图 7-13　数据的存储方式

（1）数据收集范围：

按时间：20 年（2001—2020 年）；

按地区：11 个地区（9+2：珠三角 9 个城市+香港、澳门），即广州、深圳、珠海、佛山、惠州、东莞、中山、江门、肇庆、香港、澳门。

（2）数据的类型与格式：

类型：定性数据（计数数据）：如地区、年份、性别等；

定量数据（计量数据）：如 GDP、进出口额、人均消费等。

格式：横向数据（也称横截面数据）：如由大湾区 11 个地区 12 个指标构成的数据框；

纵向数据（也称时间序列数据）：如广州 20 年 12 个指标构成的数据框；

面板数据（横向和纵向数据组合）：如由大湾区 11 个地区 20 年 12 个指标构成的数据框。

（3）数据的组成形式：

向量（一维数组）：分别由单个指标组成的一组数，如地区、GDP 等。

数据框（二维数组）：由行和列组成的数据集，相当于矩阵，但其中的数据类型可不一样。

7.2.2.3　数据的规范化

这里使用的是改进的无量纲化方法：

$$z=\frac{x-x_{\min}}{x_{\max}-x_{\min}}\cdot b+a$$

通过这种变换，可使数据限定在［a,b］之间变化，使得数值可比。

这里取 $a=0$，$b=100$，可使数据变为［0,100］之间的数值（见图 7-14）。

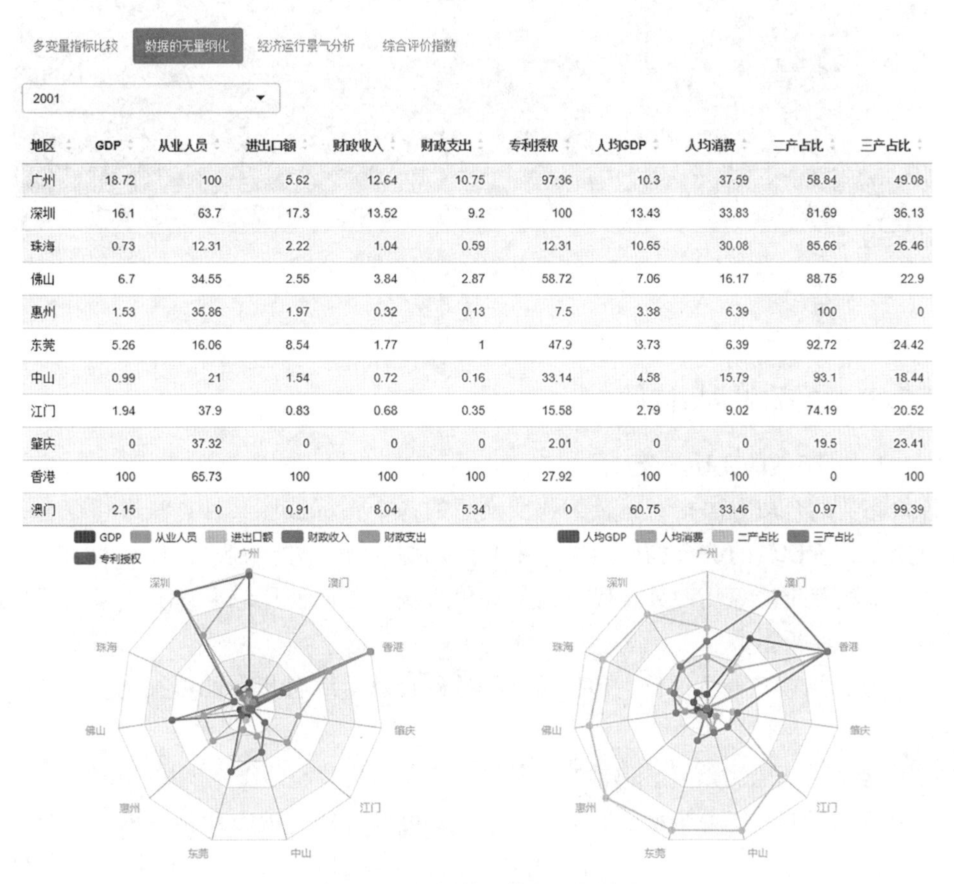

地区	GDP	从业人员	进出口额	财政收入	财政支出	专利授权	人均GDP	人均消费	二产占比	三产占比
广州	18.72	100	5.62	12.64	10.75	97.36	10.3	37.59	58.84	49.08
深圳	16.1	63.7	17.3	13.52	9.2	100	13.43	33.83	81.69	36.13
珠海	0.73	12.31	2.22	1.04	0.59	12.31	10.65	30.08	85.66	26.46
佛山	6.7	34.55	2.55	3.84	2.87	58.72	7.06	16.17	88.75	22.9
惠州	1.53	35.86	1.97	0.32	0.13	7.5	3.38	6.39	100	0
东莞	5.26	16.06	8.54	1.77	1	47.9	3.73	6.39	92.72	24.42
中山	0.99	21	1.54	0.72	0.16	33.14	4.58	15.79	93.1	18.44
江门	1.94	37.9	0.83	0.68	0.35	15.58	2.79	9.02	74.19	20.52
肇庆	0	37.32	0	0	0	2.01	0	0	19.5	23.41
香港	100	65.73	100	100	100	27.92	100	100	0	100
澳门	2.15	0	0.91	8.04	5.34	0	60.75	33.46	0.97	99.39

图 7-14　数据的规范化及雷达图

可以看到，通过数据的规范化，指标不仅可以横向比较，而且可以纵向比较（见图 7-14）。另外，规范化数据还可以通过热图进行景气分析，见图 7-15。

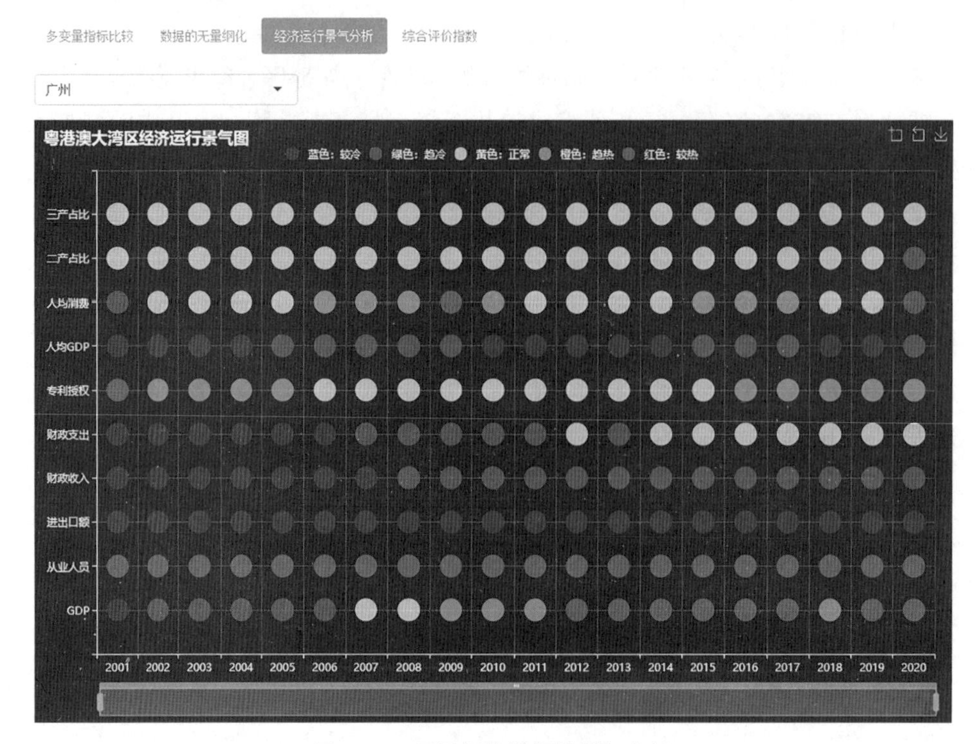

图 7-15　无量纲化数据的景气分析

7.2.3　经济预警与监测

7.2.3.1　指数的变动分析

评价指数的合成方法指对无量纲化变换后的各个指标按照某种方法进行综合，得出一个可用于评价比较的综合指标。第 6 章介绍的综合评价方法较多，如秩和比法、综合评分法、加权评价法等几种具有代表性的评价方法。下面使用综合评分法来构建反映经济发展的综合评价指数。

（1）综合指数与分析评价，包括综合指数的计算、综合指数的可视化、指数的变动分析。

（2）经济景气监测预警，包括经济景气监测图的构建、经济发展模拟研究。

从图 7-16 的 20 年各个地区的综合指数结果可以看到，2010 年前香港的综合发展水平都高于其他地区，但从 2011 年开始有所下降，而深圳、广州有所增速，特别是深圳，直逼香港。

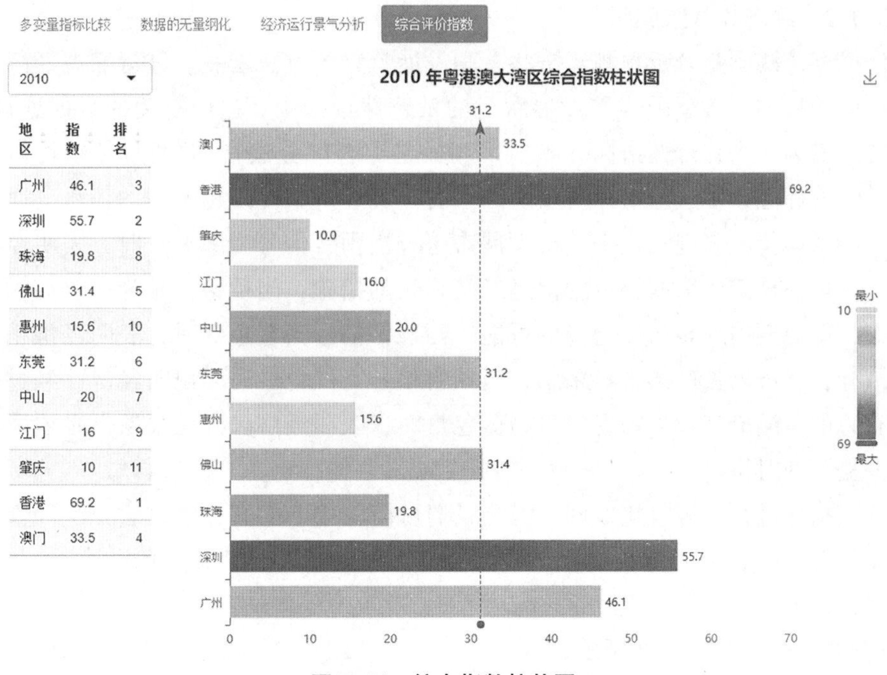

图 7-16 综合指数柱状图

图 7-17 和统计地图（读者可以从平台去看）是 11 个地区 20 年综合发展水平的动态变动图，可以看到 20 年来粤港澳大湾区经济发展的趋势情况。

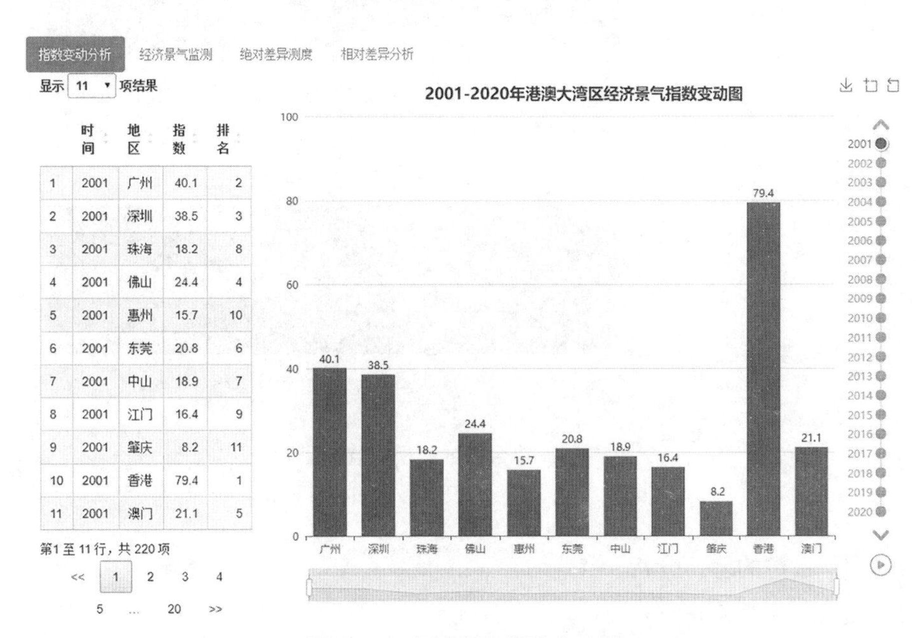

图 7-17 经济景气指数变动图

7.2.3.2　经济景气监测图

经济景气监测图是分析预测经济状态和发展趋势的方法之一。进行宏观经济监测预警时，在所选择的一组反映经济发展状况的敏感性指标中，运用有关的数据处理方法，将指标转换成为一个综合性指标（本节采用的是综合评分法），并通过一组类似于交通管制信号灯的标志，对这组指标所反映的当时国民经济状况发出不同的信号，通过观察分析信号的变动情况来判断未来经济发展态势。当预警信号为绿色灯时，表明经济景气比较稳定，可在稳定中采取一定的促进经济增长的措施；当预警信号为黄色灯时，表明经济尚稳，但短期内有转热或趋稳的可能；当预警信号为橙色灯时，表明经济稍热，若无适当措施，经济增长过热必将来临；当预警信号为红色灯时，说明经济已经过热，必须采取有力的紧缩措施；当预警信号为蓝色灯时，表明经济已开始萧条，必须采取强力刺激经济复苏的对策。

由于对指标进行了规范化处理，因此我们可简单按下面五分位数法分组设置信号灯颜色：蓝色灯：[0,20)；绿色灯：[20,40)；黄色灯：[40,60)；橙色灯：[60,80)；红色灯：[80,100]。

经济预警检测如图 7-18 所示。

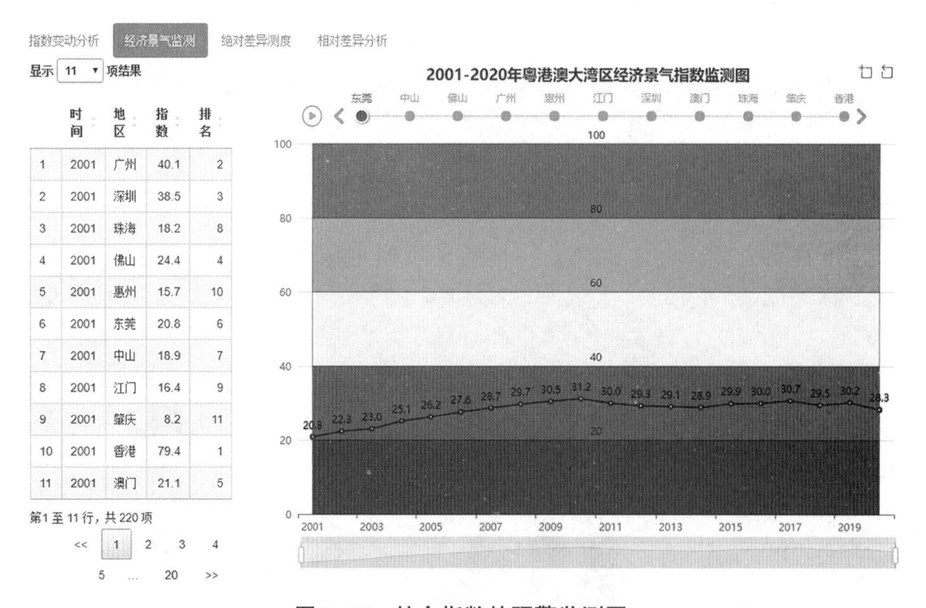

图 7-18　综合指数的预警监测图

7.2.3.3　指数的差异分析

7.2.3.3.1　绝对差异统计

在计算综合指数后，为全面研究粤港澳大湾区各地区宏观经济发展情况，需对各地区综合指数进行差异分析。绝对差异指标是用来说明区域经济之间的绝对差异的指标，

其结果是只反映指标的变异大小，但指标间的变异程度无法比较。这里我们采用标准差和四分位数来反映指数的绝对差异情况（见图 7-19 和图 7-20）。

指数变动分析　经济景气监测　绝对差异测度　相对差异分析

时间	最小	最大	极差	均值	标准差	中位数	四分位数
2001	8.2	79.4	71.2	27.43	19.66	20.8	14.15
2002	8.5	79.1	70.6	28.35	19.37	22	16.5
2003	8.6	78.3	69.7	29.09	19.42	23	18.1
2004	13.7	77.6	63.9	29.75	18.74	25.1	17.65
2005	9.1	77.8	68.7	30.37	19.52	26.2	19.3
2006	9.3	76.8	67.5	30.56	19.35	27.6	18.8
2007	9.5	75.3	65.8	30.86	19.17	28.7	18.85
2008	9.5	74	64.5	31.68	19.14	29.7	19.65
2009	9.7	72.7	63	32.2	19.17	30.5	21.25
2010	10	69.2	59.2	31.68	18.57	31.2	21.9
2011	10.1	67.3	57.2	31.35	18.48	29.8	22.9
2012	10.2	66	55.8	31.25	18.61	28.8	23.7
2013	9.9	64.3	54.4	31.05	18.66	28	23.75
2014	10.3	64.5	54.2	31.77	19.1	28.8	23.65
2015	10.4	69	58.6	33.45	20.38	29.9	23.75
2016	10.1	67.9	57.8	33.25	19.99	30	23.45
2017	9.5	67	57.5	32.85	19.65	29.7	23.5
2018	9.3	63.6	54.3	31.1	18.96	26.7	23.2
2019	9.2	65.5	56.3	31.01	19.47	27.2	23.6
2020	8.6	71.3	62.7	30.98	20.95	27.2	23.6

图 7-19　指数的绝对差异测度

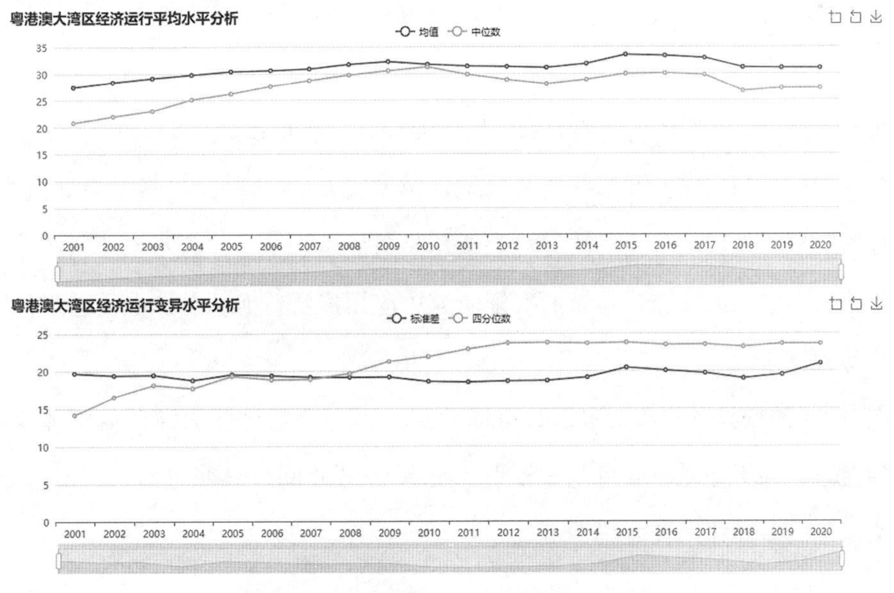

图 7-20　指数的绝对差异测度分析图

从平均值（均值、中位数）和变异值（标准差、四分位数）可以看出，20 年来粤港澳大湾区的整体发展是比较一致的，变化不是很大。

7.2.3.3.2　*相对差异统计*

相对差异指标是用来比较区域经济之间的差异的指标，其结果是相对的。常用的指标有变异系数、泰尔指数和基尼系数等。

（1）变异系数。当进行两个或多个指标变异程度的比较时，如果度量单位与数量级相同，可以直接利用标准差来比较；如果单位或数量级不同，比较其变异程度就不能采用标准差，而要采用标准差与均数的比值（相对值）来比较。

这里说的差异统计本质上还是变异统计量，主要用于指标间的变异程度比较，最简单的是变异系数。变异系数又称“标准差率”，标准差与均值的比值称为变异系数，记为 CV。

$$CV = \frac{s}{\bar{x}}$$

（2）泰尔指数。1967 年，泰尔在熵指数的基础上提出了泰尔指数，因为熵指数可以反映收入分布偏离完全平等的状态。因此，泰尔指数通常用于衡量个人或者地区之间的经济指标的差异情况。其计算公式为：

$$T = \frac{1}{n}\sum_{i=1}^{n} \frac{x_i}{\bar{x}}\log\left(\frac{x_i}{\bar{x}}\right)$$

这里 $\bar{x}$ 为变量 x 的均值，泰尔系数实际上是一种加权指数。

泰尔系数的评判标准：泰尔系数 T 的取值范围在 0~1 之间，当泰尔指数值为 0 时，表明该地区的经济发展水平绝对均等；当泰尔指数值趋于 1 时，表明该地区的经济发展水平差距很大。它在区域经济差异的实证研究中应用广泛，能从总体上衡量地区间经济差异不均等程度。

从图 7-21 的变异系数和泰尔系数可以看到，20 年来粤港澳大湾区的整体变化不是很大。注意这里并不是说地域间差异较小，而是说 20 年间差异变化不大，即这 20 年粤港澳大湾区间的差异并无较大缩小。

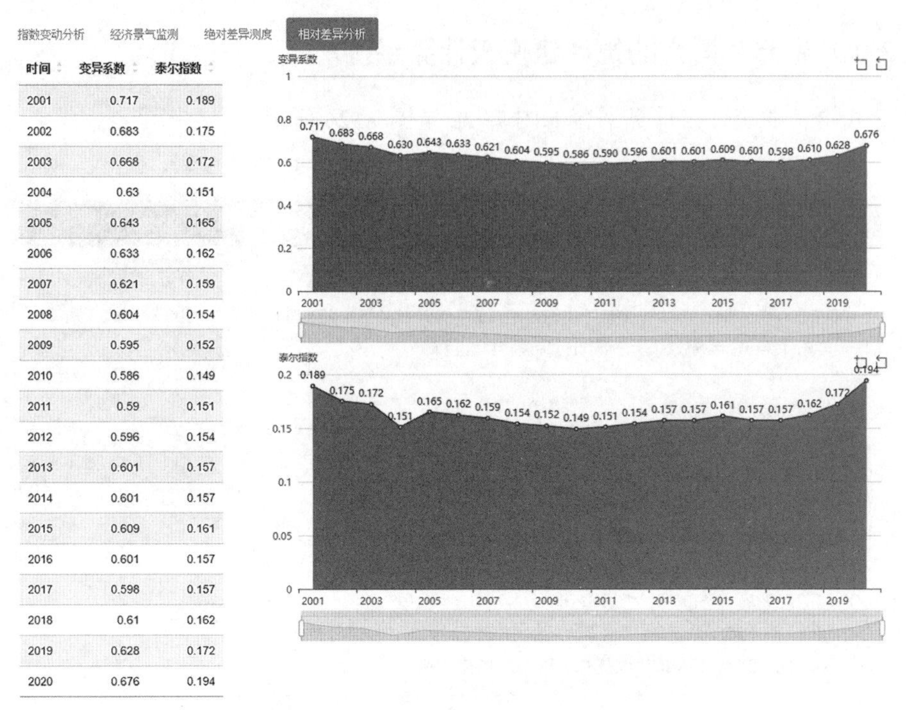

时间	变异系数	泰尔指数
2001	0.717	0.189
2002	0.683	0.175
2003	0.668	0.172
2004	0.63	0.151
2005	0.643	0.165
2006	0.633	0.162
2007	0.621	0.159
2008	0.604	0.154
2009	0.595	0.152
2010	0.586	0.149
2011	0.59	0.151
2012	0.596	0.154
2013	0.601	0.157
2014	0.601	0.157
2015	0.609	0.161
2016	0.601	0.157
2017	0.598	0.157
2018	0.61	0.162
2019	0.628	0.172
2020	0.676	0.194

图 7-21　指数的相对差异分析图

7.3　简单人工智能及编程运算

大数据与人工智能时代，掌握 R 语言和 Python 基础后，我们可以选择数据分析方向、人工智能方向、系统开发方向。

其实，简单来说，R 语言和 Python 是最适合人工智能开发的编程语言。R 语言和 Python 由于简单易用，是人工智能领域中使用最广泛的编程语言之一，它可以无缝地与数据结构和其他常用的 AI 算法一起使用。

R 语言和 Python 之所以适合 AI 项目，其实也是基于 R 语言和 Python 的很多有用的库都可以在 AI 中使用。

未来 10 年将是大数据、人工智能爆发的时代，到时将会有大量的数据需要处理，而 R 语言和 Python 最大的优势，就是对数据的处理有着得天独厚的优势，相信未来的 10 年，R 语言和 Python 会越来越火。

R 语言和 Python 虽然是脚本语言，但是因为容易学而迅速成为科学家的工具，从而积累了大量的工具库、架构，人工智能涉及大量的数据计算，用 R 语言和 Python 是很自然的，简单高效。

7.3.1 基于R语言的统计建模云计算平台

基于R语言的统计云计算平台如图7-22至图7-24所示。

图7-22　基于R语言的统计建模系统

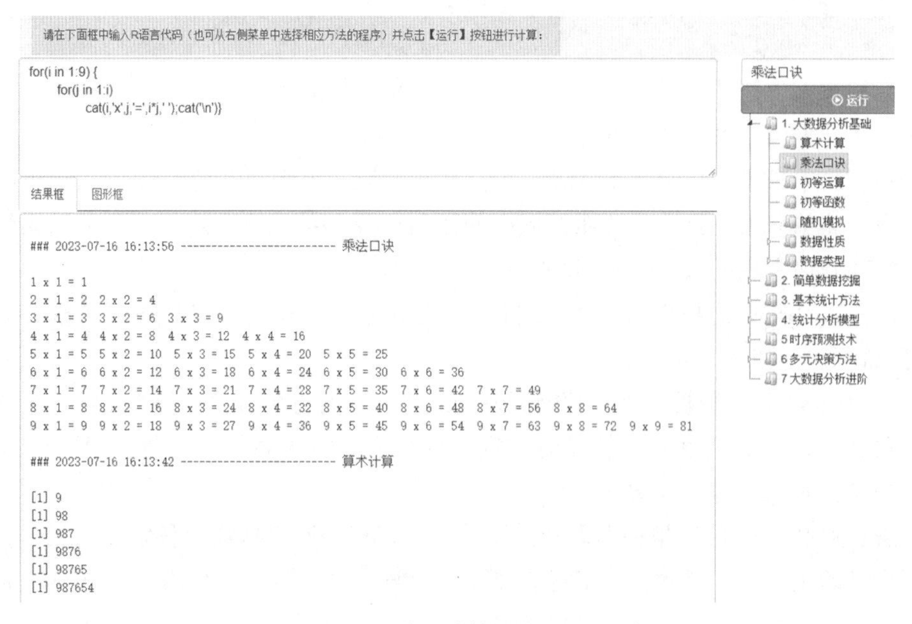

图7-23　R语言云计算器代码和结果框

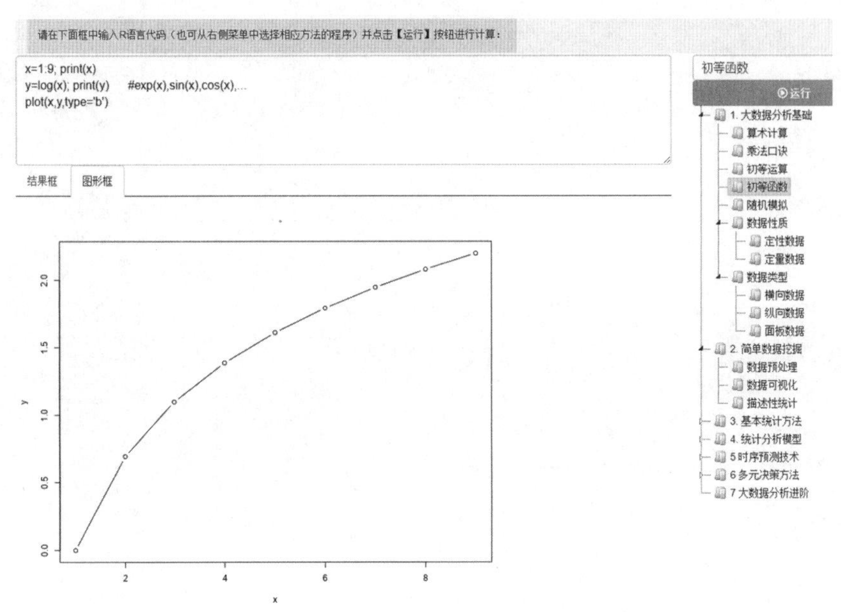

图 7-24　R 语言云计算器代码和绘图框

7.3.2　基于 Python 的可视化分析云计算平台

基于 Python 的可视化分析云计算平台如图 7-25 至图 7-27 所示。

图 7-25　基于 Python 的可视化分析系统

*请在下面框中输入Python代码（也可从右侧菜单中选择相应方法的程序）并点击【运行】按钮进行计算：

```
for i in [1,2,3,4,5,6,7,8,9]: #range(1,10)
    for j in range(1,i+1):
        print('%dx%d=%d'%(j,i,j*i),end=' ')
    print('')
```

结果框　图形框

```
### 16:21:30 ==================== 乘法口诀

1x1=1
1x2=2 2x2=4
1x3=3 2x3=6 3x3=9
1x4=4 2x4=8 3x4=12 4x4=16
1x5=5 2x5=10 3x5=15 4x5=20 5x5=25
1x6=6 2x6=12 3x6=18 4x6=24 5x6=30 6x6=36
1x7=7 2x7=14 3x7=21 4x7=28 5x7=35 6x7=42 7x7=49
1x8=8 2x8=16 3x8=24 4x8=32 5x8=40 6x8=48 7x8=56 8x8=64
1x9=9 2x9=18 3x9=27 4x9=36 5x9=45 6x9=54 7x9=63 8x9=72 9x9=81

### 16:21:26 ==================== 基本运算

9
98
987
9876
98765
987654
9876543
98765432
987654321
```

乘法口诀

运算

- 1. 数据分析软件介绍
  - 1.1 数学分析基础
    - 基本运算
    - 乘法口诀
    - 基本绘图
    - 椭圆函数
  - 1.2 Python数据类型
    - Python对象
    - 基本数据类型
    - 标准数据类型
- 2. 数据收集与整理
  - 2.1 数据的类型
    - 定性数据
    - 定量数据
  - 2.2 数据的收集
- 3. Python编程基础
- 4. 数据的探索分析
- 5. 数据的直观分析
- 6. 数据的统计分析
- 7. 数据的模型分析
- 8. 数据的预测分析
- 9. 数据的决策分析
- 10. 数据的在线分析

图 7-26　Python 云计算器代码和结果框

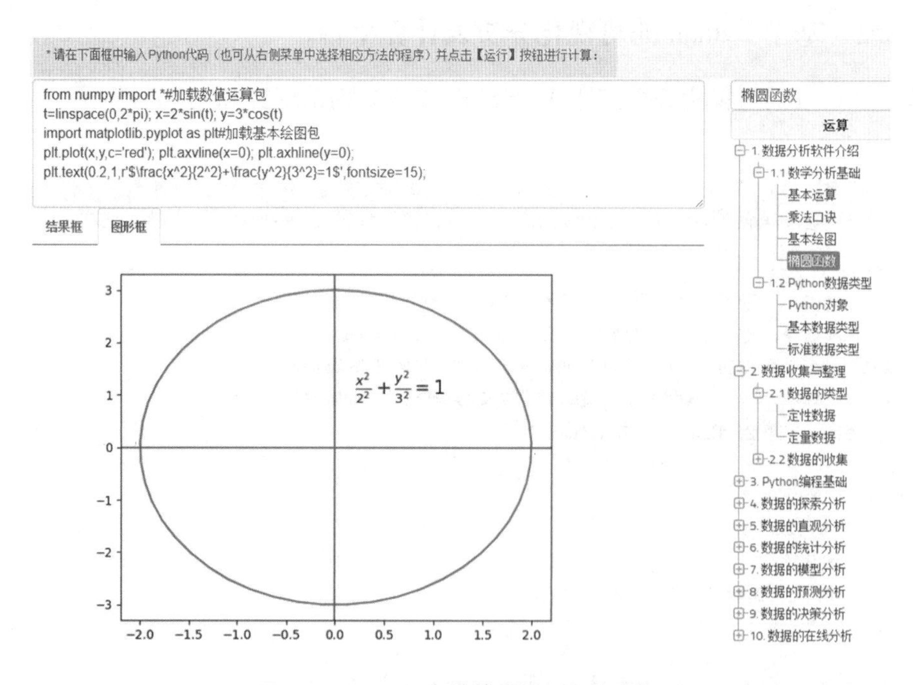

图 7-27　Python 云计算器代码和绘图框

7.3.3　大数据分析与预测决策云计算平台

为了快速掌握本书的内容，我们开发了基于 R 语言（未来也将增加 Python 分析的结果）的云计算平台（见图 7-28 至图 7-30），只要能上网，书中所有内容都可在线分析。详见：www.jdwbh.cn/BDA。

图 7-28　云平台登录界面

（注意：云计算平台第一次启动有可能较慢，刷新后可提速）

图 7-29　大数据分析云计算平台

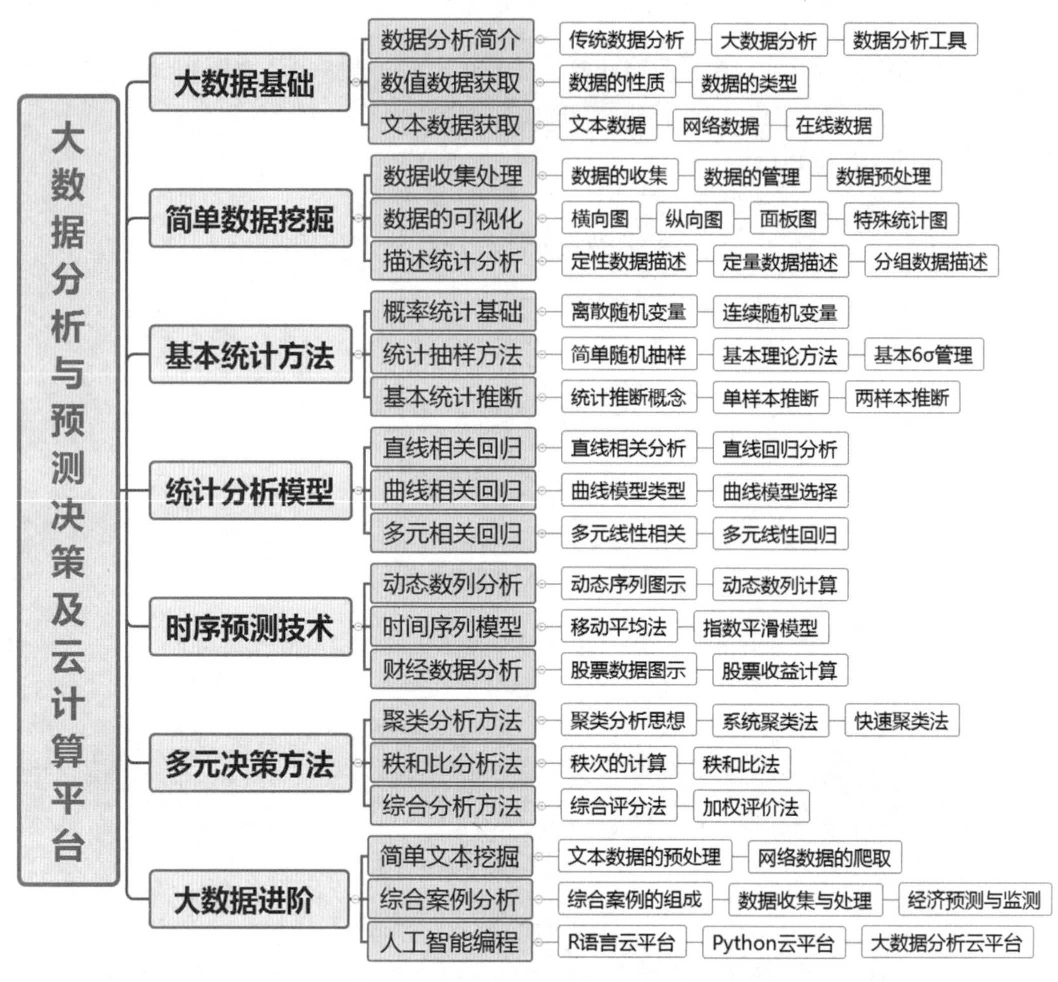

图 7-30　云计算平台结构框架

案例与练习

1. 简答题：

（1）你认为本章建立的粤港澳大湾区经济发展指标体系有哪些不足？如何改进？

（2）粤港澳大湾区在地球上所处的位置如何？其在世界经济中处在什么地位？

（3）试分别比较前 20、30 和 50 个关键词所做的词云图和知识图谱的区别。

2. 分析题：

（1）试分别对 2010 和 2015 年粤港澳大湾区 11 个地区数据进行规范化处理，并做对比分析。

（2）试绘制广州、深圳、珠海、香港和澳门五地的经济信息信号图，并做对比评判。

（3）试绘制广州、深圳、香港和澳门四地的经济发展景气监测图，并进行比较研究。

（4）试根据不同地区（如广州、深圳、香港、澳门）的时间的相对差异指标分析粤港澳大湾区经济发展的差异情况。

（5）经济景气信号图和经济景气监测图有何用途？

3. 以广州链家（https://gz.lianjia.com/ershoufang）二手房数据为例，爬取前 300 个二手房的数据，并提出一个数据分析思路：广州的二手房房价分布是否服从正态分布？要回答这个问题，可以爬取网站上所公布的部分二手房的房价数据并进行分析。因为所面对的数据不是事先准备好的数据集，而是直接从网络上爬取的第一手数据，因此对数据进行整理和清洗之后才可以进行数据分析。可以将链家网有分析价值的信息（二手房的名称、二手房的描述、二手房的位置、二手房的整体房价和二手房的单位房价）全部爬取出来，自定义计算和分析函数，然后写成 xlsx 格式的文件，便于进一步分析。

4. 爬取深圳链家（https://sz.lianjia.com/ershoufang）前 300 个二手房的数据，并与第 3 题中的广州二手房数据进行比较分析，看看哪个地区的房价更高些。

参考文献

[1] 数据科学资源共享平台 https://www.jdwbh.cn/Rstat.

[2] 数据科学资源学习博客 https://www.yuque.com/rstat.

[3] 王斌会. 多元统计分析及 R 语言建模 [M]. 5 版. 北京：高等教育出版社，2020.

[4] 王斌会. 数据统计分析及 R 语言编程 [M]. 2 版. 北京：北京大学出版社；广州：暨南大学出版社，2017.

[5] 王斌会. 计量经济学模型及 R 语言应用 [M]. 北京：北京大学出版社；广州：暨南大学出版社，2015.

[6] 王斌会，王术. Python 数据分析基础教程：数据可视化 [M]. 2 版. 北京：电子工业出版社，2021.

[7] 王斌会，王术. Python 数据挖掘方法及应用 [M]. 北京：电子工业出版社，2019.

[8] 王斌会. 数据分析及 Excel 应用 [M]. 广州：暨南大学出版社，2021.

[9] 王斌会. 计量经济学时间序列模型及 Python 应用 [M]. 广州：暨南大学出版社，2021.

[10] 王斌会. 数据分析及可视化：Excel+Python 微课版 [M]. 北京：人民邮电出版社，2022.

[11] 吴国富，安万福，刘景海. 实用数据分析方法 [M]. 北京：中国统计出版社，1992.

[12] 唐启义，冯明光. 实用统计分析及其 DPS 数据处理系统 [M]. 北京：科学出版社，2002.

[13] 张良均，王路，谭立云，等. Python 数据分析与挖掘实战 [M]. 北京：机械工业出版社，2015.

[14] 吴喜之. Python：统计人的视角 [M]. 北京：中国人民大学出版社，2018.